中等职业教育改革创新示范教材
中等职业教育电子技术应用专业课程教材

实用数字电子技术项目教程

朱向阳　罗国强　主编

科学出版社

北　京

内 容 简 介

本书由教育部职业教育与成人教育司评定为"中等职业教育改革创新示范教材"。

本书通过"任务驱动式"教学模式来体现知识、能力目标以及教学方法、手段、模式的改革，以培养学生数字电路知识的应用能力和操作技能为目标，紧密结合国家电子类职业技能认证大纲，通过典型、实用的操作项目以及大量的电路仿真测试和电路实验的形式，使学生从建立初步的感观认识，到学会对操作结果及出现的问题进行讨论、分析、研究，并得出结论，从而获得能力的提高。全书内容共分 5 个操作项目，包括声光控制灯电路的制作、8 路抢答器电路的制作、电子生日蜡烛的制作、流水彩灯的制作、$3\frac{1}{2}$ 位直流数字电压表的制作等教学单元。

本书可作为职业院校电子技术应用专业、电子信息专业、通信技术专业的教学用书和国家电子类职业技能认证的岗位培训教材，也可作为无线电爱好者自学用书。本书配有电子教学参考资料包，包括教学指南、电子教案及习题答案，读者可从 www.abook.cn 网址下载。

图书在版编目（CIP）数据

实用数字电子技术项目教程/朱向阳，罗国强主编．—北京：科学出版社，2009
ISBN 978-7-03-023590-9

Ⅰ．实… Ⅱ．①朱…②罗… Ⅲ．数字电路-高等学校-教材 Ⅳ．TN79

中国版本图书馆 CIP 数据核字（2008）第 193152 号

责任编辑：陈砺川/责任校对：柏连海
责任印制：吕春珉/封面设计：耕者设计工作室

科 学 出 版 社 出版
北京东黄城根北街 16 号
邮政编码：100717
http://www.sciencep.com

三河市骏杰印刷有限公司印刷
科学出版社发行　各地新华书店经销
*
2009 年 2 月第 一 版　开本：787×1092 1/16
2018 年 5 月第十一次印刷　印张：18
字数：408 000

定价：45.00 元
（如有印装质量问题，我社负责调换〈骏杰〉）
销售部电话 010-62134988　编辑部电话 010-62135763-8020

教材编审指导委员会

序

教材是影响教学效果最重要的因素之一。职业教育的教材对教学的影响更为巨大。职业教育以就业为导向，理论与实践紧密联系，理论围着实践转，学生在实践过程中了解理论、掌握理论，同时通过理论对实践的指导来不断巩固理论，最终把理论融入到实践中，内化成自己的理论知识。这是职业教育与普通教育最大的不同之处，是我们开发、编写新时代职教教材有必要遵循的原则，也是创新创优职教教材的活水源泉。

项目任务式教学教材就很好地体现了职业教育理论与实践融为一体这一显著特点。它把一门学科所包含的知识有目的地分解分配给一个个项目或者任务，理论完全为实践服务，学生要达到并完成实践操作的目的就必须先掌握与该实践有关的理论知识。而实践又是一个个有着能引起学生兴趣的可操作的项目，这好比一项有趣的登山运动，登山是目标，为了登上山峰，则必须了解登山的方法、技巧、线路及安全措施。这是一种在目标激励下的了解和学习，是一种完全在自己的主观能动性驱动下的学习，可以肯定这种学习是一种主动的有效的学习。

编写教材是一项创造性的工作，一本好教材凝聚着编写人员的大量心血。今天职业教育的巨大发展和光明前景，离不开这些致力于好教材开发的职教工作者们。现在奉献给大家的这套中职中专电子应用技术系列教材，是在新形势下根据职业教育教与学的特点，在经历了多年的教学改革实践探索后，编写出的比较好的教材。该教材体现了作者对项目任务教学的理解，体现了对学科知识的系统把握，体现了对以工作过程为导向的教学改革的深刻领会。其主要特点有三。

第一，专业课程的选择以市场需求为导向，以培养具备从事制造企业电子类产品和电气与控制设备的安装、调试、维修的专业技能，并具有一定的电子产品开发与制作能力和初步的生产作业管理能力的高素质技能型人才为目标。毕业生可从事制造类企业电类产品生产一线的操作，低压电气设备的保养和维修，电子整机产品的装配、调试、维修等工作；也可从事电类产品生产一线的相关检验、管理等工作；经过企业的再培养，还可从事电类产品的工艺设计及营销、售后服务等工作。

第二，以任务引领、项目驱动为课程开发策略。把曾经系统、繁琐、难以理解的电子技术学科理论知识通过一个个实践项目分解开来，使学生易于了解与掌握。教材的每个任务单元包含着完整的完成任务的操作过程，使学生可以一步步完成任务。每次任务完成，均给学生适当评分结果。通过完成为培养岗位能力而设计的典型产品或服务，使学生获得某工作任务所需要的综合职业能力；通过完成工作任务所获得的成果，以激发学生的成就感。

第三，打破传统的完整的知识体系结构，向工作过程系统化方向发展。采用让学生学会完成完整的工作过程的课程模式，紧紧围绕工作任务完成的需要来选择课程内容，不强调知识的系统性，而注重内容的实用性和针对性，知识够用即可，介绍的知识是该任务需要的知识。

相信这套教材一定能为电子技术应用专业及相关电类专业的学生学习理论知识与实践技能提供一个良好的平台，一定能为职业教育的相关教学改革做出积极贡献。

杨乐文

2008 年 8 月

前　言

在知识爆炸的信息时代，中等职业学校电子类专业的学生应该接受怎样的《数字电子技术》课程的教育，的确是一个值得我们深思的问题。是"授人以鱼，还是授人以渔"？答案不言自明。那么，如何授人以渔？目前的现状是：经过传统的应试教育培养起来的学生非常习惯于教师对知识定论式的讲授，缺乏自主探索知识的能力，缺乏用知识解决实际问题的能力。造成这种现状的一个主要原因是我们所采用的教学方式是以教师讲为主，学生听为辅。教师讲得再好，学生未必都听进去了，结果必然是教学效果不佳。对于《数字电子技术》课程而言，延续这种传统教学方式而产生的危害将比其他课程表现得更加突出，原因是这门课程的实用性极强，学习这门课程的目的既不是"应试"，也不是单纯"硬记"，而是教会学生掌握一种学习电子技术的方法，提高运用电子技术解决实际问题的能力。面对 21 世纪信息社会对人才的要求，结合本学科的特点，在教学中我们采用了项目驱动下的探索式教学模式，而目前市场上有特色的"任务驱动式"系列教材还不多见。为此，我们组织了长期从事电子类专业教学、有丰富的理论与实践经验的"双师型"高级教师编写了这本《实用数字电子技术项目教程》。

本书编写思路如下：坚持"以能力为本位，以职业实践为主线，以项目课程为主体的模块化专业课程体系"的总体设计要求，以典型电路的制作、装配和能力测试为基本目标，打破了传统学科体系的思路，紧紧围绕工作任务来选择和组织课程内容，在任务的引领下学习理论知识，让学生在实践活动中掌握理论知识，提高岗位职业能力。学习项目选取的基本依据是本门课程所涉及的工作领域和工作任务范围，但在具体编写过程中，还根据 IT 制造类专业的典型产品或服务为载体，使工作任务具体化，从而产生了具体的学习项目。

本书的特点是：

（1）采用"任务驱动式"教学法为全书主线，实施能力目标型教学模式，通过对学生专业能力的培养，达到提高学生的基础知识理解能力、专业技术实践能力和综合技术应用能力的目的。

（2）理论内容按照"必需、够用"的原则，删除了单纯的理论推导，保留了基本的、基础的教学内容，使理论内容真正做到"必需、够用、实用"。

（3）增强实践性教学环节，其课时占总课时的 50％左右，使学生既有一定的理论基础知识，又具有较强的动手能力。

（4）教材中引进了最新的电子仿真与开发平台 EWB（Multisim 9.0），对数字电路的实验内容进行演示和仿真教学，加深了学生对数字电路相应知识的理解。

（5）在学习本教材的过程中，学生既可动手制作电子作品，又可在实践中加深对理论知识的理解。学生每完成一步制作，都会有一种成就感，因而会产生强烈的求知欲望和学习热情，并自觉投入到专业学习中。

（6）本书将每个任务分解成"读一读"与"想一想"，"做一做"与"议一议"的形式，使得任务的评估可以融入到每个知识点中，同时也能让学生在读中想，在做中思。

本书由江西省电子信息技师学院高级讲师朱向阳、罗国强担任主编。其中朱向阳编写了项目一和项目二，罗伟编写了项目三，胡建忠编写了项目四，罗国强编写了项目五并负责全书的策划工作。

本书可作为中、高等职业院校电子类专业公共技能课的教材和参加全国电子类职业技能认证考试的教学参考书，还可作为社会培训班的首选教材和无线电初学者的自学参考资料。

本书在编写过程中得到了江西省电子信息技师学院领导的大力支持，同时，对于编者参考的有关文献的作者，在此一并致谢。

本书配有电子教学参考资料包，包括教学指南、电子教案及习题答案，可直接登录到科学出版社职教技术出版中心网站 www. abook. cn 下载，或向作者索取。

作者联系方式：江西省电子信息技师学院电子工程系，邮编：330096。

电话：（0791）8162313

E-mail：zhuxiangyang9@163.com

由于编者水平有限，书中难免出现疏漏及缺点，恳请广大读者批评指正。

编　者

目　　录

项目一

声光控制灯电路的制作

当代社会提倡节能。随着电子技术的发展,尤其是数字电子技术的发展,用数字电路实现的声光控制电路已在人们日常生活中得到广泛应用。本项目就来制作一个声光控制灯。它不需要触点开关,当有人经过并发出声音时会自动点亮,经过一段时间后灯又会自动熄灭。它被广泛应用于走廊、楼道招待所等公共场所,给人们的生活、工作带来极大的方便,并大大地节省了能源。那它是如何实现声光控制电路功能的呢?原来,它是利用数字电路中的基本门电路来实现的。那什么是数字电路呢?用基本门电路又如何实现声光控制功能呢?

知识目标

- 能识别常见数字集成电路的类型。
- 会叙述基本逻辑门电路的逻辑功能。
- 会用基本门电路实现简单逻辑电路。
- 能分析声光控制灯电路的工作原理。

技能目标

- 能测试常用 TTL 门电路、CMOS 电路的逻辑功能。
- 能用基本门电路制作声光控制灯电路,并能正确调试该电路。

任务一 数字集成电路的识别

任务目标

- 能了解模拟电路与数字电路的区别。
- 能识别常见数字集成电路的类型及其特点。
- 能正确使用数字集成电路。

任务教学方式

教学步骤	时间安排	教学手段及方式
阅读教材	课余	学生自学、查资料、相互讨论
知识点讲授	4 课时	1. 模拟电路与数字电路的比较可以用课件演示法进行教学 2. 数字集成电路命名与识别可以采用实物对照进行讲解，并将实物分到各小组，讨论其命名方法
任务操作	2 课时	利用实物分组识别和探讨常见的数字集成电路的命名，掌握它们的工作条件及不同类型数字集成电路的代换要求
评估检测	与课堂同时进行	教师与学生共同完成任务的检测与评估，并能对出现的问题进行分析与处理

看一看

图 1-1 所示为常见数字电子产品。图 1-1（a）所示为 8 路抢答器，图 1-1（b）所示为断路报警器，图 1-1（c）所示为流水灯，图 1-1（d）所示为灯光控制器。

(a)8 路抢答器

(b)断路报警器

(c)流水灯

(d)灯光控制器

图 1-1 常见的数字电子产品

读一读

模拟电路与数字电路

模拟电路是传输或处理模拟信号的电路，如电压变换器、功率放大器等。模拟信号是指在时间上连续变化的信号，如正弦波信号、语音信号就是典型的模拟信号。图1-2所示为其信号波形。

数字电路是处理、传输、存储、控制、加工、算术运算、逻辑运算、数字信号的电路。数字信号是指随时间断续变化的信号。一般地说，数字信号是在两个稳定状态之间阶跃式变化的信号，或者说数字信号是规范化了的矩形脉冲信号，如图1-3所示。

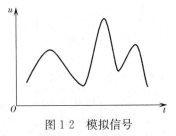

图1-2　模拟信号

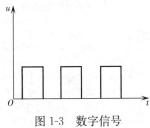

图1-3　数字信号

模拟信号和数字信号之间可以互相转换，只要它们之间建立起一定的转换关系即可。例如，可以通过计算数字信号变化的次数来得到相应的模拟信号，而不需要知道数字信号每次变化的具体大小。如果把数字信号看成是一种脉冲信号的话，只要计算脉冲的个数，或者研究脉冲之间的编排方式就可以了。

数字电路包括信号的传送、控制、记忆、计数、产生、整形等内容。数字电路在结构、分析方法、功能、特点等方面均不同于模拟电路。数字电路的基本单元是逻辑门电路，分析工具是逻辑代数，在功能上则着重强调电路输入与输出间的因果关系。

数字电路比较简单、抗干扰性强、精度高、便于集成，因而在无线电通信、自动控制系统、测量设备、电子计算机等领域获得了日益广泛的应用。

想一想

1）数字信号与模拟信号有什么区别？

2）数字电路的基本单元是_____电路，分析工具是_____，在功能上则着重强调电路输入与输出间的_____。

3）数字电路的特点是什么？

 读一读

数字集成电路

1. 数字集成电路的分类与特点

数字集成电路的分类与特点如表 1-1 所示。

表 1-1　数字集成电路的分类与特点

类　别	系　列	应　用	特　点
双极型集成电路（如 TTL）	74 系列	这是早期的产品，现仍在使用，但正逐渐被淘汰	1. 不同系列同型号器件管脚排列完全兼容 2. 参数稳定，使用可靠 3. 噪声容限高达数百毫伏 4. 输入端一般有钳位二极管，减少了反射干扰的影响。输出电阻低，带容性负载能力强 5. 采用 +5V 电源供电
	74H 系列	这是 74 系列的改进型，但电路的静态功耗较大，目前该系列产品使用得越来越少，逐渐被淘汰	
	74S 系列	这是 TTL 的高速型肖特基系列。在该系列中，采用了抗饱和肖特基二极管，速度较快，但品种较少	
	74LS 系列	这是当前 TTL 类型中的主要产品系列。品种和生产厂家都非常多。性能价格比比较高，目前在中、小规模电路中应用非常普遍	
	74ALS 系列	这是先进的低功耗肖特基系列。属于 74LS 系列的后继产品，在速度（典型值为 4ns）、功耗（典型值为 1mW）等方面都有较大的改进，但价格比较高	
	74AS 系列	这是 74S 系列的后继产品，尤其在速度方面（典型值为 1.5ns）有显著的提高，又称先进超高速肖特基系列	
单极型集成电路（如 CMOS）	标准型 4000B/4500B 系列	该系列产品的最大特点是工作电源电压范围宽（3～18V）、功耗最小、速度较低、品种多、价格低廉，是目前 CMOS 集成电路的主要应用产品	1. 具有非常低的静态功耗 2. 具有非常高的输入阻抗 3. 宽的电源电压范围。CMOS 集成电路标准 4000B/4500B 系列产品的电源电压为 3～18V 4. 扇出能力强 5. 抗干扰能力强 6. 逻辑摆幅大。CMOS 电路在空载时，输出高电平 $V_{OH} > V_{DD} - 0.05V$，输出低电平 $V_{OL} \leqslant 0.05V$
	54/74HC 系列	54/74HC 系列是高速 CMOS 标准逻辑电路系列，具有与 74LS 系列同等的工作速度和 CMOS 集成电路固有的低功耗及电源电压范围宽等特点。74HCxxx 是 74LSxxx 同序号的翻版，型号最后几位数字相同，表示电路的逻辑功能、管脚排列完全兼容，为用 74HC 替代 74LS 提供了方便	
	54/74AC 系列	该系列又称先进的 CMOS 集成电路，54/74AC 系列具有与 74AS 系列等同的工作速度和与 CMOS 集成电路固有的低功耗，以及电源电压范围宽等特点	

2. 数字集成电路的命名方法（GB3430—89）

器件的型号由 5 部分组成，每部分的含义如表 1-2 所示。

表 1-2　国标命名方法

第一部分		第二部分		第三部分		第四部分		第五部分
用字母表示器件符合国家标准		用字母表示器件的类型		用阿拉伯数字表示器件的系列和品种代号		用字母表示器件的工作温度范围		用字母表示器件的封装类型
符号	意义	符号	意义	符号	意义	符号	意义	符号	意义
C	中国制造	T	TTL 电路	(TTL 器件)		C	0～70℃	F	多层陶瓷扁平
		H	HTL 电路	54/74 ***	国际通用系列	G	−20～70℃	B	塑料扁平
		E	ECL 电路	54/74H ***	高速系列	L	−25～85℃	H	黑瓷扁平
		C	CMOS 电路	54/74L ***	低功耗系列	E	−40～85℃	D	多层陶瓷双列直插
		M	存储器	54/74S ***	肖特基系列	R	−55～85℃	J	黑瓷双列直插
		μ	微机电路	54/74LS ***	低功耗肖特基系列	M	−55～125℃	P	塑料双列直插
		F	线性放大电路	54/74AS ***	先进肖特基系列			S	塑料单列直插
		W	稳压器	54/74ALS ***	先进肖特基低功耗系列			T	金属圆壳
		D	音响电视电路	54/74F ***	高速系列			K	金属菱形
		B	非线性电路	(CMOS 器件)				C	陶瓷芯片载体（CCC）
		J	接口电路	54/74HC ***	高速 CMOS，输入、输出均为 CMOS 电平			E	塑料芯片载体（PLCC）
		AD	A/D 转换	54/74HCT ***	高速 CMOS，输入 TTL 电平，输出 CMOS 电平			G	网格针栅阵列
		DA	D/A 转换	54/74HCU ***	高速 CMOS，不带输出缓冲级			SOIC	小引线封装
		SC	通信专用电路	54/74AC ***	改进型高速 CMOS			PCC	塑料芯片载体封装
		SS	敏感电路	54/74ACT ***	改进型高速 CMOS，输入 TTL 电平，输出 CMOS 电平			LCC	陶瓷芯片载体封装
		SW	钟表电路						
		SJ	机电仪表电路						
		SF	复印机电路						

　3. 集成电路外引线的识别

　　使用集成电路前，必须认真查对识别集成电路的引脚，确认电源、地、输入、输出、控制等端的引脚号，以免因接错而损坏器件。引脚排列的一般规律如下。

　　圆形集成电路：识别时，面向引脚正视，从定位销顺时针方向依次为 1，2，

3，…，如图 1-4（a）所示。圆形多用于集成运放等电路。

扁平和双列直插型集成电路：识别时，将文字、符号标记正放（一般集成电路上有一圆点或有一缺口，将圆点或缺口置于左方），由顶部俯视，从左下脚起，按逆时针方向数，依次为 1，2，3，…，如图 1-4（b）所示。扁平型多用于数字集成电路。双列直插型广泛用于模拟和数字集成电路。

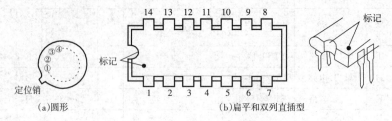

（a）圆形   （b）扁平和双列直插型

图 1-4   集成电路外引线的识别

4. 常用数字集成芯片的识别与主要性能参数

（1）TTL 数字集成芯片

1）推荐工作条件：

电源电压 V_{cc} 为 +5V；工作环境温度：54 系列为 -55～125℃；74 系列为 0～70℃。

2）极限参数：

电源电压为 7V；输入电压 u_i，54 系列 5.5V；74LS 系列为 7V。

输入高电平电流 I_{iH}：20μA；输入低电平电流 I_{iL}：-0.4mA。

最高工作频率：50MHz；每门传输延时：8ns。

储存温度：-60～+150℃。

3）常用 74LSxx 系列集成芯片型号及功能如表 1-3 所示。

表 1-3   常用 74LSxx 系列集成芯片型号及功能

功　能	集成芯片型号	功　能	集成芯片型号
同步十进制计数器	74LS160/162	双 2 线—4 线译码器	74LS139/155/156
同步十进制加/减计数器	74LS168/190/192	BCD7 段译码器	74LS48/49/247/248
同步 4 位二进制计数器	74LS161/163	8 线—1 线数据选择器	74LS151
同步 4 位二进制加/减计数器	74LS169/191/193	双 4 线—1 线数据选择器	74LS153/253/353
二—五混合进制计数器	74LS196/290	16 线—1 线数据选择器	74LS150
4 位二进制计数器	74LS177/197/293	双 D 触发器	74LS74
双 4 位二进制计数器	74LS393	双 JK 主从触发器	74LS112/114/113/73
4 线—16 线译码器	74LS154	4 位算术逻辑单元	74LS381/181
4 线—10 线译码器	74LS42	六反相器	74LS04
3 线—8 线译码器	74LS138	四 2 输入与非门（OC 门）	74LS03

（2）CMOS 数字集成电路标准系列——4000 系列

1）推荐工作条件：

电源电压范围：A 型 3～15V；B 型 3～18V。

工作温度：陶瓷封装－55～＋125℃；塑料封装－40～＋85℃。

2）极限参数：

电源电压 V_{DD}：－0.5～20V；输入电压 u_i：－0.5～V_{DD}＋0.5V。

输入电流 I_i：10mA；允许功耗 P_d：200mW。

保存温度 T_d：－65～＋150℃。

3）常用 4000 系列集成芯片的型号与功能如表 1-4 所示。

表 1-4　常用 4000 系列集成芯片的型号与功能

型　号	功　能	型　号	功　能
4008B	4 位二进制并行进位全加器	4049UB	六反相缓冲/变换器
4009UB	六反相缓冲/变换器	4060B	14 位二进制计数/分配器
40011B/UB	四 2 输入与非门	4066B	四双向模拟开关
4012B/UB	双四输入与非门	4071B	四 2 输入或门
4013B	双 D 触发器	4076B	4 位 D 寄存器
4017B	十进制计数/分配器	4081B	四 2 输入与门
4023B/UB	三 3 输入与非门	4098B	双、单稳态触发器
4026B	十进制计数器/ 7 段译码器	40110	十进制加/减计数器/七段译码器
4027B	双 JK 触发器	40147	10 线—4 线编码器
4046B	锁相环	4033B	十进制计数器/七段译码器
40160/162	可预置 BCD 计数器	40192	可预置 BCD 加/减计数器
40161/163	可预置 4 位二进制计数器	40193	可预置 4 位二进制加/减计数器
40174	六 D 触发器	40194/195	4 位并入/串入—并出/串出移位寄存器
40175	四 D 触发器	40104B	4 位双向移位寄存器

（3）CMOS 数字集成电路扩展系列——4500 系列

1）推荐工作条件：

电源电压范围为 3～18V；工作温度：陶瓷封装－55～＋125℃；塑料封装－44～＋85℃。

2）4500 系列的极限参数：

电源电压 V_{DD} 为－0.5～18V；输入电压 u_i 为－0.5～V_{DD}＋0.5V。

输入电流 I_i 为 10mA；允许功耗为 180mW。

保存温度范围为－65～＋150℃。

3）常用 4500 系列集成芯片的型号和功能如表 1-5 所示。

表 1-5　常用 4500 系列集成芯片的型号和功能

型　号	功　能	型　号	功　能
4502B	三态六反相缓冲器	4528B	双、单稳态触发器
4510B	可预置 BCD 加/减计数器	4532B	8 位优先编码器
4511B/4513B	锁存/7 段译码/驱动器	4543B/4544B	BCD 锁存/七段译码/驱动器
4512B	三态 8 通道数据选择器	4581B	4 位算术逻辑单元
4516B	可预置 4 位二进制加/减计数器	4585B	4 位数值比较器
4518B	双 BCD 同步加法计数器	4590	独立 4 位锁存器
4526B	可预置 4 位二进制 1/N 计数器	4599B	8 位可寻址锁存器

（4）CMOS 数字集成电路高速系列——74HC（AC）00 系列

1）在 54/74HC（AC）00 系列中，54 系列是军用产品，74 系列是民用产品。两者的不同点只是特性参数有差异，两者的引脚位置和功能完全相同。

2）74HC（AC）00 系列推荐工作条件：

电源电压范围为 2～6V；工作温度：陶瓷封装 -55～+125℃；塑料封装 -40～+85℃。

3）74HC（AC）00 系列的极限参数：

电源电压 V_{DD} 为 -0.5～+7V；输入电压 u_i 为 -0.5～V_{DD}+0.5V。

输出电压 U_o 为 -0.5～V_{DD}+0.5V；输出电流 I_o 为 25mA。

允许功耗 P_d 为 500mW；保存温度为 -65～+150℃。

4）常用 54/74HC（AC）00 系列芯片的型号和功能如表 1-6 所列。

表 1-6　常用 54/74HC（AC）00 系列芯片的型号和功能

型　号	功　能	型　号	功　能
74HC00/AC00	四 2 输入与非门	74HC74/AC74	双 D 触发器
74HC04/AC04	六反相器	74HC75/77	4 位双稳态锁存器
74HC10	三 3 输入与非门	74HC76	双 JK 触发器
74HC20	双 4 输入与非门	74HC86	四 2 输入异或门
74HC21	双 4 输入与门	74HC90	二进制加五进制计数器
74HC30	8 输入与非门	74HC95	4 位左/右移位寄存器
74HC48	BCD-七段译码器	74HC107/109	双 JK 触发器
74HC353	双 4-1 多路转换开关	74HC154	4 线—16 线译码器
74HC160/162	同步十进制计数器	74HC161/163	4 位 BCD 码同步计数器
74HC190/192	同步十进制加/减计数器	74HC191/193	同步二进制加/减计数器

5. 关于用 HC（AC）CMOS 直接替代 TTL 的问题

1）由 TTL 组成的系统全部用高速 CMOS 替换是完全可以的。但若是部分由高速 CMOS 替换，则必须考虑它们之间的逻辑电平匹配问题。由于 TTL 的高电平输出电压较低（2.4～2.7V），而高速 CMOS 要求的高电平输入电压为 3.15V，因此必须设法提高 TTL 的高电平输出电压才能配接。方法是：在 TTL 输出端加接 1 个连接电源的上拉电阻。如果 TTL 本身是 OC 门，则已有上拉电阻，这时就不需再接上拉电阻了。

2）应注意的问题是，TTL 电路输入端难免出现输入端悬空的情况，TTL 电路的输入端悬空相当于接高电平，而 CMOS 电路的输入端悬空可能是高电平，也可能是低电平。由于 CMOS 的输入阻抗高，输入端悬空带来的干扰很大，这将引起电路的功耗增大和逻辑混乱。因此，对于 CMOS 电路，不用的输入端必须接 V_{DD} 端或接地；以免引起电路损坏。

1）CT74LS08 是＿＿＿＿＿＿类型的数字集成块，CC4069 是＿＿＿＿＿＿类型的数字集成块。

2）用 HC（AC）CMOS 直接替代 TTL 时，应注意哪些方面的问题？

做一做

认识如图 1-5 所示的数字集成电路。标注集成电路的管脚顺序、功能、类型及其工作条件。

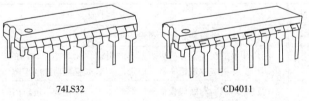

74LS32　　　　　　　　　　CD4011

图 1-5　数字集成电路

议一议

数字集成电路与模拟集成电路在命名、使用、识别等方面有什么异同？

评一评

填写表 1-7 所列的内容。

表 1-7　任务检测与评估

	检测项目	评分标准	分 值	学生自评	教师评估
任务知识内容	数字电路与模拟电路的区别	掌握模拟电路与数字电路的区别及工作特点	10		
	数字集成电路的分类及特点	掌握数字集成电路的分类和特点	15		
	数字集成电路的工作条件	掌握各种类型的数字集成电路的工作条件	20		
	数字集成电路的命名	掌握数字集成电路的命名方法	10		
任务操作技能	数字集成电路的识别	掌握能通过标识识别数字集成电路的类型及功能	15		
	数字集成电路的工作条件	能熟练运用数字集成电路的工作条件，正确使用数字集成电路	20		
	安全操作	安全用电、按章操作、遵守实训室管理制度	5		
	现场管理	按 6S 企业管理体系要求进行现场管理	5		

任务二　常用 TTL 门与 CMOS 门电路测试

任务目标

- 能掌握基本逻辑门的功能。
- 能测试 TTL 基本门电路的逻辑功能并能对数据进行分析。
- 能测试 CMOS 基本门电路的逻辑功能并能对数据进行分析。

任务教学方式

教学步骤	时间安排	教学手段及方式
阅读教材	课余	学生自学、查资料、相互讨论
知识点讲授	8 课时	利用浅显的实例来分析讲解基本逻辑运算及基本逻辑门的功能，并分组讨论实际生活中的一些基本逻辑实例，以加深对基本逻辑功能的理解
任务操作	4 课时	通过仿真试验和面包板搭建电路的形式来验证基本逻辑门的逻辑功能
评估检测	与课堂同时进行	教师与学生共同完成任务的检测与评估，并能对出现的问题进行分析与处理

读一读

关于逻辑代数

逻辑代数是分析和研究数字逻辑电路的基本工具。逻辑代数与普通代数相似之处在于它们都是用字母表示变量，用代数式描述客观事物间的关系。但不同的是，逻辑代数是描述客观事物间的逻辑关系，逻辑函数表达式中的逻辑变量的取值和逻辑函数值都只有两个取值，即 0 和 1，因此又把它称为双值逻辑代数。这两个值不具有数量大小的意义，仅表示客观事物的"条件"和"结果"的两种相反的状态，如开关的闭合与断开、电位的高与低、真与假、好与坏、对与错等。若一种状态用"1"表示，与之对应的状态就用"0"表示。为了与数制中的"1"和"0"相区别，用数字符号 0 和 1 表示相互对立的逻辑状态，称为逻辑 0 和逻辑 1。常见的对立逻辑状态如表 1-8 所示。

表 1-8 常见的对立逻辑状态示例

一种状态	高电位	有脉冲	闭合	真	上	是	……	1
另一种状态	低电位	无脉冲	断开	假	下	非	……	0

根据"1"、"0"代表逻辑状态含义的不同，有正、负逻辑之分。比如，认定"1"表示事件发生，"0"表示事件不发生，则形成正逻辑系统；反之则形成负逻辑系统。

数字信号是一种二值信号，用两个电平（高电平和低电平）分别来表示两个逻辑值（逻辑 1 和逻辑 0）。根据高低电平与逻辑 1、0 的对应关系，数字信号有两种逻辑体制：

正逻辑体制规定——高电平为逻辑 1，低电平为逻辑 0；

负逻辑体制规定——低电平为逻辑 1，高电平为逻辑 0。

如果采用正逻辑体制的规定，则数字电压信号如图 1-6 所示。

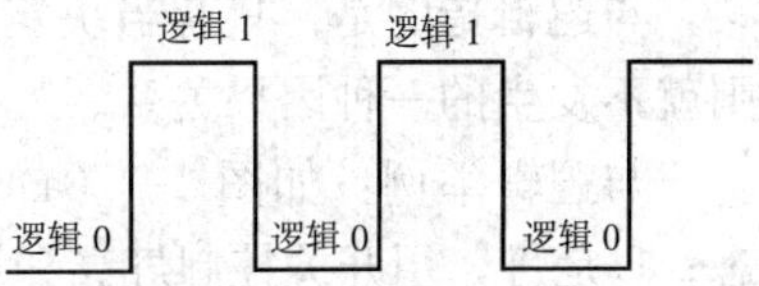

同一逻辑电路，既可用正逻辑表示，也可用负逻辑表示。在本书中，只要未做特别说明，均采用正逻辑。

图 1-6 正逻辑体制下的数字电压信号波形

一个逻辑变量有 2（即 2^1）种取值组合，即 0 和 1；二个逻辑变量有 4（即 2^2）种组合，即 00、01、10、11；三个逻辑变量有 8（即 2^3）种取值组合，即 000、001、010、011、100、101、110、111；以此类推，n 个逻辑变量有 2^n 个取值组合。

逻辑代数有多种表示形式，常见的有逻辑表达式、真值表、逻辑图和时序图。

逻辑关系式：把输出逻辑变量表示成输入逻辑变量运算组合的函数式，称为逻辑函数表达式，简称逻辑表达式。

真值表：把输入逻辑变量的各种取值和相应函数值列在一起而组成的表格称为真值表。

逻辑图：在逻辑电路中，并不要求画出具体电路，而是采用一个特定的符号表示基本单元电路，这种用来表示基本单元电路的符号称为逻辑符号。用逻辑符号表示的逻辑电路的电原理图，称为逻辑图。

时序图：把一个逻辑电路的输入变量的波形和输出变量的波形，依时间顺序画出来的图称为时序图，又称波形图。

想一想

1）双值逻辑代数中的"1"和"0"与数制中的"1"和"0"的区别是_____。

2）一个逻辑变量有 2 种取值组合，5 个逻辑变量应有 ＿＿＿＿＿＿＿ 种取值组合。如有 n 个逻辑变量，则应有 ＿＿＿＿＿＿＿ 种取值组合。

3）逻辑函数有多种表示形式，常见的有 ＿＿＿＿＿ 、 ＿＿＿＿＿ 、 ＿＿＿＿＿和 ＿＿＿＿＿ 。

读一读

在实际中遇到的逻辑问题是多种多样的，但无论问题是复杂还是简单，它们都可以用"与"、"或"、"非" 3 种基本的逻辑运算把它们概括出来。通常，把反映"条件"和"结果"之间的关系称为逻辑关系。如果以电路的输入信号反映"条件"，以输出信号反映"结果"，此时电路输入、输出之间也就存在确定的逻辑关系。数字电路就是实现特定逻辑关系的电路，因此，又称为逻辑电路。逻辑电路的基本单元是逻辑门，它们反映了基本的逻辑关系。相应的逻辑门为与门、或门及非门。

与逻辑及与门

与逻辑指的是：只有当决定某一事件的全部条件都具备之后，该事件才发生，否则就不发生的一种因果关系。

与逻辑举例：如图 1-7（a）所示，K_1、K_2 是两个串联开关，分别对应 A、B 状态；L 是灯，用开关控制灯亮和灯灭的逻辑关系，如图 1-7（b）所示。

设 1 表示开关闭合或灯亮；0 表示开关不闭合或灯不亮，则得真值表如图 1-7（c）所示。

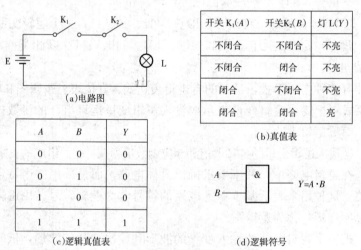

(a)电路图

开关 $K_1(A)$	开关 $K_2(B)$	灯 $L(Y)$
不闭合	不闭合	不亮
不闭合	闭合	不亮
闭合	不闭合	不亮
闭合	闭合	亮

(b)真值表

A	B	Y
0	0	0
0	1	0
1	0	0
1	1	1

(c)逻辑真值表

(d)逻辑符号

图 1-7 与逻辑运算

若用逻辑表达式来描述，则可写为

$$Y = A \cdot B \quad 或 \quad Y = A \times B$$

式中的"·"表示逻辑乘，在不需特别强调的地方常将"·"号省掉，写成

$Y=AB$。逻辑乘又称与运算，实现与运算的电路称为与门，读作"A 与 B"。在逻辑运算中，与逻辑称为逻辑乘。

数字电路中能实现与运算的电路称为与门电路，其逻辑符号如图 1-7（d）所示。与运算可以推广到多变量：$Y=A \cdot B \cdot C \cdots$。

其波形图如图 1-8 所示。

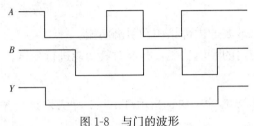

图 1-8　与门的波形

由此可见，与门的逻辑功能是，输入全部为高电平时，输出才是高电平，否则为低电平。与运算的运算口诀为："输入有 0，输出为 0；输入全 1，输出为 1"。

逻辑乘的基本运算规则如下。

$0 \cdot 0=0$	$0 \cdot 1=0$	$1 \cdot 0=0$	$1 \cdot 1=1$
$0 \cdot A=0$	$1 \cdot A=A$	$A \cdot A=A$	

想一想

1）3 输入的与门电路中，输出为 1 的情况有几种？

2）逻辑乘运算与算术乘法运算有什么区别？

3）逻辑乘法的运算规则是什么？

看一看

认识四 2 输入与门器件 CT74LS08。

1）观看四 2 输入与门器件 CT74LS08 的外形，观察其有多少个引脚？引脚顺序应如何识读？

2）根据图 1-9 所示的 CT74LS08 外引线排列，正确区分 4 个与门的输入端与输出端。

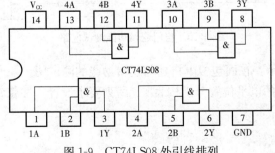

图 1-9　CT74LS08 外引线排列

做一做

与门的逻辑功能测试

1. 实训目的

1）进一步了解 74LS08 的内部结构和引脚功能。

2）熟悉 74LS08 与门的逻辑功能，并能对其功能进行测试。

2. 测试所需器材

万用表 1 只、74LS08 芯片 1 块、指示灯 1 只、单刀双掷开关 2 只。

3. 测试内容

选用四 2 输入与门器件 74LS08，其外引线排列如图 1-9 所示，电源电压为＋5V。实验时使用其中一个与门来测试 TTL 与门的逻辑功能。与门的输入端 A、B 分别接到两个逻辑开关上，输出端 Y 的电平用万用表进行测量。

实训步骤如下。

1）绘出与门逻辑功能测试电路，如图 1-10 所示。

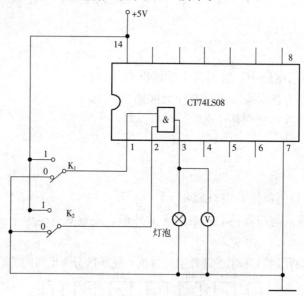

图 1-10 与门逻辑功能测试电路

2）按图 1-11 所示，在面包板上搭建与逻辑功能的测试图。

3）开关 K_1、K_2 的电平位置分别按表 1-9 所列要求设置，并将每次输出端的测试结果记录在表 1-9 中。

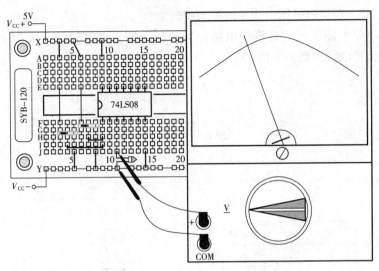

图 1-11　面包板上搭建的与逻辑功能测试图

表 1-9　2 输入端与门逻辑关系

K_1	K_2	输出			代入 $Y=A \cdot B$	是否符合与逻辑关系
		灯泡是否亮	电平/V	逻辑 0 或逻辑 1		
0	0					
0	1					
1	0					
1	1					

议一议

分析表 1-9 所示的输入、输出之间的逻辑关系，与门的逻辑功能可以概括为_____。

读一读

或逻辑及或门

或逻辑指的是：决定一件事情的几个条件中，当只要有一个或一个以上条件具备，这件事情就发生。人们把这种因果关系称为或逻辑。

或逻辑电路如图 1-12（a）所示，开关 K_1、K_2 分别对应 A、B 状态；灯 L 状态对应 Y 或运算的真值表如图 1-12（b）所示，逻辑真值表如图 1-12（c）所示。若用逻辑表达式来描述，则可写为

$$Y = A + B$$

读作"A 或 B"。在逻辑运算中或逻辑称为逻辑加。

在数字电路中能实现或运算的电路称为或门电路，其逻辑符号如图 1-12（d）所示。或运算也可以推广到多变量：$Y = A + B + C + \cdots$。

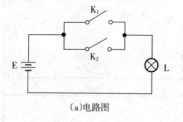

(a)电路图

开关 $K_1(A)$	开关 $K_2(B)$	灯 $L(Y)$
不闭合	不闭合	不亮
不闭合	闭合	亮
闭合	不闭合	亮
闭合	闭合	亮

(b)真值表

A	B	$Y=A+B$
0	0	0
0	1	1
1	0	1
1	1	1

(c)逻辑真值表

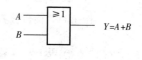

(d)逻辑符号

图 1-12　或逻辑运算

A、B、Y 的波形如图 1-13 所示。

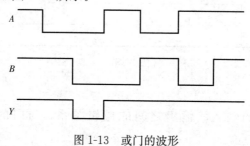

图 1-13　或门的波形

由此可见，或门的逻辑功能是，输入有一个或一个以上为高电平时，输出就是高电平；输入全为低电平时，输出才是低电平。

或运算的运算口诀为：输入有 1，输出为 1；输入全 0，输出为 0。

逻辑加的运算规则如下。

$0+0=0$	$0+1=1$	$1+0=1$	$1+1=1$
$0+A=A$	$1+A=1$	$A+A=A$	

1）3 输入的或门电路中，输出为 1 的情况有几种？

2）逻辑加运算与算术加法运算有什么区别？

3）逻辑加法的运算规则是什么？

 **看一看**

认识四 2 输入或门器件 CT74LS32。

1）观看四 2 输入或门器件 CT74LS32 的外形，观察其有多少个引脚？引脚顺序应如何识读？

2）根据图 1-14 所示的 CT74LS32 外引线排列，正确区分 4 个或门的输入端与输出端。

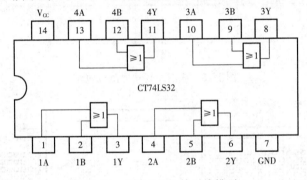

图 1-14　CT74LS32 外引线排列

 **做一做**

或门的逻辑功能测试

1. 实训目的

1）进一步了解 74LS32 的内部结构和引脚功能。

2）熟悉 74LS32 的或门的逻辑功能，并能对其功能进行测试。

2. 测试所需器材

万用表 1 只、74LS32 芯片 1 块、指示灯 1 只、单刀双掷开关 2 只。

3. 测试内容

选用四 2 输入或门器件 CT74LS32，其外引线排列如图 1-14 所示，电源电压为 +5V。实验时使用其中一个或门，测试 TTL 或门的逻辑功能。或门的输入端 A、B 分别接到两个逻辑开关 K_1、K_2 上，输出端 Y 的电平用万用电表测量。

实验步骤如下。

1）绘出或门逻辑功能测试电路，如图 1-15 所示。

2）按如图 1-16 所示在面包板上搭建或逻辑功能测试图。

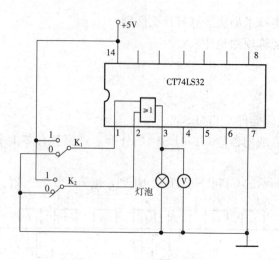

图 1-15　或门逻辑功能测试电路

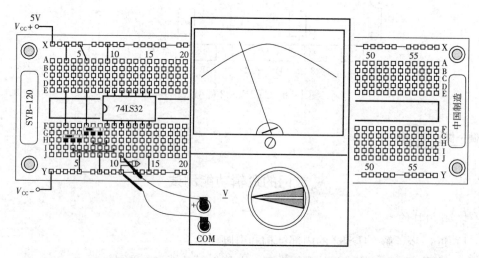

图 1-16　面包板上搭建的或逻辑功能测试图

3）图 1-15 中的开关 K_1、K_2 的状态分别按表 1-10 所列要求设置，并将每次输出端的测试结果记录在表 1-10 中。

表 1-10　2 输入端或门逻辑关系测试记录

K_1	K_2	输　出			代入 $Y=A+B$	是否符合或逻辑关系
		灯泡是否亮	电平/V	逻辑 0 或逻辑 1		
0	0					
0	1					
1	0					
1	1					

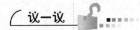

分析表 1-10 所示的输入、输出之间的逻辑关系，或门的逻辑功能可以概括为_____。

非逻辑及非门

非逻辑是指：某事情发生与否，仅取决于一个条件，而且是对该条件的否定。即条件具备时事情不发生；条件不具备时事情才发生。

非逻辑举例：例如，图 1-17（a）所示的电路，当开关 A 闭合时，灯不亮；而当 A 不闭合时，灯亮。其真值表如图 1-17（b）所示，逻辑真值表如图 1-17（c）所示，逻辑符号如图 1-17（d）所示。

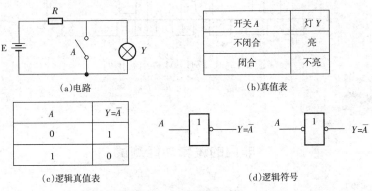

图 1-17 非逻辑运算

若用逻辑表达式来描述，则可写为 $Y=\overline{A}$。

读作"A 非"或"非 A"。在逻辑代数中，非逻辑称为"求反"。

在数字电路中能实现非运算的电路称为非门电路，其逻辑符号如图 1-17（d）所示。

其波形如图 1-18 所示。

由此可见，非门的逻辑功能为使输出状态与输入状态相反，通常又称为反相器。

规则为 $\overline{0}=1$，$\overline{1}=0$。

图 1-18 非门的波形

1) $\overline{\overline{A}} =$ _____。

2）非逻辑的运算规则是_____。

3）$\overline{AB}$与$\overline{A}\overline{B}$一样吗？为什么？

认识 TTL 六反相器器件 CT74LS04。

1）观看六非门器件 CT74LS04 外形，观察其有多少个引脚？引脚顺序应如何识读？

2）根据图 1-19 所示的 CT74LS04 外引线排列，正确区分 6 个非门的输入端与输出端。

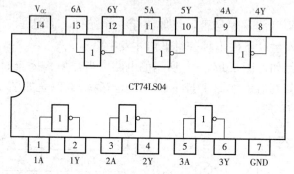

图 1-19　CT74LS04 外引线排列

非门的逻辑功能测试

1. 实训目的

1）进一步了解 74LS04 的内部结构和引脚功能。

2）熟悉 74LS04 的非门的逻辑功能，并能对其功能进行测试。

2. 测试所需器材

万用表 1 只、74LS04 芯片 1 块、指示灯 1 只、单刀双掷开关 1 只。

3. 测试内容

选用六非门器件 74LS04，其外引线排列如图 1-19 所示，电源电压为＋5V。实验时使用其中一个非门，测试 TTL 非门的逻辑功能。非门的输入端 A 分别接到一个逻辑开关上，输出端 Y 的电平用万用电表进行测量。

实现步骤如下。

1）绘出非门逻辑功能测试电路，如图 1-20 所示。

2）按图 1-21 所示，在面包板上搭建非逻辑功能的测试图。

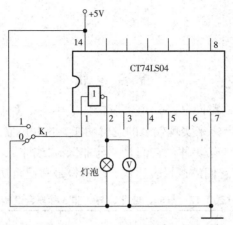

图 1-20 非门逻辑功能测试电路

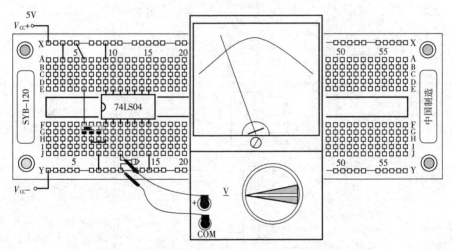

图 1-21 面包板上搭建的非逻辑功能测试图

3）开关 K_1 的电平位置分别按表 1-11 所列要求设置，并将每次测试的输出端结果记录在表 1-11 中。

表 1-11 非门逻辑关系

K_1	输　出			代入 $Y=\overline{A}$	是否符合非逻辑关系
	灯泡是否亮	电平/V	逻辑 0 或逻辑 1		
0					
1					

议一议

分析表 1-11 所列的输入与输出之间的逻辑关系，非门的逻辑功能可以概括为＿＿＿＿＿＿＿＿＿＿＿。

复 合 逻 辑

通过知识点的学习，我们已经知道，逻辑代数中有 3 种基本的逻辑运算。事实上人们总是希望用较少的器件来实现较多的逻辑功能，这时就必须用到复合逻辑。

经常用到的复合逻辑有 5 种，它们是"与非"、"或非"、"与或非"、"异或"和"同或"。表 1-12 列出了它们的逻辑表达式、逻辑符号和逻辑功能。

表 1-12   与非、或非、与或非 3 种复合逻辑

逻辑名称	逻辑表达式	逻辑符号	逻辑门特性
"与非"逻辑	$Y=\overline{AB}$	A B & Y	有 0 出 1，全 1 出 0
"或非"逻辑	$Y=\overline{A+B}$	A B $\geqslant 1$ Y	有 1 出 0，全 0 出 1
"与或非"逻辑	$Y=\overline{AB+CD+EF}$	A B C D E F & $\geqslant 1$ Y	任一组输入全为 1 时输出为 0，每一组输入至少有一个为 0 时输出为 1
"异或"逻辑	$Y=A\overline{B}+\overline{A}B$ $=A\oplus B$	A B $=1$ Y	输入二变量相异时输出为"1"，相同时输出为"0"（简述"不同为 1，相同为 0"）
"同或"逻辑	$Y=\overline{A}\,\overline{B}+AB$ $=A\odot B$ $=\overline{A\oplus B}$	A B $=1$ Y	输入二变量相同时输出为"1"，相异时输出为"0"（简述"不同为 0，相同为 1"）

1）与非逻辑运算和与门逻辑运算有什么不同？

2）或非逻辑运算和或门逻辑运算有什么不同？

3）同或和异或的逻辑关系是什么？

看一看

1）认识 2 输入四与非门器件 CT74LS00。

①观看 2 输入四与非门器件 CT74LS00 的外形，观察其有多少个引脚？引脚顺序如何识读？

②根据图 1-22 所示的 CT74LS00 外引线排列，正确区分 4 个与非门的输入端与输出端。

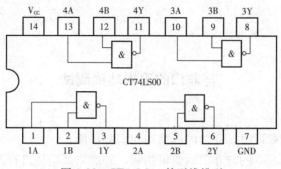

图 1-22 CT74LS00 外引线排列

2）认识三 3 输入与非门器件 CT74LS10。

①观看三 3 输入与非门器件 CT74LS10 的外形，观察其有多少个引脚？引脚顺序如何识读？

②根据图 1-23 所示的 CT74LS10 外引线排列，正确区分 3 个与非门的输入端与输出端。

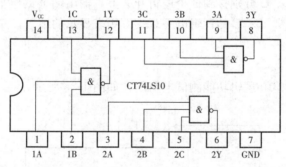

图 1-23 CT74LS10 外引线排列

3）认识二 4 输入与非门器件 CT74LS20。

①观看二 4 输入 TTL 与非门器件 CT74LS20 的外形，观察其有多少个引脚？引脚顺序如何识读？

②根据图 1-24 所示的 CT74LS20 外引线排列，正确区分两个与非门的输入端与输出端。

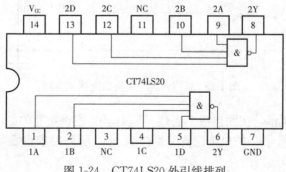

图 1-24 CT74LS20 外引线排列

与非门的逻辑功能测试

1. 实训目的

1）进一步了解 CT74LS10 的内部结构和引脚功能。

2）熟悉 CT74LS10 的与非门的逻辑功能，并能对其功能进行测试。

2. 测试所需器材

万用表 1 只、CT74LS10 芯片 1 块、指示灯 1 只、单刀双掷开关 3 只。

3. 测试内容

TTL 与非门逻辑功能测试：选用 3 输入与非门 CT74LS10，其外引线排列如图 1-23 所示，电源电压为 5V，测试 TTL 与非门的逻辑功能。接线如图 1-25 所示。与非门的输入端 A、B、C 分别接到 3 个逻辑开关上，输出端 Y 的电平接万用表测量。根据真值表给定输入 A、B、C 的逻辑电平观察万用表显示的结果，并将输出 Y 的结果填入表 1-13 中。

实验步骤如下。

1）绘出 CT74LS10 逻辑功能测试电路图，如图 1-25 所示。

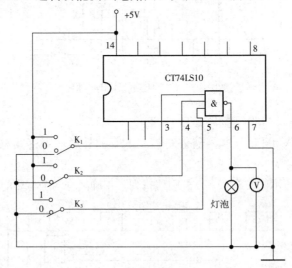

图 1-25　CT74LS10 逻辑功能测试电路

2）按图 1-26 所示，在面包板上搭建 CT74LS10 逻辑功能的测试图。

3）开关 K_1、K_2、K_3 的电平位置分别按表 1-13 所列要求设置，并将每次测试的输出端结果记录在表 1-13 中。

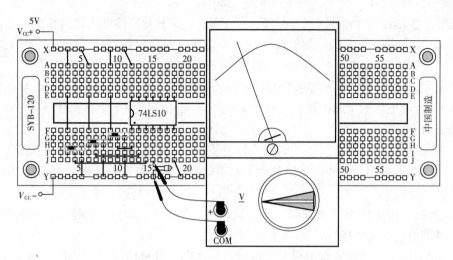

图 1-26 面包板上搭建的 CT74LS10 逻辑功能测试图

表 1-13 3 输入与非门真值表

K_1	K_2	K_3	输 出			代入 $Y=\overline{ABC}$	是否符合与非逻辑关系
			灯泡是否亮	电平/V	逻辑 0 或逻辑 1		
0	0	0					
0	0	1					
0	1	0					
0	1	1					
1	0	0					
1	0	1					
1	1	0					
1	1	1					

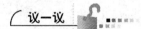

议一议

分析表 1-13 所示的输入、输出之间的逻辑关系,总结出与非门的逻辑功能是_____。

读一读

比较 CMOS 门电路与 TTC 电路

CMOS 门电路具有功耗低、抗干扰能力强、电源电压范围宽、逻辑摆幅大等优点,因而在大规模集成电路中有更广泛的应用,已成为数字集成电路的发展方向。

TTL 电路和 CMOS 电路在使用常识上有很多不同之处,必须严格遵守。

1) TTL 与非门对电源电压的稳定性要求较严格,只允许在 5V 上有 ±10% 的波动。电源电压超过 5.5V 易使器件损坏；低于 4.5V 又易导致器件的逻辑功能不正常。

2）TTL 与门、与非门不用的输入端允许直接悬空（但最好接高电平），不能接低电平。TTL 或门、或非门不用的输入端不允许直接悬空，必须接低电平。

3）TTL 电路的输出端不允许直接接电源电压或接地，也不能并联使用（除 OC 门外）。

4）CMOS 电路的电源电压允许在较大范围内变化，例如 3～18V 电压均可，一般取中间值为宜。

5）CMOS 与门、与非门不用的输入端不能悬空，应按逻辑功能的要求接 V_{DD} 端或高电平。CMOS 或门、或非门不用的输入端不能悬空，应按逻辑功能的要求接 V_{SS} 端或低电平。

6）组装、调试 CMOS 电路时，电烙铁、仪表、工作台均应良好接地，同时要防止操作人员的静电干扰损坏 CMOS 电路。

7）CMOS 电路的输入端都设有二极管保护电路，导电时其电流容限一般为 1mA，在可能出现较大的瞬态输入电流时，应串接限流电阻。若电源电压为 10V，则限流电阻取 10kΩ 即可。电源电压切记不能把极性接反，否则保护二极管很快就会因过流而损坏。

8）CMOS 电路的输出端既不能直接与电源 V_{DD} 端相接，也不能直接与接地点 V_{SS} 端相接，否则输出级的 MOS 管会因过流而损坏。

想一想

TTL 和 CMOS 或门和或非门在使用时与 TTL 和 CMOS 与门和与非门在使用时有什么不同？

看一看

1）认识 CMOS 四 2 输入与非门器件 CC4011 的外形及外引线排列。

①观看 CMOS 四 2 输入与非门器件 CC4011 外形，观察其有多少个引脚？引脚顺序应如何识读？

②根据图 1-27 所示的 CC4011 外引线排列图，正确区分 4 个与非门的输入端与输出端。

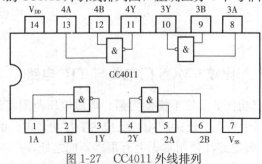

图 1-27　CC4011 外线排列

2）认识 CMOS 六反相器 CC4069。CC4069 是一种 CMOS 集成电路，内部含有 6 个反相器，它们的输入分别用 1A～6A 表示，输出分别用 1Y～6Y 表示，逻辑表达式为 $Y=\overline{A}$。外引线排列如图 1-28 所示。

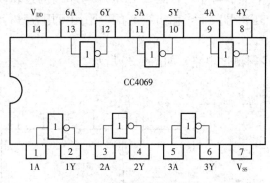

图 1-28　CC4069 外引线排列

3）认识四 2 输入异或门 CC4070 。CC4070 也是一种 CMOS 集成电路，内部含有四个 2 输入端异或门，输入分别用 1A、1B～4A、4B 表示，输出分别用 1Y～4Y 表示。外引线排列如图 1-29 所示。

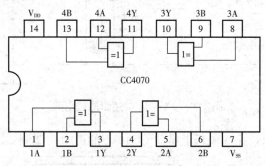

图 1-29　CC4070 外引线排列

CMOS 与非门的逻辑功能测试

1. 实训目的

1）进一步了解 CC4011 的内部结构和引脚功能。

2）熟悉 CC4011 的与非门的逻辑功能，并能对其功能进行测试。

2. 测试所需器材

万用表 1 只、CC4011 芯片 1 块、指示灯 1 只、单刀双掷开关 2 只。

3. 测试内容

选用四2输入与非门器件 CC4011，其外引线排列如图 1-27 所示，电源电压为 +10V。实验时使用其中一个与非门，测试 CMOS 与非门的逻辑功能。与非门的输入端 A、B 分别接到一个逻辑开关上，输出端 Y 的电平用万用表进行测量。

实验步骤如下。

1）绘出 CC4011 逻辑测试电路，如图 1-30 所示。

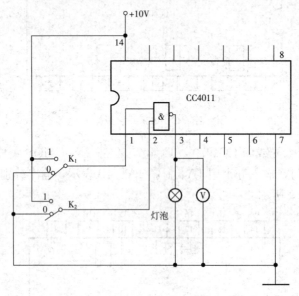

图 1-30　CC4011 的逻辑测试电路

2）按图 1-31 所示，在面包板上搭建 CC4011 的逻辑功能测试图。

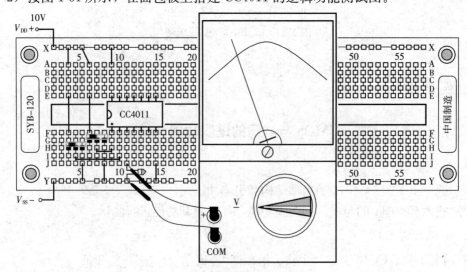

图 1-31　面包板上搭建的 CD4011 逻辑功能测试图

3）开关 K_1、K_2 的电平位置分别按表 1-14 所列要求设置，并将每次输出端的测试结果记录在表 1-14 中。

表 1-14 四与非门真值表

K_1	K_2	输 出			代入 $Y=\overline{AB}$	是否符合与非逻辑关系
		灯泡是否亮	电平/V	逻辑 0 或逻辑 1		
0	0					
0	1					
1	0					
1	1					

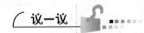

CMOS 数字集成电路的逻辑功能测试与 TTL 数字集成电路的逻辑功能测试有什么不同？应注意什么？

数字集成电路的主要参数

数字集成电路的主要参数如下（以非门、与非门为例）。

1）保证输出标准低电平（0.3V）时，允许的最小输入高电平值称为开门电平 U_{ON}（大于 1.4V）。

2）保证输出标准高电平（3.6V）时，允许的最大输入低电平值称为关门电平 U_{OFF}（小于 1.0V）。

3）电压传输特性曲线是指反映输出电压 u_o 与输入电压 u_i 关系的曲线。

4）在保证输出高电平电压不低于额定值 90% 的条件下所容许叠加在输入低电平电压 U_{IL} 上的最大噪声（或干扰）电压，称为低电平噪声容限电压，用 U_{NL} 表示，即

$$U_{NL}=U_{OFF}-U_{IL}$$

5）在保证输出低电平电压的条件下所容许叠加在输入高电平电压 U_{IH} 上（极性和输入信号相反）的最大噪声电压，称为高电平噪声容限电压，用 U_{NH} 表示，即

$$U_{NH}=U_{IH}-U_{ON}$$

6）以同一型号的门电路作为负载时，一个门电路能够驱动同类门电路的最大数目称为扇出系数，用 N_o 表示。

1）比较 TTL 电路和 CMOS 电路的特点。

2）查阅数字集成电路手册，或上网查询 TTL 电路资料，并利用实验检测 TTL 门电路 74LS05、74LS02、74LS12 的逻辑功能。

3）查阅数字集成电路手册，或上网查询 CMOS 电路 CC4012、CC4081、CC4069、CC4002 的逻辑功能，并利用实验检测它们的逻辑功能。

与、或、非的门功能测试

1. 仿真目的

1）熟悉 Multisim 9.0 的基本界面和基本使用方法。

2）以门电路的功能和测试方法为例，掌握数字电路仿真的操作技术及数字仪器的使用。

2. 仿真内容及步骤

1）熟悉 Multisim 9.0 的各个界面及其使用方法。

2）启动 Multisim 9.0 软件，建立电路文件。

① 单击 Misc Digital 图标，从它们的器件列表中选出与门、或门及非门。

② 单击 Basic 图标，从它们的器件列表中选出 SPDT 开关。

③ 单击指示器件库图标，拖取 PROBE 逻辑探头。

④ 单击 Sources 图标，拖取 V_{CC} 与 GROUND。

3）测试 2 输入与门的逻辑功能及真值表的实验电路如图 1-32（a）、（b）所示。

4）测试 2 输入或门的逻辑功能及真值表的实验电路如图 1-33（a）、（b）所示。

5）测试非门的逻辑功能及真值表的实验电路图 1-34（a）、（b）所示。

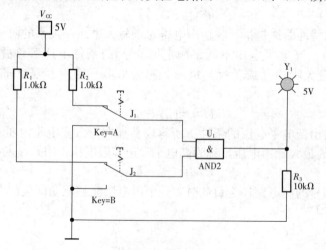

（a）测试与门真值表试验图

图 1-32　测试 2 输入与门的逻辑功能及真值表的实验电路

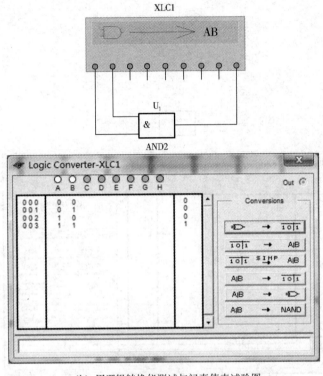

(b) 用逻辑转换仪测试与门真值表试验图

图 1-32 测试 2 输入与门的逻辑功能及真值表的实验电路（续）

3. 仿真报告要求

1) 简单叙述本次实验中 EWB 软件操作的主要步骤。

2) 谈一谈用 EWB 设计仿真数字电路的体会。

3) 验证与、或、非逻辑门电路的逻辑功能。

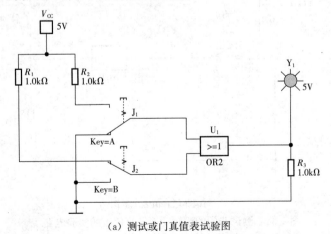

(a) 测试或门真值表试验图

图 1-33 测试 2 输入或门的逻辑功能及真值表的实验电路

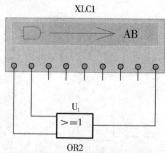

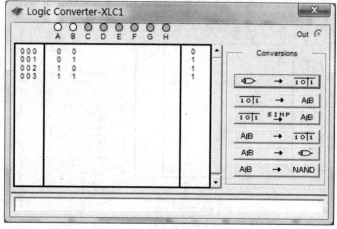

（b）用逻辑转换仪测试或门真值表试验图

图 1-33　测试 2 输入或门的逻辑功能及真值表的实验电路（续）

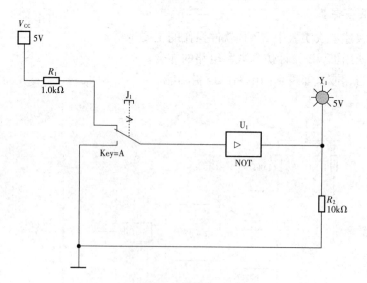

（a）测试非门真值表试验图

图 1-34　测试非门的逻辑功能及真值表的实验电路

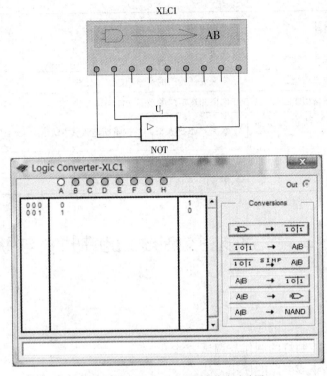

（b）用逻辑转换仪测试非门真值表试验图

图 1-34　测试非门的逻辑功能及真值表的实验电路（续）

逻辑分析仪的功能是什么？

评一评

填写表 1-15 所列的内容。

表 1-15　任务检测与评估

	检测项目	评分标准	分　值	学生自评	教师评估
任务知识内容	数字逻辑函数的表示方法	能用各种方法表示逻辑函数	5		
	与逻辑运算法则及与逻辑门	掌握与逻辑的基本运算及与逻辑门的功能	10		
	或逻辑运算法则及或逻辑门	掌握或逻辑的基本运算及或逻辑门的功能	10		
	非逻辑运算法则及非逻辑门	掌握非逻辑的基本运算及非逻辑门的功能	10		
	其他逻辑运算法则及其他逻辑门	掌握其他逻辑的基本运算及其他逻辑门的功能	10		

续表

	检测项目	评分标准	分 值	学生自评	教师评估
任务操作技能	与逻辑门的逻辑功能测试	掌握与逻辑门的逻辑功能测试方法	10		
	或逻辑门的逻辑功能测试	掌握或逻辑门的逻辑功能测试方法	10		
	非逻辑门的逻辑功能测试	掌握非逻辑门的逻辑功能测试方法	10		
	CMOS 逻辑门的逻辑功能测试	掌握 CMOS 逻辑门的逻辑功能测试方法	15		
	安全操作	安全用电、按章操作、遵守实训室管理制度	5		
	现场管理	按 6S 企业管理体系要求进行现场管理	5		

任务三　声光控制灯的制作与调试

任务目标

- 掌握声光控制灯的原理。
- 掌握声光控制灯的制作与调试方法。
- 了解数字集成电路的使用方法。

任务教学方式

教学步骤	时间安排	教学方式（供参考）
阅读教材	课余	学生自学、查资料、相互讨论
知识点讲授	4 课时	利用实物演示声光控制灯的功能，然后分解讲解声光控制灯的电路组成及工作原理
任务操作	4 课时	在实训场地分组进行制作和调试声光控制灯
评估检测	与课堂同时进行	教师与学生共同完成任务的检测与评估，并能对出现的问题进行分析与处理

读一读

声光控制灯原理

当代社会提倡节能，在这里就介绍一个声光双控延迟节能照明灯。它可以直接取代普通照明开关而不必更改原有照明线路。白天或光线较强的场合下，即使有较大的声响也控制灯泡不亮，晚上或光线较暗时遇到声响（如说话声、脚步声等）后灯自动点亮，然后经 30s（时间可以设定）自动熄灭。该装置适用于楼梯、走廊等只需短时照明的地方。

1. 电路组成

顾名思义，声光双控延时开关就是用声音与光来控制开关的"开启"，若干时间后延时开关"自动关闭"。因此，整个电路的功能就是将声音信号处理后，变为电子开关的开动作。明确了电路的信号流程方向后，即可依据主要元器件将电路划分为若干个单元，由此可画出如图 1-35 所示的方框图。它主要由整流电路、稳压电路、R_1 和 BM 组成的话筒拾音及放大电路、光敏控制电路、音频驱动电路、延迟电路、可控硅开关电路等几部分组成。下面逐一给予介绍。

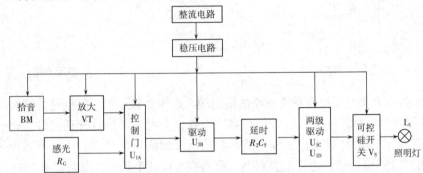

图 1-35 声光控制灯的原理框图

2. 声光控制灯的原理

声光控制灯的整机原理如图 1-36 所示。

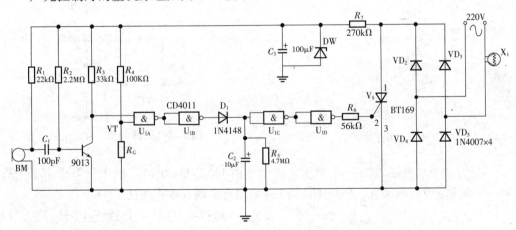

图 1-36 声光控制灯的整机原理

1）整流电路采用的是一个桥式整流电路，在输入端串接 25W 灯泡，220V 的交流电经过桥式整流就为 198V 的直流电。VD_1、VD_2、VD_3、VD_4 采用桥式二极管，要求耐压达到 220V 的峰值 1.414×220V（311V），这里采用的是 1N4007，其电路如图 1-37 所示。

2）稳压电路采用二极管稳压电路加滤波电容，由 R_7、DW、C_3 这三个元件组成，其电路如图 1-38 所示。198V 直流电压经过 R_7、DW 稳压后得 7.5V 直流电压。$C_3=$

$100\mu F$，$R_7 = 270k\Omega$，DW 为 7.5V 的稳压二极管，C_3 的耐压要求 16V。

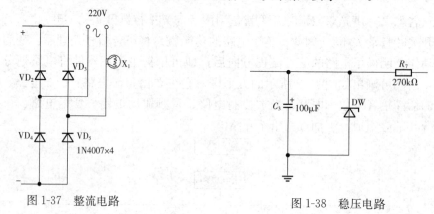

图 1-37　整流电路　　　　　　　　　　　　图 1-38　稳压电路

3）可控硅开关直接接在整流电路的输出端，作为负载，阳、阴极是并联在电路的输出端。G 受控制电路的控制，当 G 端得到一个高电平时，可控硅导通，灯亮；当高电平消失，可控硅断开，灯熄灭。工作电流、电压由灯泡的功率决定。由于是 25W 的灯泡，所以采用 BT169 可控硅，若灯泡为 60W，则需查可控硅手册，其电路如图 1-39 所示。

4）话筒放大和 R_1、BM 组成话筒拾音电路，话筒上端得到音频信号，通过 C_1 耦合到 VT 组成的放大电路，VT、R_2、R_3 组成的放大电路作为话筒放大电路。元件的参数：BM 为 125Ω，高灵敏度驻极体话筒。其电路如图 1-40 所示。

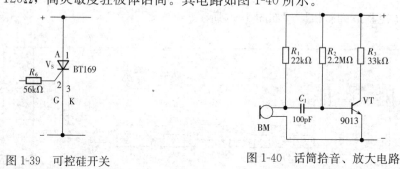

图 1-39　可控硅开关　　　　　　　　　图 1-40　话筒拾音、放大电路

5）音频驱动电路如图 1-41 所示，该图是由 U_{1A}、U_{1B} 组成，由于只考虑声音的有无，不需考虑声音的失真，所以 U_{1A} 与 U_{1B} 采用直接耦合方式连接。

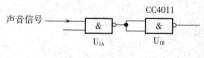

图 1-41　音频驱动电路

6）光敏控制电路中，光敏电阻 R_G 与 R_4 构成串联分压电路，用光敏电阻接地（R_G 有光照时为 $5k\Omega$，无光照时为 $752k\Omega$）。在白天时光敏电阻的阻值小，因而在与非门 U_{1A} 的一个输入端为低电平；而音频信号被送到 U_{1A} 的另一个输入端。由与非门的特性可知，音频信号将被屏蔽而无法往后输送，因此白天时灯就不亮。在晚上，R_G 达到 $725k\Omega$ 以上，因而在与非门 U_{1A} 的一个输入端为高电平，音频信号不受影响，灯受声音控制。光敏控制电路如图 1-42 所示。

7) 延迟电路如图 1-43 所示，由 R_5、C_2 组成，隔离二极管 VD_1 取得的音频信号正半周时，C_2 充电后得到的直流电压，就是控制电压，要放电必须经过 R_5 放电。放电完的时间就是延迟时间，主要由 C_2、R_5 的参数控制。$\tau = R_5 C_2$（3～5 倍 τ 时间后 C_2 放电结束）。$R_5 = 4.7 M\Omega$，$C_2 = 10 \mu F$。如果要延长放电时间，可增大 C_2；反之则减小 C_2。同时当声音停止后，U_3 输出为低电平时 VD_1 是反向截止的，这时将后级电路与前级电路进行隔离，以保证延迟电路的正常工作。

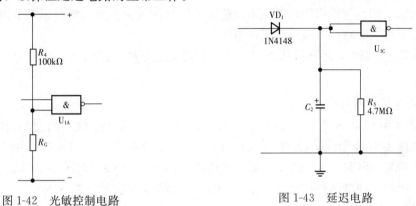

图 1-42 光敏控制电路   图 1-43 延迟电路

8) 可控硅开关电路如图 1-44 所示，由 U_{1C}、U_{1D}、R_6、V_S 组成，是一个开关电路。在夜晚，当没有声音时，三极管 9013 工作在饱和状态，集电极为低电平，U_{1B} 输出也为低电平，C_2 将无法充为高电平，U_{1D} 将输出为低电平，无触发信号供给晶闸管，V_S 将断开，灯不亮。当有声音输入时，三极管由饱和状态进入放大状态，集电极由低电平转成高电平，使 U_{1B} 输出一个高电平，C_2 上就会得到高电平，经 U_{1C}、U_{1D} 反相器推动，在 U_{1D} 的输出端为高电平，从而触发可控硅 V_S 导

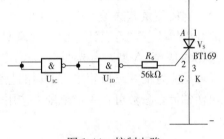

图 1-44 控制电路

通，灯亮；C_2 直流电压放电完后，U_{1D} 由高电平变为低电平，可控硅断开，灯熄灭。

综上所述，声光控制灯的原理如下。

4 个二极管组成桥式整流电路将市电变成脉冲直流，经一个两百多 $k\Omega$ 的电阻限流分压，DW 稳压三级管稳压，再经 $100 \mu F$ 电容滤波后即可输出 7.5V 直流电压，为集成块 CC4011、BM 及三极管 VT 提供电源。整个电路工作的前提是集成块的 1、2 脚输入高电平，经过三级反相，集成块输出端输出高电平，然后触发晶闸管导通使灯泡发亮。

在白天时，光敏电阻很小，使得集成块 1 脚输入低电平，电路封锁了声音通道，使得声音脉冲不能通过，经过三反相后集成块输出端输出低电平，无触发信号，晶闸管不导通所以灯泡不亮。在黑夜时，光敏电阻因无光线照射呈高阻态，使得输入端 1 脚变为高电平，为声音通道开通创造了条件。当没有声音时，三极管 9013 工作在饱和状态，集电极属于低电平，无触发信号供给晶闸管；当有声音输入时，三极管由饱和

状态进入放大状态，集电极由低电平转成高电平，使集成块输出一个高电平，触发晶闸管工作电路导通，灯泡发亮。

电路中应用了一个 1N4148 二极管来阻断 U_{1B} 和 U_{1C}，使得 C_2 充满电后只能通过 R_5 放电，C_2、R_5 组成亮灯延迟电路，时间常数 $\tau = R_5 C_2$。这个延迟时间主要是靠电容的放电使 U_{1D} 输出端维持高电平，让可控硅持续在工作状态，当电容放电至 U_{1C} 低门限电平时，U_{1C} 反转输出高电平，U_{1D} 继而输出低电平，使可控硅无触发信号而关断，灯自动熄灭。调整与话筒串联的电阻阻值或三极管的放大倍数，均可以调节声控灵敏度，其工作原理在于减小了基极的工作电压。

在整个电路中，还可用 R_4 串联一个电位器来改变 R_G 的分压值，以控制光敏电阻对光的敏感度。

3. 元器件的选择

IC 选用 CMOS 数字集成电路 CC4011，其里面含有 4 个独立的与非门电路。内部结构如图 1-27 所示，V_{SS} 是电源的负极，V_{DD} 是电源的正极。可控硅选用 1A/400V 的单向可控硅（SCR）BT169 型，如负载电流大，可选用 3A、6A、10A 等规格的单向可控硅。单向可控硅的外形如图 1-45 所示，它的测量方法是：选用 $R \times 1$ 挡，将红笔接可控硅的阴极，黑表笔接阳极，这时表针无读数，然后用黑表笔触一下控制极 K，这时表针有读数，黑表笔马上离开控制极 K，这时表针仍有读数（注意接触控制极时正、负表笔始终连接），说明该可控硅是完好的。驻极体选用的是一般收录机用的小话筒，它的测量方法是：用 $R \times 100$ 挡，将红表笔接外壳的 S、黑表笔接 D，这时用口对着驻极体吹气，若表针有摆动则说明该驻极体完好，摆动越大灵敏度越高。光敏电阻选用的是 625A 型，有光照射时电阻为 $5k\Omega$ 左右，无光时电阻值大于 $725k\Omega$，说明该元件是完好的。二极管采用普通的整流二极管 1N4001～1N4007。总之，元件的选择可灵活掌握，参数可在一定范围内选用。其他元件按图 1-36 所示的标注即可。

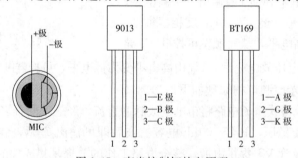

图 1-45　声光控制灯的电原理

想一想

1) 电灯要点亮，U_{1A} 的输入端 A 的电压应该为什么电平？

2) 图 1-36 电路中的四与非门可以用四与门代替吗？你认为电路还有可以改动的地方吗？

制作声光控制灯

1. 制作目的

1）通过制作了解声光控制灯的原理。

2）通过制作掌握基本门电路的基本功能。

3）通过制作重温工艺文件的编制和工艺的制作流程。

2. 制作所需器材

元件清单如表1-16所列。

3. 操作步骤

（1）安装制作

准备好全套元件后，按表1-16所列的元器件清单清点元器件，并用万用表测量一下各元件的质量，做到心中有数。

表1-16 元器件清单

序 号	名 称	型号规格	位 号	数 量
1	集成电路	CC4011	U_1	1
2	单向可控硅	BT169	V_S	1
3	三极管	9013	VT	1
4	驻极体话筒	54+2dB	BM	1
5	光敏电阻	625A	R_G	1
6	整流二极管	1N4007	$VD_1 \sim VD_2$	2
7	整流二极管	1N4148	VD_1	1
8	电阻器	22kΩ	R_1	1
9	电阻器	2.2MΩ	R_2	1
10	电阻器	33kΩ	R_3	1
11	电阻器	100kΩ	R_4	1
12	电阻器	4.7MΩ	R_5	1
13	电阻器	56kΩ	R_6	1
14	电阻器	270kΩ	R_7	1
15	瓷片电容	104	C_1	1
16	电解电容	10μF/16V	C_2	1
17	电解电容	100μF/16V	C_3	1
18	稳压二极管	7.5V	DW	1
19	万能电路板			1

可以自己设计 PCB 板，如图 1-46 所示。焊接时注意先焊接无极性的阻容元件，电阻采用卧装，电容采用直立装，紧贴电路板，焊接有极性的元件时，如焊接电解电容、话筒、整流二极管、三极管、单向可控硅等元件时千万不要装反，否则电路不能正常工作甚至烧毁元器件。

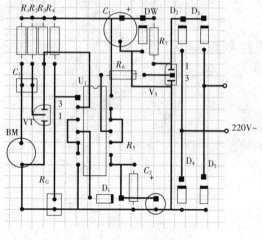

图 1-46　PCB 板的元件排布

（2）调试

1）调试前，先将焊好的电路板对照印制电路图认真核对一遍，不要有错焊、漏焊、短路、元件相碰等现象发生。通电后，人体不允许接触电路板的任何一部分，防止触电，**务必注意安全**。如用万用表检测时，只将万用表两表笔接触电路板相应处即可。

2）由于装配底板带热电（市电），因此调试时要十分小心，以防触电。通电后，测得 C_3 两端的直流电压应有 8～10V，这表明电源部分工作正常，方可进行其他部分的调试。

3）调试声控放大部分：接上 C_1、R_{P1}（R_2）调到中间位置，通电后先用一器具轻轻敲击驻极体话筒，灯泡应发光，然后延时自灭。接着击掌，灯泡应亮 1 次，延时自灭。再拉开距离调试，细心调节 R_{P1}、R_{P2}（R_6）直到满意为止。调节上述两电位器，灵敏度最高时，其控制距离可达 8m，为了保险起见，灵敏度调在 5m 位置最合理。

4）调节光控部分：接上 MG45，使受光面受到光照，接通电源，测量 U_1 的电压应接近零，这时不管如何击掌或敲击驻极体话筒，LAMP 不发光为正常。然后挡住光线，使光敏电阻不受光照，击掌一下，灯泡即亮，延时后自灭，表示光控部分正常。适当选择 R_4，可改变光控灵敏度，这可根据所处环境而定。

5）延时的长短由 R_5、C_2 决定，可以改变 R_5、C_2 的值改变延时时间。

（3）调试注意事项

1）检查好元器件，确保无损坏，避免调试检查困难。

2）检查可控硅的管脚是否接对。

3）确保光敏电阻、驻极体话筒的灵敏度（光敏电阻可用光敏二极管代替）。

4）给电路通电前检查所有元件是否装对，特别要注意检查的是 270kΩ 的分压电阻。

5）给电路通电时先别插集成 IC，先检查集成 IC 的供电是否正常；如要焊接 CC4011 时，应将电烙铁的插头拔掉，利用余热焊接，以防静电将 CC4011 损坏。焊装完毕并确认无误后即可通电调试。由于是直接接 220V 交流电压，所以调试的时候务必要注意安全。

（4）产品的实物

其实物如图 1-47 所示。

（5）产品的焊接图

产品焊接图如图 1-48 所示。

图 1-47 声光控制灯的实物图

图 1-48 声光控制灯的焊接图

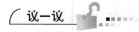 议一议

VD₁ 管的作用是什么？是否可以省略此二极管？

 评一评

填写表 1-17 所列的内容。

表 1-17 任务检测与评估

	检测项目	评分标准	分 值	学生自评	教师评估
任务知识内容	声光控制灯的原理	能分析声光控制灯的工作原理	25		
	元器件的筛选	能正确筛选元器件	15		
任务操作技能	制作工艺文件	能编织制作工艺文件	10		
	元件的测量与识别	能对元器件进行测量与识别	10		
	万能印制电路板的焊接	能利用工艺文件完成声光控制灯的制作与调试	30		
	安全操作	安全用电、按章操作、遵守实训室管理制度	5		
	现场管理	按 6S 企业管理体系要求进行现场管理	5		

数字电路制作与调试规范及常见故障检查方法

1. 布线原则

首先，应便于检查、排除故障和更换器件。

在数字电路制作过程中，有错误布线引起的故障，常占很大比例。布线错误不仅会引起电路故障，严重时甚至会损坏器件，因此，注意布线的合理性和科学性是十分必要的，正确的布线原则大致有以下几点。

1）接插集成电路芯片时，先校准两排引脚，使之与实验底板上的插孔对应，轻轻用力将芯片插上，然后在确定引脚与插孔完全吻合后，再稍用力将其插紧，以免集成电路的引脚弯曲、折断或者接触不良。

2）不允许将集成电路芯片方向插反，一般 IC 的方向是缺口（或标记）朝左，引脚序号从左下方的第一个引脚开始，按逆时针方向依次递增至左上方的第一个引脚。

3）导线应粗细适当，一般选取直径为 0.6～0.8mm 的单股导线，最好采用各种色线以区别不同用途，如电源线用红色，地线用黑色。

4）布线应有秩序地进行，随意乱接容易造成漏接、错接，较好的方法是接好固定电平点，如电源线、地线、门电路闲置输入端、触发器异步置位复位端等，其次，再按信号源的顺序从输入到输出依次布线。

5）联机应避免过长，避免从集成器件上方跨接，避免过多的重叠交错，以利于布线、更换元器件以及故障检查和排除。

6）当电路的规模较大时，应注意集成元器件的合理布局，以便得到最佳布线，布线时，顺便对单个集成器件进行功能测试。这是一种良好的习惯，实际上这样做不会增加布线工作量。

7）应当指出，布线和调试工作是不能截然分开的，往往需要交替进行，对大型电路元器件很多的，可将总电路按其功能划分为若干相对独立的部分，逐个布线、调试（分调），然后将各部分连接起来（联调）。

2. 故障检查

电路不能完成预定的逻辑功能时，就称电路有故障，产生故障的原因大致可以归纳为以下 4 个方面：

1）操作不当，如布线错误等。

2）设计不当，如电路出现险象等。

3）元器件使用不当或功能不正常。

4）仪器（主要指数字电路实验箱）和集成器件本身出现故障。

因此，上述 4 点应作为检查故障的主要线索，以下介绍几种常见的故障检查方法。

（1）查线法

由于大部分故障都是由于布线错误引起的，因此，在发生故障时，检查电路联机情况为排除故障的有效方法。应着重注意：有无漏线、错线，导线与插孔接触是否可靠，集成电路是否插牢、集成电路是否插反等。

（2）观察法

用万用表直接测量各集成块的电源端是否加上电源电压；输入信号、时钟脉冲等是否加到实验电路上，观察输出端有无反应。重复测试观察故障现象，然后对某一故障状态，用万用表测试各输入/输出端的直流电平，从而判断出是否是插座板、集成块引脚连接线等原因造成的故障。

（3）信号注入法

在电路的每一级输入端加上特定信号，观察该级输出响应，从而确定该级是否有故障，必要时可以切断周围联机，避免相互影响。

（4）信号寻迹法

在电路的输入端加上特定信号，按照信号流向逐级检查是否有响应和是否正确，必要时可多次输入不同信号。

（5）替换法

对于多输入端器件，如有多余端，则可调换另一输入端试用，必要时可更换器件，以检查器件功能不正常所引起的故障。

（6）动态逐线跟踪检查法

对于时序电路，可输入时钟信号，按信号流向依次检查各级波形，直到找出故障点为止。

（7）断开回馈线检查法

对于含有回馈线的闭合电路，应该设法断开回馈线进行检查，或进行状态预置后再进行检查。

以上检查故障的方法，是指在仪器工作正常的前提下进行的，如果电路功能测不出来，则应首先检查供电情况，若电源电压已加上，便可把有关输出端直接接到 0-1 显示器上检查，若逻辑开关无输出，或单次 CP 无输出，则是开关接触不好或是集成器件的内部电路损坏了。

需要强调指出，经验对于故障检查是大有帮助的，但只要充分预习，掌握基本理论和实验原理，也不难用逻辑思维的方法较好地判断和排除故障。

项 目 小 结

1）数字电路处理的是在时间上断续的信号，模拟电路处理的是在时间上连续变化的信号。

2）数字集成电路的分类及命名。

3）几类数字集成电路的工作基本条件及代换要求。

4）基本逻辑运算的规则、逻辑门电路的符号、逻辑功能的测试及运用。

5）运用 Multisim 9.0 对与门、或门、非门进行仿真试验。

思考与练习

一、选择题

1. 下列信号中，（　　）是数字信号。

A. 交流电压　　　　　　B. 关状态　　　　　　C. 温度信号　　　　　　D. 无线电载波

2. 正逻辑是指（　　）。

A. 高电平用"1"表示，低电平用"0"表示

B. 高电平用"0"表示，低电平用"1"表示

C. 高电平用"1"表示，低电平用"1"表示

D. 高电平用"0"表示，低电平用"0"表示

3. 具有 2 个输入端的或门，当输入均为高电平 3V 时，正确的是（　　）。

A. $V_L = V_A + V_B = 3V + 3V = 6V$　　　　　　B. $V_L = A + B = 1 + 1 = 2V$

C. $L = A + B = 1 + 1 = 2$　　　　　　D. $L = A + B = 1 + 1 = 1$

4. 在逻辑运算中，没有的运算是（　　）。

A. 逻辑加　　　　　　B. 逻辑减　　　　　　C. 逻辑与　　　　　　D. 逻辑乘

5. 晶体管的开关状态指的是三极管（　　）。

A. 只工作在截止区　　　　　　B. 只工作在放大区

C. 主要工作在截止区和饱和区　　　　　　D. 工作在放大区和饱和区

6. 下列逻辑代数运算错误的是（　　）。

A. $A + A = A$　　　　B. $A \cdot \overline{A} = 0$　　　　C. $A \cdot A = 1$　　　　D. $A + \overline{A} = 1$

7. 下列逻辑代数运算错误的是（　　）。

A. $A \cdot 0 = 0$　　　　B. $A + 1 = A$　　　　C. $A \cdot 1 = A$　　　　D. $A + 0 = A$

8. 下列 4 种门电路中，抗干扰能力最强的是（　　）。

A. TTL 门　　　　B. ECL 门　　　　C. NMOS 门　　　　D. CMOS 门

9. 数字信号为（　　）。

A. 随时间连续变化的电信号　　　　　　B. 脉冲信号　　　　　　C. 直流信号

10. 模拟信号为（　　）。

A. 随时间连续变化的电信号

B. 随时间不连续变化的电信号

C. 持续时间短暂的脉冲信号

11. 由开关组成的逻辑电路如图 1-49 所示，设开关接通为"1"，断开为"0"，电灯亮为"1"，电灯暗为"0"，则该电路为（　　）。

图 1-49

A. "与" 门　　　　　　　B. "或" 门　　　　　　C. "非" 门

12. 图 1-50 所示的逻辑符号，能实现 $F=\overline{A+B}$ 逻辑功能的是(　　)。

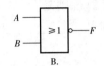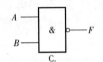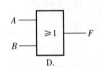

图 1-50

13. 逻辑符号如图 1-51 所示，表示 "与" 门的是(　　)。

图 1-51

14. 逻辑图和输入 A、B 的波形如图 1-52 所示，分析在 t_1 时刻输出 F 为(　　)。

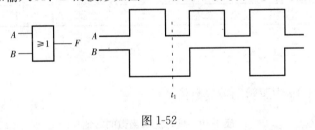

图 1-52

A. "1"　　　　　　　　B. "0"　　　　　　　C. 不定

15. 若输入变量 A、B 全为 1 时，输出 $F=0$，则其输出与输入的关系可能是(　　)。

A. 异或　　　　　　B. 同或　　　　　　C. 与非　　　　　D. 或非

E. 与　　　　　　　F. 或

16. 在(　　)输入情况下，"与非" 运算的结果是逻辑 0。

A. 全部输入是 0　　　　　　　　　　B. 任一输入是 0

C. 仅一输入是 0　　　　　　　　　　D. 全部输入是 1

17. 在(　　)输入情况下，"或非" 运算的结果是逻辑 0。

A. 全部输入为 0　　　　　　　　　　B. 全部输入为 1

C. 任一输入是 0，其他输入为 1　　　D. 任一输入是 1

二、填空题

1. 数字电路研究的对象是电路的＿＿＿＿＿＿＿＿之间的逻辑关系。

2. 数字集成电路的命名由＿＿＿＿＿＿＿、＿＿＿＿＿＿＿、＿＿＿＿＿＿＿、＿＿＿＿＿＿＿和＿＿＿＿＿＿＿等五部分构成。

3. 与逻辑的运算规则是＿＿＿＿＿＿；或逻辑的运算规则是＿＿＿＿＿＿；非逻辑的运算规则是＿＿＿＿＿＿；与非逻辑的运算规则是＿＿＿＿＿＿；或非逻辑的运算规则是＿＿＿＿＿＿；异或逻辑的运算规则是＿＿＿＿＿＿；同或逻辑的运算规则是＿＿＿＿＿＿。

4. 逻辑代数中最基本的运算是＿＿＿＿＿＿＿运算、＿＿＿＿＿＿＿运算、＿＿＿＿＿＿＿运算。

5. 常用逻辑门电路的真值表如表 1-18 所示，试判断它们分别属于哪种类型的门电路？即 F_1、F_2、F_3、F_4 和 F_5 分别属于何种常用逻辑门。

表 1-18　常用逻辑门电路真值表

A	B	F_1	F_2	F_3	F_4	F_5
0	0	0	1	0	0	1
0	1	1	1	0	1	0
1	0	1	1	0	1	0
1	1	0	0	1	1	0

F_1＿＿＿＿＿＿；F_2＿＿＿＿＿＿；F_3＿＿＿＿＿＿；F_4＿＿＿＿＿＿；F_5＿＿＿＿＿＿。

6. 请写出表 1-19 中逻辑函数的数值

表 1-19　填写逻辑函数的数值

A	B	$Y_1=\overline{A\cdot B}$	$Y_2=\overline{A}\overline{B}+AB$
0	0		
0	1		
1	0		
1	1		

7. 连续异或 1985 个 1 的结果是＿＿＿＿＿＿＿＿＿。

三、判断题

1. 逻辑运算 $L=A+B$ 含义是：L 等于 A 与 B 的和，而当 $A=1$，$B=1$ 时，$L=A+B=1+1=2$。　　　　　　　　　　　　（　　）

2. 若 $A\cdot B\cdot C=A\cdot D\cdot C$，则 $B=D$。　　　　　　　　（　　）

3. 逻辑运算是 0 和 1 逻辑代码的运算，二进制运算也是 0、1 数码的运算。这两种运算实际是一样的。　　　　　　　　　　　　　　　　（　　）

4. "同或"逻辑关系是, 输入变量取值相同时输出为1; 取值不同, 输出为零。

（　　）

四、简答题

1. 数字集成电路是怎样分类的?

2. 各类数字集成电路的工作基本条件是什么?

3. 查找相关资料, 说明74LS21、CC4072集成电路的类型、功能及其工作的基本条件。

4. 电路如图1-53所示, 若开关闭合为"1", 打开为"0"; 等亮为"1", 灯灭为"0"。试列出F和A、B、C关系的真值表, 写出F的表达式。

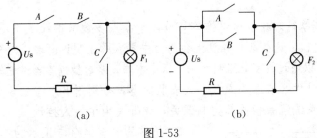

(a)　　　　　　　　　(b)

图 1-53

8路抢答器电路的制作

很多知识竞赛举行时经常出现抢答环节,举办方多数采用让选手通过举答题板的方法判断选手的答题权,这在某种程度上会因为主持人的主观误断造成比赛的不公平性。为解决这个问题,可以通过数字电路制作一个低成本的8路数显抢答器。它的基本功能如下:

1)抢答器同时供8名选手或8个代表队比赛,分别用8个按钮表示。

2)设置一个系统清除和抢答控制开关,该开关由主持人控制。

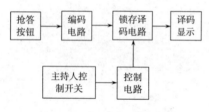

图2-1 8路抢答器的框图

3)抢答器具有锁存与显示功能,即选手按动按钮、锁存相应的编号、显示选手号码。选手抢答实行优先锁存,优先抢答选手的编号一直保持到主持人将系统清除为止。

由此可知,抢答器的总体框图如图2-1所示。那么,如何通过数字电路来实现它的功能呢?这就是本项目要完成的内容。

知识目标

● 能了解数制与数码的种类及运算。
● 能对较复杂的组合逻辑电路进行分析。
● 会用门电路进行电路设计,实现相应的逻辑功能。
● 了解常用的组合逻辑电路功能。
● 能分析8路抢答器电路的工作原理。

技能目标

● 按要求用常见的集成门电路实现较复杂的逻辑功能。
● 能对常用组合逻辑集成电路进行测试。
● 用组合逻辑集成电路设计制作8路抢答器。

任务一　用门电路制作简单逻辑电路

任务目标

- 掌握组合逻辑电路的分析方法。
- 掌握用基本门电路设计组合逻辑电路的方法。
- 掌握用代数法和卡诺图法化简逻辑函数。
- 能用74LS10搭建一个可完成3人表决的电路。

任务教学方式

教学步骤	时间安排	教学手段及方式
阅读教材	课余	学生自学、查资料、相互讨论
知识点讲授	12课时	1. 利用实例分析来讲解基本逻辑电路的分析与设计方法，并用仿真软件来验证其正确性 2. 利用归类法来讲解代数法化简逻辑函数 3. 利用图示法讲解卡诺图化简逻辑函数
任务操作	4课时	1. 自行分析一个组合逻辑电路并通过仿真来检验其逻辑功能 2. 能用基本门电路设计3人表决器，用Multisim 9.0来仿真并用74LS10搭建该电路
评估检测	与课堂同时进行	教师与学生共同完成任务的检测与评估，并能对出现的问题进行分析与处理

读一读

组合逻辑电路

1. 组合逻辑电路的概念

组合逻辑电路是通用数字集成电路的重要品种，它的用途很广泛。组合逻辑电路的定义是，有一个数字电路，在某一时刻，它的输出仅仅由该时刻的输入所决定。组合逻辑电路是由基本逻辑门构成的，它是逻辑电路的基础。组合逻辑电路的框图如图2-2所示。

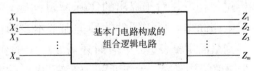

图2-2　组合逻辑电路的框图

在$t=a$时刻有输入X_1，X_2，…，X_n，那么在$t=a$时刻就有输出Z_1，Z_2，…，Z_m，每个输出都是输入X_1，X_2，…，X_n的一个组合逻辑函数。

$$Z_1 = f_1 (X_1, X_2, \cdots, X_n)$$
$$Z_1 = f_2 (X_1, X_2, \cdots, X_n)$$
$$\vdots$$

$$Z_m = f_m (X_1, X_2, \cdots, X_n)$$

从以上概念可以知道，组合逻辑电路的特点就是即刻输入，即刻输出。

任何组合逻辑电路也可由表达式、真值表、逻辑图和卡诺图等 4 种方法中的任一种来表示其逻辑功能。

2. 组合逻辑电路的分析

组合数字电路的分析是指已知逻辑图，求解电路的逻辑功能。分析组合逻辑电路的步骤大致如下。

1）根据逻辑电路从输入到输出的波形，写出各级逻辑函数表达式，直到写出由输入信号组成的输出端逻辑函数表达式。

2）将各逻辑函数表达式化简和变换，以得到最简的表达式。

3）根据简化的逻辑表达式列出真值表。

4）根据真值表和化简后的逻辑表达式对逻辑电路进行分析，最后确定其功能。

组合逻辑电路的分析框图如图 2-3 所示。

图 2-3　组合逻辑电路分析框图

1）组合逻辑电路的定义及特点是什么？

2）组合逻辑电路的分析方法是什么？

读一读

组合逻辑电路的设计流程

组合逻辑电路的设计是指已知电路逻辑功能的要求，将逻辑电路设计出来。与分析过程相反，对于提出的实际逻辑问题，得到满足这一逻辑问题的逻辑电路。通常要求电路简单，所用器件的种类和基本逻辑门的数目尽可能少，所以还要化简逻辑函数，得到最简逻辑表达式，有时还需要一定的变换，以便能用最少的门电路来组成逻辑电路，使电路结构紧凑，工作可靠且经济。电路的实现可以采用小规模集成器件、中规模组合集成器件或者可编程逻辑器件。因此逻辑函数的化简也要结合所选用的器件进行。

组合逻辑函数的设计步骤大致如下。

1）明确实际问题的逻辑功能。许多实际设计要求是使用文字描述的，因此，需要确定实际问题的逻辑功能，并确定输入、输出变量数及表示符号。

2）根据对电路逻辑功能的要求，列出真值表。

3）由真值表写出逻辑表达式。

4）简化和变换逻辑表达式，使其变为最简或最合理的表达式。

5）画出逻辑电路图。

组合逻辑电路的设计流程如图 2-4 所示。

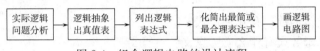

图 2-4　组合逻辑电路的设计流程

想一想

1）组合逻辑电路设计的定义是什么？

2）组合逻辑电路设计的步骤分为哪几步？

读一读

逻 辑 函 数

逻辑函数化简的意义：进行逻辑电路的分析时，可以使真值表更简单，分析逻辑功能时会更直观；进行逻辑电路设计时，根据逻辑问题归纳出来的逻辑函数式往往不是最简逻辑表达式，且有不同的形式，因而，实现这些逻辑函数就会有不同的逻辑电路，所以对逻辑函数进行化简和变换，可以得到最简的函数式和所需要的形式，从而设计出最简洁的逻辑电路。这对于节省元器件、优化生产工艺、降低成本和提高系统的可靠性以及提高产品在市场上的竞争力是非常重要的。

1. 逻辑函数式的常见形式

一个逻辑函数的表达式不是唯一的，可以有多种形式，并且能互相转换。常见的逻辑式主要有 5 种形式，例如：

$$Y = (A+\overline{C})(C+D) \qquad\qquad 或—与表达式$$
$$= AC+\overline{C}D \qquad\qquad 与—或表达式$$
$$= \overline{\overline{AC+\overline{C}D}} = \overline{\overline{AC}\cdot\overline{\overline{C}D}} \qquad\qquad 与非—与非表达式$$
$$= \overline{\overline{A+\overline{C}}+\overline{\overline{C}+\overline{D}}} \qquad\qquad 或非—或非表达式$$
$$= \overline{\overline{AC}+\overline{\overline{C}D}} = (\overline{A+\overline{C}})\cdot(\overline{C+\overline{D}}) \qquad 与—或—非表达式$$

在上述多种表达式中，与—或表达式是逻辑函数的最基本表达形式。因此，在化简逻辑函数时，通常是将逻辑表达式化简成最简与—或表达式，然后再根据需要转换成其他形式。

2. 最简与—或表达式的标准

1）与项最少，即表达式中"＋"号最少。

2）每个与项中的变量数最少，即表达式中"·"号最少。

想一想

1）常见的逻辑函数式有几种形式？
2）变换逻辑函数式有什么实际意义？

读一读

逻辑代数的基本公式

逻辑代数的基本公式如表 2-1 所示。

它包括 9 个定律，其中有的定律与普通代数相似，有的定律与普通代数不同，使用时切勿混淆。

表 2-1　逻辑代数的基本公式

名　称	公式 1	公式 2
0-1律	$A \cdot 1 = A$ $A \cdot 0 = 0$	$A + 0 = A$ $A + 1 = 1$
互补律	$A\overline{A} = 0$	$A + \overline{A} = 1$
重叠律	$AA = A$	$A + A = A$
交换律	$AB = BA$	$A + B = B + A$
结合律	$A(BC) = (AB)C$	$A + (B+C) = (A+B) + C$
分配律	$A(B+C) = AB + AC$	$A + BC = (A+B)(A+C)$
反演律	$\overline{AB} = \overline{A} + \overline{B}$	$\overline{A+B} = \overline{A}\,\overline{B}$
吸收律	$A(A+B) = A$ $A(\overline{A}+B) = AB$ $(A+B)(\overline{A}+C)(B+C) = (A+B)(\overline{A}+C)$	$A + AB = A$ $A + \overline{A}B = A + B$ $AB + \overline{A}C + BC = AB + \overline{A}C$
对合律	$\overline{\overline{A}} = A$	

表中略微复杂的公式可用其他更简单的公式来证明。

例 2-1　证明吸收律 $A + \overline{A}B = A + B$。

证明　$A + \overline{A}B = A(B+\overline{B}) + \overline{A}B = AB + A\overline{B} + \overline{A}B = AB + AB + A\overline{B} + \overline{A}B$
$\qquad\qquad = A(B+\overline{B}) + B(A+\overline{A}) = A + B$

表中的公式还可以用真值表来证明，即检验等式两边函数的真值表是否一致。

例 2-2　用真值表证明反演律 $\overline{AB} = \overline{A} + \overline{B}$ 和 $\overline{A+B} = \overline{A}\,\overline{B}$。

证明　分别列出两公式等号两边函数的真值表即可得证，如表 2-2 和表 2-3 所列。

表 2-2　证明$\overline{AB}=\overline{A}+\overline{B}$

A	B	$\overline{AB}$	$\overline{A}+\overline{B}$
0	0	1	1
0	1	1	1
1	0	1	1
1	1	0	0

表 2-3　证明$\overline{A+B}=\overline{A}\ \overline{B}$

A	B	$\overline{A+B}$	$\overline{A}\ \overline{B}$
0	0	1	1
0	1	0	0
1	0	0	0
1	1	0	0

反演律又称摩根定律，是非常重要又非常实用的公式，它经常用于逻辑函数的变换，以下是它的两个变形公式，也是常用的。

$$AB=\overline{\overline{A}+\overline{B}}, \quad A+B=\overline{\overline{A}\cdot\overline{B}}$$

1. 用真值表证明下列逻辑等式。

1) $A\ (\overline{A}+B)\ =AB$

2) $\overline{A+BC+D}=\overline{A}\cdot\ (\overline{B}+\overline{C})\ \cdot\overline{D}$

2. 用公式证明下列逻辑等式。

1) $A\ (A+B)\ =A$

2) $AB+\overline{A}B+A\overline{B}=A+B$

3. 将 $A\overline{B}+B\overline{C}+C\overline{A}$ 变换为与非—与非表达式为_____。

4. 将 $\overline{A}B+A\overline{B}$ 变换为与非—与非表达式为_____。

代数法化简逻辑函数

用代数法化简逻辑函数，就是直接利用逻辑代数的基本公式和基本规则进行化简。代数法化简没有固定的步骤，常用的化简方法如表 2-4 所示。

在化简逻辑函数时，要灵活运用上述方法，才能将逻辑函数化为最简。下面再举几个例子。

例 2-3　化简逻辑函数 $L=A\overline{B}+A\overline{C}+A\overline{D}+ABCD$。

表2-4　常用的化简方法

化简方法	化简原理	例　题
并项法	利用 $\overline{A}+A=1$ 的关系，消除一个变量	$\overline{A}C+AC=(\overline{A}+A)C=C$
吸收法	利用 $A+AB=A$ 的关系，消去多余的因子	$A\overline{B}+A\overline{B}CD(E+F)$ $=A\overline{B}[1+CD(E+F)]$ $=A\overline{B}$
消去法	运用 $A+\overline{A}B=A+B$ 消去多余因子	$AB+\overline{A}C+\overline{B}C=AB+(\overline{A}+\overline{B})C$ $=AB+\overline{AB}C=AB+C$
配项法	通过乘 $\overline{A}+A=1$ 或 $A+A=A$ 进行配项再化简	$A\overline{B}+\overline{A}\,\overline{C}+\overline{B}\,\overline{C}$ $=A\overline{B}+\overline{A}\,\overline{C}+\overline{B}\,\overline{C}(\overline{A}+A)$ $=A\overline{B}+\overline{A}\,\overline{C}+A\overline{B}\,\overline{C}+\overline{A}\,\overline{B}\,\overline{C}$ $=A\overline{B}(1+\overline{C})\overline{A}\,\overline{C}(1+\overline{B})$ $=A\overline{B}+\overline{A}\,\overline{C}$
消项法	利用公式 $AB+\overline{A}C+BC=AB+\overline{A}C$	$\overline{A}C+\overline{A}BD+B\overline{C}$ $=\overline{A}C+B\overline{C}+\overline{A}BD=\overline{A}C+B\overline{C}$

解　$L=A(\overline{B}+\overline{C}+\overline{D})+ABCD=A\overline{BCD}+ABCD=A(\overline{BCD}+BCD)=A$

例2-4　化简逻辑函数 $L=AD+A\overline{D}+AB+\overline{A}C+BD+A\overline{B}EF+\overline{B}EF$。

解　$L=A+AB+\overline{A}C+BD+A\overline{B}EF+\overline{B}EF$（利用 $A+\overline{A}=1$）

$=A+\overline{A}C+BD+\overline{B}EF$（利用 $A+AB=A$）

$=A+C+BD+\overline{B}EF$（利用 $A+\overline{A}B=A+B$）

例2-5　化简逻辑函数 $L=A\overline{B}+B\overline{C}+\overline{B}C+\overline{A}B$。

解法1　$L=A\overline{B}+B\overline{C}+\overline{B}C+\overline{A}B+A\overline{C}$（增加冗余项 $A\overline{C}$）

$=A\overline{B}+\overline{B}C+\overline{A}B+A\overline{C}$（消去1个冗余项 $B\overline{C}$）

$=\overline{B}C+\overline{A}B+A\overline{C}$（再消去1个冗余项 $A\overline{B}$）

解法2　$L=A\overline{B}+B\overline{C}+\overline{B}C+\overline{A}B+\overline{A}C$（增加冗余项 $\overline{A}C$）

$=A\overline{B}+B\overline{C}+\overline{A}B+A\overline{C}$（消去1个冗余项 $\overline{B}C$）

$=A\overline{B}+B\overline{C}+A\overline{C}$（再消去1个冗余项 $\overline{A}B$）

由上例可知，逻辑函数的化简结果不是唯一的。

代数化简法的优点是不受变量数目的限制。缺点是没有固定的步骤可循，需要熟练运用各种公式和定理，需要一定的技巧和经验，有时很难判定化简结果是否最简。

想一想

1. 证明下列各逻辑函数等式。

1) $A(\overline{A}+B)+B(B+C)+B=B$

2) $AB+A\overline{B}+\overline{A}B+\overline{A}\,\overline{B}=1$

3）$(A+B)(\bar{A}+C)=\bar{A}B+AC$

2. 化简下列各逻辑函数式。

1）$Y=AB(BC+A)$

2）$Y=(A+B)A\bar{B}$

3）$Y=\overline{ABC}(B+\bar{C})$

4）$Y=A+ABC+A\overline{BC}+BC+\overline{BC}$

5）$Y=A\bar{B}+BD+DCE+\bar{A}D$

6）$Y=(A+B+C)(\bar{A}+\bar{B}+\bar{C})$

 知识拓展

逻辑代数的重要规则

逻辑代数的 3 个重要规则介绍如下。

1. 代入规则

对于任一个含有变量 A 的逻辑等式，可以将等式两边的所有变量 A 用同一个逻辑函数替代，替代后等式仍然成立。这个规则称为代入规则。

例 2-6　已知 $\overline{AB}=\bar{A}+\bar{B}$，试证明用 BC 替代 B 后，等式仍然成立。

证明　左式 $=\overline{A\cdot(BC)}=\bar{A}+\overline{BC}=\bar{A}+\bar{B}+\bar{C}$

右式 $=\bar{A}+\overline{BC}=\bar{A}+\bar{B}+\bar{C}$

左式 $=$ 右式

2. 反演规则

对任何一个逻辑函数式 Y，如果将式中所有的"·"换成"+"，"+"换成"·"，"0"换成"1"，"1"换而"0"，原变量换成反变量，反变量换成原变量，则得到原逻辑函数 Y 的反函数 $\bar{Y}$。

例 2-7　已知逻辑函数 $Y=A\bar{B}+\bar{A}B$，试用反演规则求反函数 $\bar{Y}$。

解　根据反演规则，可写出 $\bar{Y}=(\bar{A}+B)\cdot(A+\bar{B})=\bar{A}\bar{B}+AB$

3. 对偶规则

对任何一个逻辑函数式 Y，如果将式中所有的"·"换成"+"，"+"换成"·"，"0"换成"1"，"1"换而"0"，所得新函数表达式叫做 Y 的对偶式，用 Y' 表示。

对偶规则的基本内容是：如果两个逻辑函数表达式相等，那么它们的对偶式也一定相等。

利用对偶规则可以帮助我们减少公式的记忆量。例如，表 2-1 中的公式 1 和公式 2 就互为对偶，只需记住一边的公式就可以了。因为利用对偶规则，不难得出另一边的公式。

卡诺图化简法

在工程应用中有一种比代数法更简便、更直观的化简逻辑函数的方法。它是一种图形法，是由美国工程师卡诺发明的，所以称为卡诺图化简法。

1. 最小项的定义与性质

（1）最小项的定义

在 n 个变量的逻辑函数中，包含全部变量的乘积项称为最小项。其中每个变量在该乘积项中可以以原变量的形式出现，也可以以反变量的形式出现，但只能出现一次。n 变量逻辑函数的全部最小项共有 2^n 个。

如 3 变量逻辑函数 $L=F（A，B，C）$ 的最小项共有 $2^3=8$ 个，列入表 2-5 中。

表 2-5　3 变量逻辑函数的最小项及编号

最小项	变数取值			编　号
	A	B	C	
$\overline{A}\,\overline{B}\,\overline{C}$	0	0	0	m_0
$\overline{A}\,\overline{B}C$	0	0	1	m_1
$\overline{A}B\,\overline{C}$	0	1	0	m_2
$\overline{A}BC$	0	1	1	m_3
$A\overline{B}\,\overline{C}$	1	0	0	m_4
$A\overline{B}C$	1	0	1	m_5
$AB\overline{C}$	1	1	0	m_6
ABC	1	1	1	m_7

（2）最小项的基本性质

下面以 3 变量为例说明最小项的性质。3 变量全部最小项的真值表如表 2-6 所示。

表 2-6　3 变量全部最小项的真值表

变　数			m_0	m_1	m_2	m_3	m_4	m_5	m_6	m_7
A	B	C	$\overline{A}\,\overline{B}\,\overline{C}$	$\overline{A}\,\overline{B}C$	$\overline{A}B\,\overline{C}$	$\overline{A}BC$	$A\overline{B}\,\overline{C}$	$A\overline{B}C$	$AB\overline{C}$	ABC
0	0	0	1	0	0	0	0	0	0	0
0	0	1	0	1	0	0	0	0	0	0
0	1	0	0	0	1	0	0	0	0	0
0	1	1	0	0	0	1	0	0	0	0
1	0	0	0	0	0	0	1	0	0	0
1	0	1	0	0	0	0	0	1	0	0
1	1	0	0	0	0	0	0	0	1	0
1	1	1	0	0	0	0	0	0	0	1

从表 2-6 中可以看出，最小项具有以下几个性质：

1) 对于任意一个最小项，只有一组变量取值使它的值为 1，而其余各种变数取值均使它的值为 0。

2) 不同的最小项，使它的值为 1 的那组变数取值也不同。

3) 对于变量的任一组取值，任意两个最小项的乘积为 0。

4) 对于变量的任一组取值，全体最小项的和为 1。

2. 逻辑函数的最小项表达式

任何一个逻辑函数表达式都可以转换为一组最小项之和，称为最小项表达式。

例 2-8　将逻辑函数 $L(A, B, C) = AB + \overline{A}C$ 转换成最小项表达式。

解　该函数为 3 变量函数，而表达式中每项只含有两个变量，不是最小项。要变为最小项，就应补齐缺少的变量，办法为将各项乘以 1，如 AB 项乘以 $C + \overline{C}$。

$$L(A, B, C) = AB + \overline{A}C = AB(C + \overline{C}) + \overline{A}C(B + \overline{B}) = ABC + AB\overline{C} + \overline{A}BC + \overline{A}\,\overline{B}C$$
$$= m_7 + m_6 + m_3 + m_1$$

为了简化，也可用最小项下标编号来表示最小项，故上式也可写为

$$L(A, B, C) = \sum m(1, 3, 6, 7)$$

要把非"与—或表达式"的逻辑函数变换成最小项表达式，应先将其变成"与—或表达式"再转换。式中有很长的非号时，先把非号去掉。

例 2-9　将逻辑函数 $F(A, B, C) = AB + \overline{AB} + \overline{A}\,\overline{B} + \overline{C}$ 转换成最小项表达式。

解
$$F(A, B, C) = AB + \overline{\overline{AB} + \overline{A}\,\overline{B} + \overline{C}}$$
$$= AB + \overline{\overline{AB}} \cdot \overline{\overline{A}\,\overline{B}} \cdot C = AB + (\overline{A} + \overline{B})(A + B)C$$
$$= AB + \overline{A}BC + A\overline{B}C$$
$$= AB(C + \overline{C}) + \overline{A}BC + A\overline{B}C = ABC + AB\overline{C} + \overline{A}BC + A\overline{B}C$$
$$= m_7 + m_6 + m_3 + m_5 = \sum m(3, 5, 6, 7)$$

3. 卡诺图

(1) 相邻最小项

如果两个最小项中只有一个变量不同，则称这两个最小项为逻辑相邻，简称相邻项。

如果两个相邻最小项出现在同一个逻辑函数中，可以合并为一项，同时消去互为反变量的那个量，如

$$ABC + A\overline{B}C = AC(B + \overline{B}) = AC$$

可见，利用相邻项的合并可以进行逻辑函数化简。有没有办法能够更直观地看出各最小项之间的相邻性呢？有，这就是卡诺图。

卡诺图采用小方格来表示最小项，一个小方格代表一个最小项，然后将这些最小项按照相邻性排列起来。即用小方格几何位置上的相邻性来表示最小项逻辑上的相邻性。卡诺图实际上是真值表的一种变形，一个逻辑函数的真值表有多少行，卡诺图就

有多少个小方格。所不同的是真值表中的最小项是按照二进制加法规律排列的，而卡诺图中的最小项则是按照相邻性排列的。

（2）卡诺图的结构

1）2变量卡诺图如图2-5所示。

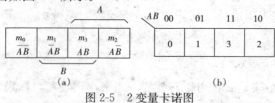

图 2-5　2 变量卡诺图

2）3变量卡诺图如图2-6所示。

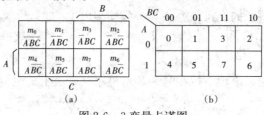

图 2-6　3 变量卡诺图

3）4变量卡诺图如图2-7所示。

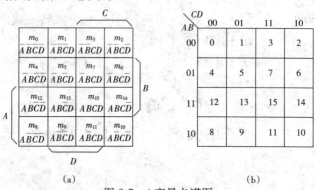

图 2-7　4 变量卡诺图

仔细观察可以发现，卡诺图具有很强的相邻性。

首先是直观相邻性，只要小方格在几何位置上相邻（不管上下左右），它代表的最小项在逻辑上一定是相邻的。

其次是对边相邻性，即与中心轴对称的左右两边和上下两边的小方格也具有相邻性。

4. 用卡诺图表示逻辑函数

（1）从真值表到卡诺图

例 2-10　某逻辑函数的真值表如表 2-7 所示，用卡诺图表示该逻辑函数。

解　该函数为 3 变量，先画出 3 变量卡诺图，然后根据表 2-7 将 8 个最小项 L 的取值 0 或者 1 填入卡诺图中对应的 8 个小方格中即可，如图 2-8 所示。

表 2-7　例 2-10 的真值表

A B C	L
0 0 0	0
0 0 1	0
0 1 0	0
0 1 1	1
1 0 0	0
1 0 1	1
1 1 0	1
1 1 1	1

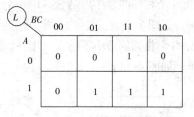

图 2-8　例 2-10 的卡诺图

（2）从逻辑表达式到卡诺图

1）如果逻辑表达式为最小项表达式，则只要将函数式中出现的最小项在卡诺图对应的小方格中填入 1，没出现的最小项则在卡诺图对应的小方格中填入 0。

例 2-11　用卡诺图表示逻辑函数 $F=\overline{A}\,\overline{B}\,\overline{C}+\overline{A}BC+AB\overline{C}+ABC$。

解　该函数为 3 变量，且为最小项表达式，写成简化形式 $F=m_0+m_3+m_6+m_7$，然后画出 3 变量卡诺图，将卡诺图中 m_0、m_3、m_6、m_7 对应的小方格填 1，其他小方格填 0。因此，它的卡诺图如图 2-9 所示。

2）如果逻辑表达式不是最小项表达式，而是"与—或表达式"，可将其先化成最小项表达式，再填入卡诺图。也可直接填入，直接填入的具体方法是：分别找出每一个与项所包含的所有小方格，全部填入 1。

例 2-12　用卡诺图表示逻辑函数 $F=A\overline{B}+B\overline{C}D$。

解　$F=A\overline{B}+B\overline{C}D=A\overline{B}\ (C+\overline{C})\ (D+\overline{D})\ +\ (A+\overline{A})\ B\overline{C}D$
　　　$=A\overline{B}CD+\ A\overline{B}\ \overline{C}D+\ A\overline{B}C\overline{D}+\ A\overline{B}\ \overline{C}\ \overline{D}+AB\overline{C}D+\overline{A}B\overline{C}D$
　　　$=m_5+m_8+m_9+\ m_{10}+\ m_{11}+\ m_{13}$

因此，它的卡诺图如图 2-10 所示。

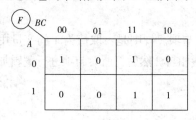

图 2-9　例 2-11 的卡诺图

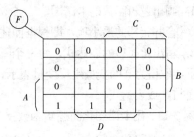

图 2-10　例 2-12 的卡诺图

3）如果逻辑表达式不是"与—或表达式"，可先将其化成"与—或表达式"，再填入卡诺图。

5. 逻辑函数的卡诺图化简法

（1）卡诺图化简逻辑函数的原理

1）2 个相邻的最小项结合（用一个包围圈表示），可以消去 1 个取值不同的变量而合并为 1 项，如图 2-11 所示。

2) 4个相邻的最小项结合（用一个包围圈表示），可以消去2个取值不同的变量而合并为1项，如图2-12所示。

3) 8个相邻的最小项结合（用一个包围圈表示），可以消去3个取值不同的变量而合并为1项，如图2-13所示。

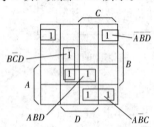

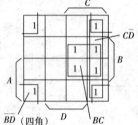

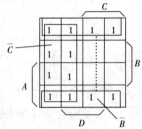

图2-11　2个相邻的最小项合并　　图2-12　4个相邻的最小项合并　　图2-13　8个相邻的最小项合并

总之，2^n个相邻的最小项结合，可以消去n个取值不同的变量而合并为1项。

（2）用卡诺图合并最小项的原则

用卡诺图化简逻辑函数，就是在卡诺图中找相邻的最小项，即画圈。为了保证将逻辑函数化到最简，画圈时必须遵循以下原则。

1) 圈要尽可能大，这样消去的变量就多。但每个圈内只能含有2^n（$n=0$，1，2，3，…）个相邻项。要特别注意对边相邻性和四角相邻性。

2) 圈的个数尽量少，这样化简后的逻辑函数的与项就少。

3) 卡诺图中所有取值为1的方格均要被圈过，即不能漏下取值为1的最小项。

4) 取值为1的方格可以被重复圈在不同的包围圈中，但在新画的包围圈中至少要含有1个未被圈过的1方格，否则该包围圈是多余的。

（3）用卡诺图化简逻辑函数的步骤

1) 画出逻辑函数的卡诺图。

2) 合并相邻的最小项，即根据前述原则画圈。

3) 写出化简后的表达式。每一个圈写一个最简与项。规则是：取值为1的变量用原变量表示，取值为0的变量用反变量表示，将这些变量相与。然后将所有与项进行逻辑加，即得最简与一或表达式。

例2-13　用卡诺图化简逻辑函数。

$$L(A,B,C,D) = \sum m(0,2,3,4,6,7,10,11,13,14,15)$$

解　第一步，由表达式画出卡诺图如图2-14所示。

第二步，画包围圈合并最小项，得简化的与一或表达式为

$$L = C + \overline{A}\,\overline{D} + ABD$$

注意：图中的包围圈$\overline{A}\,\overline{D}$是利用了对边相邻性。

例2-14　用卡诺图化简逻辑函数：$F = AD + A\overline{B}\,\overline{D} + \overline{A}\,\overline{B}\,\overline{C}\,\overline{D} + \overline{A}\,\overline{B}C\overline{D}$。

解　第一步，由表达式画出卡诺图如图2-15所示。

第二步，画包围圈合并最小项，得简化的与一或表达式：

$$F=AD+\overline{B}\,\overline{D}$$

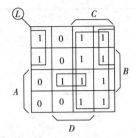

图 2-14 例 2-13 的卡诺图

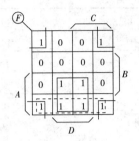

图 2-15 例 2-14 的卡诺图

注意： 图中的虚线圈是多余的，应去掉；图中的包围圈 $\overline{B}\,\overline{D}$ 是利用了四角相邻性。

（4）卡诺图化简逻辑函数的另一种方法——圈 0 法

如果一个逻辑函数用卡诺图表示后，里面的 0 很少且相邻性很强，这时用圈 0 法更简便。但要注意，圈 0 后，应写出反函数 $\overline{L}$，再取非，得原函数。

例 2-15 已知逻辑函数的卡诺图如图 2-16 所示，分别用"圈 0 法"和"圈 1 法"写出其最简与一或式。

解 1）用圈 0 法画包围圈如图 2-16（a）所示，得
$$\overline{L}=B\overline{C}\overline{D}$$
对 $\overline{L}$ 取非，得
$$L=\overline{B\overline{C}\,\overline{D}}=\overline{B}+C+D$$

2）用圈 1 法画包围圈如图 2-16（b）所示，得
$$L=\overline{B}+C+D$$

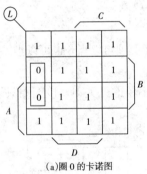

（a）圈 0 的卡诺图   （b）圈 1 的卡诺图

图 2-16 例 2-15 的卡诺图

6. 具有无关项的逻辑函数的化简

（1）无关项

例 2-16 在十字路口有红、绿、黄 3 色交通信号灯，规定红灯亮停，绿灯亮行，黄灯亮等一等，试分析车行与三色信号灯之间的逻辑关系。

解 设红、绿、黄灯分别用 A、B、C 表示，且灯亮为 1，灯灭为 0。车用 L 表示，车行 $L=1$，车停 $L=0$。列出该函数的真值表如表 2-8 所示。

表 2-8　例 2-16 真值表

红灯 A	绿灯 B	黄灯 C	车 L
0	0	0	×
0	0	1	0
0	1	0	1
0	1	1	×
1	0	0	0
1	0	1	×
1	1	0	×
1	1	1	×

　　显而易见，在这个函数中，有 5 个最小项是不会出现的，如 $\overline{A}\,\overline{B}\,\overline{C}$（3 个灯都不亮）、$AB\overline{C}$（红灯、绿灯同时亮）等。因为一个正常的交通灯系统不可能出现这些情况，如果出现了，车可以行也可以停，即逻辑值任意。

　　无关项：在有些逻辑函数中，输入变量的某些取值组合不会出现，或者一旦出现，逻辑值可以是任意的。这样的取值组合所对应的最小项称为无关项、任意项或约束项，在卡诺图中用符号×来表示其逻辑值。

　　带有无关项的逻辑函数的最小项表达式为

$$L = \sum m(\quad) + \sum d(\quad)$$

如本例函数可写成 $L = \sum m(2) + \sum d(0,3,5,6,7)$。

　　(2) 具有无关项的逻辑函数的化简

　　化简具有无关项的逻辑函数时，要充分利用无关项可以当 0 也可以当 1 的特点，尽量扩大卡诺圈，使逻辑函数更简单。

　　画出例 2-16 的卡诺图如图 2-17 所示，如果不考虑无关项，包围圈只能包含一个最小项，如图 2-17（a）所示，写出表达式为 $L = \overline{A}B\overline{C}$。

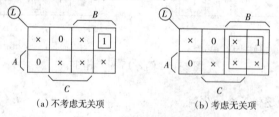

(a) 不考虑无关项　　　　　　　(b) 考虑无关项

图 2-17　例 2-16 的卡诺图

　　如果把与它相邻的 3 个无关项当作 1，则包围圈可包含 4 个最小项，如图 2-17（b）所示，写出表达式为 $L = B$，其含义为：只要绿灯亮，车就行。

　　注意：在考虑无关项时，哪些无关项当作 1，哪些无关项当作 0，要以尽量扩大卡诺圈、减少圈的个数，使逻辑函数更简为原则。

　　卡诺图化简法的优点是简单、直观，有一定的化简步骤可循，不易出错，且容易化到最简。但是在逻辑变量超过 5 个时，就失去了简单、直观的优点，其实用意义大打折扣。

利用卡诺图化简下列函数：

1) $F = ABC + \overline{A}B + \overline{B}C$

2) $F = \sum m(0,2,4,5,6)$

3) $F = \sum m(0,7,9,11) + \sum d(3,5,15)$

组合逻辑电路的分析

1. 分析组合逻辑电路

组合电路如图 2-18 所示，分析该电路的逻辑功能。

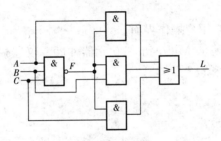

图 2-18　组合逻辑电路

解　1）由逻辑图逐级写出逻辑表达式。为了写表达式方便，借助中间变数 F

$$F = \overline{ABC}$$
$$L = AF + BF + CF$$
$$= A\overline{ABC} + B\overline{ABC} + C\overline{ABC}$$

2）化简与变换。因为下一步要列真值表，所以要通过化简与变换，使表达式有利于列真值表，一般应变换成与—或式或最小项表达式。

$$L = \overline{ABC}(A+B+C) = \overline{\overline{ABC} + \overline{A+B+C}} = \overline{ABC + \overline{A}\,\overline{B}\,\overline{C}}$$

3）由表达式列出真值表，见表 2-9。经过化简与变换的表达式为两个最小项之和的非，所以很容易列出真值表。

4）分析逻辑功能。由真值表可知，当 A、B、C 这 3 个变量不一致时，电路输出为"1"，所以这个电路称为"不一致电路"。

上例中输出变量只有一个，对于多个输出变量的组合逻辑电路，分析方法完全相同。

表 2-9   真值表

A	B	C	L
0	0	0	0
0	0	1	1
0	1	0	1
0	1	1	1
1	0	0	1
1	0	1	1
1	1	0	1
1	1	1	0

2. 组合逻辑电路仿真

运用 Multisim 9.0 仿真检验电路功能。

（1）仿真目的

1）通过仿真来验证 3 个变量的一致性。

2）进一步熟悉仿真软件的使用。

（2）仿真步骤及操作

1）进入 Multisim 9.0 用户操作界面。

2）按图 2-19 所示电路从 Multisim 9.0 元器件库、仪器仪表库选取相应器件和仪器，连接电路并进行标识和设置。

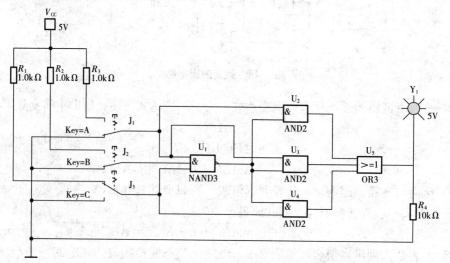

图 2-19   仿真电路

① 单击 Misc Digital 图标，从它们的器件列表中选出与门、与非门。

② 单击 Basic 图标，从它们的器件列表中选出 SPDT 开关。

③ 单击指示器件库图标，拽取 PROBE 逻辑指示灯。

④ 单击 ┤├ Sources 图标，拽取 V_{CC} 与 GROUND。

分别改变 A、B、C 开关的位置，从而改变输入信号，观察指示灯的变化来判断该电路的逻辑功能。

组合逻辑电路的设计

1. 设计组合逻辑电路

设计一个 3 人表决电路，结果按"少数服从多数"的原则决定。

解　1）根据设计要求建立该逻辑函数的真值表。

设 3 人的意见为变量 A、B、C，表决结果为函数 L。对变量及函数进行以下状态赋值：对于变量 A、B、C，设同意为逻辑"1"；不同意为逻辑"0"。对于函数 L，设事情通过为逻辑"1"；没通过为逻辑"0"。列出真值表如表 2-10 所示。

2）由真值表写出逻辑表达式：$L=\overline{A}BC+A\overline{B}C+AB\overline{C}+ABC$

该逻辑式不是最简。

3）化简。由于卡诺图化简法较方便，故一般用卡诺图进行化简。将该逻辑函数填入卡诺图，如图 2-20 所示。合并最小项，得最简与—或表达式：$L=AB+BC+AC$

代数法化简读者自行完成。

表 2-10　真值表

A	B	C	L
0	0	0	0
0	0	1	0
0	1	0	0
0	1	1	1
1	0	0	0
1	0	1	1
1	1	0	1
1	1	1	1

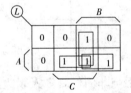

图 2-20　卡诺图

4）画出逻辑图。如果要求用与非门实现该逻辑电路，就应将表达式转换成与非—与非表达式为

$$L=AB+BC+AC=\overline{\overline{AB}\cdot\overline{BC}\cdot\overline{AC}}$$

画出与门、或门逻辑图如图 2-21 所示，与非门逻辑图如图 2-22 所示。

2. 组合逻辑电路仿真

运用 Multisim 9.0 仿真检验电路功能。

（1）仿真目的

1）了解组合逻辑电路的设计方法。

2）用多种方式来完成同一种逻辑功能。

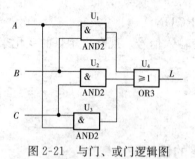

图 2-21 与门、或门逻辑图

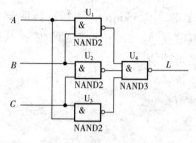

图 2-22 用与非门实现的逻辑图

（2）仿真步骤及操作

1）用与、或门仿真 3 人表决器，其仿真电路如图 2-23 所示。

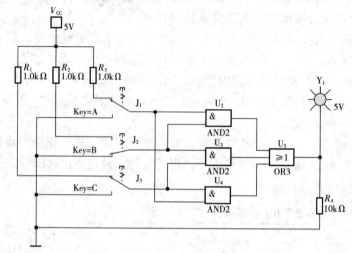

图 2-23 用与、或门仿真 3 人表决器

2）用与非门仿真 3 人表决器，其仿真电路如图 2-24 所示。

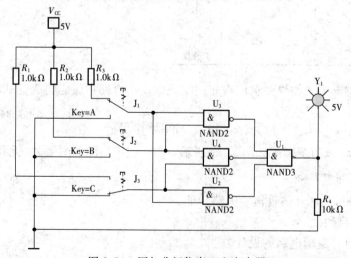

图 2-24 用与非门仿真 3 人表决器

3）利用面包板和两块2输入与非门CT74LS10搭建3人表决器。

① 电路接线图如图2-25所示。

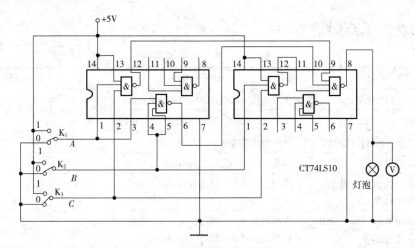

图2-25 用CT74LS10实现3人表决器的接线

② 面包板的接线图如图2-26所示。

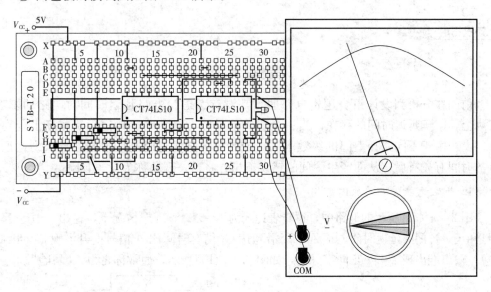

图2-26 用CT74LS10实现3人表决器的面包板接线

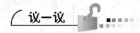

1）与非门多余引脚的处理方法有哪些？

2）3人表决器还可以用哪些基本门设计？

填写表 2-11 所示的内容。

表 2-11　任务检测与评估

	检测项目	评分标准	分　值	学生自评	教师评估
任务知识内容	组合逻辑电路的分析	掌握较复杂的组合逻辑电路分析方法	10		
	组合逻辑电路的设计	掌握用基本门电路设计组合逻辑电路的方法	15		
	代数法化简逻辑函数	掌握用代数法化简的方法	15		
	卡诺图化简逻辑函数	掌握用卡诺图化简逻辑函数的方法	15		
任务操作技能	能分析组合逻辑电路的逻辑功能	掌握组合逻辑电路的分析方法并能用 Multisim 9.0 检验其功能	10		
	能用基本门电路设计组合逻辑电路	掌握用基本门电路设计 3 人表决器的方法，并能用 CT74LS10 搭建该电路	25		
	安全操作	安全用电、按章操作、遵守实训室管理制度	5		
	现场管理	按 6S 企业管理体系要求进行现场管理	5		

竞争冒险

前面在分析和设计组合逻辑电路时，都没有考虑门电路延迟时间对电路的影响。实际上，由于延迟时间的存在，当一个输入信号经过多条路径传送后又重新汇合到某个门上，由于不同路径上门的级数不同，或者门电路延迟时间的差异，导致到达汇合点的时间有先有后，从而产生瞬间的错误输出，将这一现象称为竞争冒险。

1. 产生竞争冒险的原因

图 2-27（a）所示的电路中，逻辑表达式为 $L = A\overline{A}$，理想情况下，输出应恒等于 0。但是由于 G_1 门有延迟时间 t_{pd}，$\overline{A}$ 下降沿到达 G_2 门有时间比 A 信号上升沿晚 t_{pd}，因此，使 G_2 输出端出现了一个正向窄脉冲，如图 2-27（b）所示，通常称之为"1 冒险"。

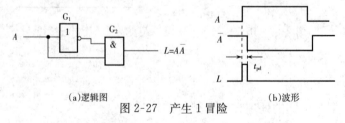

(a)逻辑图　　　　　　　　　　　　(b)波形

图 2-27　产生 1 冒险

同理，在图 2-28（a）所示的电路中，由于 G_1 门的延迟时间 t_{pd}，会使 G_2 门输出端出现一个负向窄脉冲，如图 2-28（b）所示，通常称之为"0 冒险"。

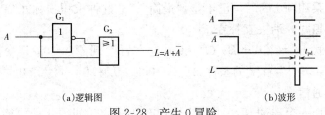

(a)逻辑图　　　　　　　　　　　(b)波形

图 2-28　产生 0 冒险

"0冒险"和"1冒险"统称冒险，是一种干扰脉冲，有可能引起后级电路的错误动作。产生冒险的原因是由于一个门（如 G_2）的两个互补的输入信号分别经过两条路径传输，由于延迟时间不同，而使到达的时间不同，这种现象称为竞争。

2. 冒险现象的识别

在判断组合逻辑电路是否存在竞争冒险时有以下几种方法。

(1) 代数法

经分析得知，若输出逻辑函数式在一定条件下最终能化简为 $L=A+\overline{A}$ 或 $L=A \cdot \overline{A}$ 的形式时，则可能有竞争冒险出现。

例如，有两逻辑函数 $L_1=AB+\overline{A}C$，$L_2=(A+B)(\overline{B}+C)$。显然，函数 L_1 在 $B=C=1$ 时，$L_1=A+\overline{A}$，因此，按此逻辑函数实现的逻辑电路会出现竞争冒险现象。同理，$A=C=0$ 时，$L_2=B \cdot \overline{B}$，所以此函数也存在竞争冒险。

(2) 卡诺图法

若在逻辑函数的卡诺图中，为使逻辑函数最简而画的包围圈中有两个包围圈之间的相切而不交接的话，则在相邻处也可能有竞争冒险出现。

将上述逻辑函数 L_1 和 L_2 用卡诺图表示，如图 2-29 所示。L_1 是最简与或式，两包围圈在 A 和 $\overline{A}$ 处相切；L_2 是或与式（画 0 的包围圈再取反），两包围圈在 B 和 $\overline{B}$ 处相切。由于 L_1 和 L_2 都存在竞争冒险，说明卡诺图包围圈相切但不相交时，可能发生竞争冒险现象。

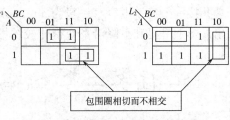

图 2-29　包围圈相切不相交的情况

(3) 电路测试方法和计算机仿真方法

用电路测试来观察是否有竞争冒险，这是最直接、最有效的方法。

用计算机仿真也是一种可行的方法。目前有多种计算机电路仿真软件，将设计好的逻辑电路通过仿真软件，观察输出有无竞争冒险。

3. 冒险现象的消除方法

当组合逻辑电路存在冒险现象时，可以采取以下方法来消除冒险现象。

(1) 加冗余项

在上面的例题中，L_1 存在冒险现象。如在其逻辑表达式中增加乘积项 BC，使其变为 $L_1=AB+\overline{A}C+BC$，则在原来产生冒险的条件 $B=C=1$ 时，$L=1$，不会产生冒险。

这个函数增加了乘积项 BC 后，已不是"最简"，故这种乘积项称冗余项。

（2）变换逻辑式，消去互补变量

例如，逻辑式 $L_2＝(A＋B)(\overline{B}＋C)$ 存在冒险现象。如将其变换为 $L_2＝A\overline{B}＋AC＋BC$，则在原来产生冒险的条件 $A＝C＝0$ 时，$L_2＝0$，不会产生冒险。

（3）增加选通信号

在电路中增加一个选通脉冲。在信号状态转换的时间内，把可能产生毛刺输出的门封锁住，或者等电路状态稳定后打开输出门，避免毛刺的生成。在图 2-30 中，选通（ST）或禁止信号（INH）加到输出门，输入 AB 稳定后选通信号 ST 高电平有效，门电路输出 A 与 B。在禁止信号 INH 低电平有效时（选通信号无效）输出门被封锁，输出为 0。

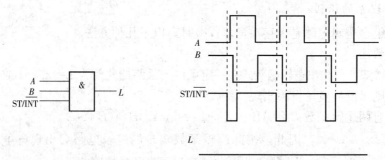

图 2-30　用选通或禁止脉冲消除冒险

（4）增加输出滤波电容

由于竞争冒险产生的干扰脉冲的宽度一般都很窄，在可能产生冒险的门电路输出端并接一个滤波电容（一般为 4~20pF），利用电容两端的电压不能突变的特性，使输出波形上升沿和下降沿都变得比较缓慢，从而起到消除冒险现象的作用。

任务二　编码器的逻辑功能测试

任务目标

- 掌握数制与码制的种类，以及各数制间的转换与码制之间的转换。
- 掌握编码器的功能，能描述优先编码器的编码特点。
- 对照功能真值表测试 74LS148 型 8/3 线优先编码器的逻辑功能。
- 对照功能真值表测试 74LS147 型 10/4 线优先编码器的逻辑功能。

任务教学方式

教学步骤	时间安排	教学手段及方式
阅读教材	课余	学生自学、查资料、相互讨论

续表

教学步骤	时间安排	教学手段及方式
知识点讲授	10课时	1. 利用类推法来讲解数制与码制的种类及不同数制与码制之间的转换 2. 利用对比法来介绍74LS148和74LS147的编码器的逻辑功能并用课件来演示其逻辑功能
任务操作	2课时	用仿真软件仿真74LS148的编码器的逻辑功能
评估检测	与课堂同时进行	教师与学生共同完成任务的检测与评估，并能对出现的问题进行分析与处理

读一读

编 码 方 式

组合逻辑电路中往往与各种数码打交道。例如，编码器就是一种典型的组合逻辑电路。编码器是将一种编码转换为另一种编码的逻辑电路。为了解编码器与译码器，我们必须先对各种编码方式进行介绍。数制是指计数的制式，如二进制、十进制和十六进制等；码制是指不同的编码方式，如各种 BCD 码、循环码等。数制和码制不是完全对立的概念，实际上是你中有我，我中有你，各自有所侧重。

1. 数制

用数字电路中的 "0"、"1" 或 "0"、"1" 的不同组合来表示数字信号，容易实现各种逻辑电路，它们都正好与二进制相对应。二进制数的表示方法与习惯的十进制数有很大的不同（计数制是人们用以表示数的进位方式和计数的制度），它们之间的比较及转换如表 2-12 所列。

表 2-12　数制之间的比较

项目 \ 种类	十进制数制（字母 D 表示）	二进制数制（用字母 B 表示）
定义	向高位数进位的规则是 "逢十进一"，给低位借位的规则是 "借一当十"	向高位数进位规则是 "逢二进一"，给低位借位规则是 "借一当二"
数码符号	0、1、2、3、4、5、6、7、8、9	0、1
加权系数展开式	$(N)_{10}=a_{n-1}\times10^{n-1}+a_{n-2}\times10^{n-2}+\cdots+a_1\times10^1+a_0\times10^0+a_{-1}\times10^{-1}+a_{-2}\times10^{-2}+\cdots+a_{-m}\times10^{-m}$ 式中，N 的下标 10 表示 N 为十进制数，a_i 为第 i 位的系数，它为 0，1，…，9 中的某一个数	$(N)_2=a_{n-1}\times2^{n-1}+a_{n-2}\times2^{n-2}+\cdots+a_1\times2^1+a_0\times2^0+a_{-1}\times2^{-1}+a_{-2}\times2^{-2}+\cdots+a_{-m}\times2^{-m}$ 式中，N 的下标 2 表示 N 为二进制数，a_i 表示第 i 位的系数，它为 0 和 1 中的某一个数
二进制数转换十进制数	把二进制数首先写成展开式的形式，然后按十进制加法规则求和	
十进制数转换二进制数	十进制整数转换为二进制，整数采用 "除 2 取余，逆序排列" 法。具体做法是：用 2 去除十进制整数，可以得到一个商和余数；再用 2 去除商，又会得到一个商和余数，如此进行，直到商为零时为止，然后把先得到的余数作为二进制数的低位有效位，后得到的余数作为二进制数字的高位有效位，依次排列起来	

续表

项目 \ 种类	十进制数制（字母 D 表示）	二进制数制（用字母 B 表示）
十进制数转换二进制数		十进制小数转换成二进制，小数采用"乘 2 取整，顺序排列"法。具体做法是：用 2 乘十进制小数，可以得到积，将积的整数部分取出，再用 2 乘余下的小数部分，又得到一个积，再将积的整数部分取出，如此进行，直到积中的小数部分为零，或者达到所要求的精度为止。然后把取出的整数部分按顺序排列起来，先取的整数作为二进制小数的高位有效位，后取的整数作为低位有效位

说明： 在表中十进制数的加权系数展开式中，十进制数的权是以 10 为底的幂。位置计数法的权，以小数点为参考点，整数部分的权离小数点越近，权越小；小数部分的权离小数点越近，权越大。十进制数 572.34 的权的大小顺序为 10^2、10^1、10^0、10^{-1}、10^{-2}。数位上的数码称为系数，如 5、7、2、3、4。权乘以系数称为加权系数。

例 2-17 把二进制数 110.11 转换成十进制数。

解

$$(110.11)_2 = 1 \times 2^2 + 1 \times 2^1 + 0 \times 2^0 + 1 \times 2^{-1} + 1 \times 2^{-2}$$
$$= 4 + 2 + 0 + 0.5 + 0.25 = (6.75)_{10}$$

例 2-18 把 $(173)_{10}$ 转换为二进制数。

解

$$
\begin{array}{r}
2\,\underline{|\,1\,7\,3} \quad \cdots\cdots 余1 \\
2\,\underline{|\,\quad8\,6} \quad \cdots\cdots 余0 \\
2\,\underline{|\,\quad4\,3} \quad \cdots\cdots 余1 \\
2\,\underline{|\,\quad2\,1} \quad \cdots\cdots 余1 \\
2\,\underline{|\,\quad1\,0} \quad \cdots\cdots 余0 \\
2\,\underline{|\,\quad\;5} \quad \cdots\cdots 余1 \\
2\,\underline{|\,\quad\;2} \quad \cdots\cdots 余0 \\
2\,\underline{|\,\quad\;1} \quad \cdots\cdots 余1 \\
0
\end{array}
$$

逆序排列

则 $(173)_{10} = (10101101)_2$

例 2-19 把 (0.8125) 转换为二进制小数。

解

$$
\begin{array}{r}
0.8125 \\
\times \quad 2 \\
\hline
1.6250 \cdots\cdots 取整数：1 \\
.6250 \\
\times \quad 2 \\
\hline
1.2500 \cdots\cdots 取整数：1 \\
.25 \\
\times \quad 2 \\
\hline
.50 \cdots\cdots 取整数：0 \\
\times \quad 2 \\
\hline
1.0 \cdots\cdots 取整数：1
\end{array}
$$

顺序排列

则 $(0.8125)_{10} = (0.1101)_2$

2. 码制

在数字电路中，往往用 0 和 1 组成的二进制数码表示数值的大小或者一些特定的信息。这种具有特定意义的二进制数码称为二进制代码。这些代码的编织过程称为编码。从编码的角度看，前面介绍的用各种进制来表示数的大小的方法也可以看作是一种编码。当用二进制表示一个数的大小时，按上述方式表示的结果常常称为自然二进制代码。当然编码的形式还有很多，这里只介绍几种常用编码。

（1）BCD 码

BCD 码是二－十进制码的简称，它是用二进制代码来表示十进制的 10 个数符。采用 4 位二进制数进行编码，共有 16 个码组，原则上可以从中任选 10 个来代表十进制的 10 个数符，多余的 6 个码组称为禁用码，平时不允许使用。根据不同的选取方法，可以编制出很多种 BCD 码，如 8421 码、5421 码、2421 码和余 3 码。表 2-13 列出了这几种 BCD 码，其中的 8421BCD 码最为常用。

表 2-13　常用 BCD 编码表

编码类型 十进制数	8421 码	5421 码	2421 码	余 3 码
0	0000	0000	0000	0011
1	0001	0001	0001	0100
2	0010	0010	0010	0101
3	0011	0011	0011	0110
4	0100	0100	0100	0111
5	0101	1000	1011	1000
6	0110	1001	1100	1001
7	0111	1010	1101	1010
8	1000	1011	1110	1011
9	1001	1100	1111	1100

从表 2-13 中可以看出，8421BCD 码和一个 4 位二进制数一样，从高位到低位的权依次为 8、4、2、1，故称为 8421BCD 码。它选取 0000～1001 这 10 种状态来表示十进制 0～9 的。8421BCD 码实际上就是用按自然顺序的二进制数来表示所对应的十进制数字。因此，8421BCD 码最自然和简单，很容易记忆和识别，与十进制之间的转换也比较方便。

BCD 码用 4 位二进制代码表示的只是十进制数的一位。如果是多位十进制数，应先将每一位用 BCD 码表示，然后组合起来。

例 2-20　把十进制数 369.74 编成 8421BCD 码。

解

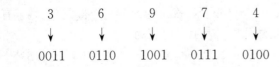

则 $(369.74)_{10} = (0011\ 0110\ 1001.0111\ 0100)_{8421BCD}$

（2）格雷码

两个相邻代码之间仅有一位数码不同的无权码称为格雷码。十进制数与格雷码的对应关系如表 2-14 所示。

表 2-14   十进制数与格雷码对照表

十进制数	0	1	2	3	4	5	6	7
格雷码	0000	0001	0011	0010	0110	0111	0101	0100
十进制数	8	9	10	11	12	13	14	15
格雷码	1100	1101	1111	1110	1010	1011	1001	1000

（3）ASCII 码

ASCII 码是美国信息交换标准代码（American Standard Code for Information Interchange）的简称，是目前国际上最通用的一种字符码。计算机输出到打印机的字符码就采用 ASCII 码。ASCII 码采用 7 位二进制编码表示十进制符号、英文大小写字母、运算符、控制符及特殊符号。读者可根据需要查阅有关书籍和手册，这里不再讲述。

想一想

1）十进制数 5634.28 按加权系数展开式为＿＿＿＿＿＿＿＿＿＿＿＿＿＿。

2）二进制数 111.01 写成加权系数的形式为＿＿＿＿＿＿＿＿＿＿＿＿＿。

3）$(1010101.1011)_2 = ($ $)_{10}$，$(173.8125)_{10} = ($ $)_2$。

4）把下列十进制数用 8421BCD 码表示。

①（2006）$_{10}$ ②（8421）$_{10}$

5）把下列 8421BCD 码转换成十进制数。

①（1000   1001   0011   0001）$_{8421BCD}$

②（0111   1000   0101   0010）$_{8421BCD}$

知识拓展

几种数制间的互转

1. 八进制数

二进制数位数太多，书写不便，因此，引入八进制数作为二进制数与十进制数的中间过渡。

八进制数的数码是 0、1、2、3、4、5、6、7，权位为 8^n（n 为整数）。对于有 n 位整数，m 位小数的二进制数用加权系数展开式表示，可写为

$(N)_8 = a_{n-1} \times 8^{n-1} + a_{n-2} \times 8^{n-2} + \cdots + a_1 \times 8^1 + a_0 \times 8^0 + a_{-1} \times 8^{-1} + a_{-2} \times 8^{-2} + \cdots + a_{-m} \times 8^{-m}$

式中，a_i表示第i位的系数，它为0、1、2、3、4、5、6、7中的某一个数。

八进制数一般用字母O表示。

2. 八进制数与其他数制的转换

任意给定一个八进制数，按权展开并按十进制进位原则相加并计算其值，就可将八进制数转换为十进制数。

例2-21　$(625.1)_8 = (\quad)_{10}$

解

$$(625.1)_8 = 6 \times 8^2 + 2 \times 8^1 + 5 \times 8^0 + 1 \times 8^{-1}$$
$$= 384 + 16 + 5 + 0.125 = (405.125)_{10}$$

类似于十进制数转换为二进制数的方法，对于十进制的整数部分和小数部分分别采用"除8取余，逆序排列"和"乘8取整，顺序排列"的方法，即可将十进制数转换为八进制数。

下面讨论二进制数与八进制数的相互转换。

3位二进制数共有8个，它们对应的十进制数如表2-15所示。

表2-15　二进制数与十进制数的转换

二进制数	000	001	010	011	100	101	110	111
十进制数	0	1	2	3	4	5	6	7

以上8个十进制数恰好是八进制中的8个数码。因而表2-15也表示了二进制数与八进制数的对应关系。根据这个关系，可看出3位二进制数进位与1位八进制进位同步，因而就可把八进制数的每一位转换成对应的3位二进制数，并保持原来的顺序，这就实现了八进制数到二进制数的转换。

例2-22　将$(625.1)_8$转换为二进制数。

解

$$\begin{matrix} 6 & 2 & 5 & 1 \\ \downarrow & \downarrow & \downarrow & \downarrow \\ 110 & 010 & 101 & 001 \end{matrix}$$

则 $(625.1)_8 = (110010101.001)_2$

在将二进制数转换为八进制数时，首先从二进制数的小数点开始，分别向左、向右依次把3个相邻的二进制数合成一组，若首、末两组不足3位，则分别在前、后添0补足。然后把每组二进制数按对应关系换写成八进制数，从而实现二进制数到八进制数的转换。

例2-23　将$(10110110011.0110011)_2$转换为八进制数。

解

依上述步骤，并在该数首位之前补一个0，末尾之后补两个0，得到下列对应关系：

$$\begin{matrix} 010 & 110 & 110 & 011 & . & 011 & 001 & 100 \\ \downarrow & \downarrow & \downarrow & \downarrow & & \downarrow & \downarrow & \downarrow \\ 2 & 6 & 6 & 3 & & 3 & 1 & 4 \end{matrix}$$

则 $(10110110011.0110011)_2 = (2663.314)_8$

想一想

$(135.44)_8 = ($ 　　　$)_2$，$(1100110.0111001)_2 = ($ 　　　$)_8$

3. 十六进制数

十六进制数码是 0、1、2、3、4、5、6、7、8、9、A、B、C、D、E、F，权位为 16^n（n 为整数）。对于有 n 位整数，m 位小数的二进制数用加权系数展开式表示，可写为

$$(N)_{16} = a_{n-1} \times 16^{n-1} + a_{n-2} \times 16^{n-2} + \cdots + a_1 \times 16^1 + a_0 \times 16^0 + a_{-1} \times 16^{-1} + a_{-2} \times 16^{-2} + \cdots + a_{-m} \times 16^{-m}$$

式中，a_i 表示第 i 位的系数，它为 0、1、2、3、4、5、6、7、8、9、A、B、C、D、E、F 中的某一个数。

十六进制数一般用字母 H 表示。

4. 十六进制数与其他数制的转换

类似于十进制数转换为二进制数的方法，对于十进制的整数部分和小数部分分别采用"除 16 取余，逆序排列"和"乘 16 取整，顺序排列"的方法，即可将十进制数转换为十六进制数。

下面讨论二进制数与十六进制数的相互转换。

4 位二进制数共有 16 个，它们对应的十六进制数如表 2-16 所示。

表 2-16　二进制数对应十六进制数

二进制数	0000	0001	0010	0011	0100	0101	0110	0111
十六进制数	0	1	2	3	4	5	6	7
二进制数	1000	1001	1010	1011	1100	1101	1110	1111
十六进制数	8	9	A	B	C	D	E	F

以上 16 个 4 位个二进制数是对应的十六进制中的 16 个数码。因而表 2-16 也表示了二进制数与十六进制数的对应关系。根据这个关系，可看出 4 位二进制数进位与 1 位十六进制进位同步，因而就可把十六进制数的每 1 位转换成对应的 4 位二进制数，并保持原来的顺序，这就实现了十六进制数到二进制数的转换。

在将二进制数转换为十六进制数时，首先从二进制数的小数点开始，分别向左、向右依次把 4 个相邻的二进制数合成一组，若首、末两组不足 4 位，则分别在前、后添 0 补足。然后把每组二进制数按对应关系换写成十六进制数，从而实现二进制数到十六进制数的转换。

例 2-24　将 $(10110110011.0110011)_2$ 转换为十六进制数。

解

依上述步骤,并在该数首位之前补一个0,末尾之后补两个0,得到下列对应关系:

0101 1011 0011 . 0110 0110

↓ ↓ ↓ ↓ ↓

5　B　3　　　6　6

则 $(10110110011.0110011)_2 = (5B3.66)_{16}$

为了便于对照,将十进制数、二进制数、八进制数和十六进制数的表示方法列于表2-17中。

表2-17 常用计数制对照表

十进制数	二进制数	八进制数	十六进制数
0	0	0	0
1	1	1	1
2	10	2	2
3	11	3	3
4	100	4	4
5	101	5	5
6	110	6	6
7	111	7	7
8	1000	10	8
9	1001	11	9
10	1010	12	A
11	1011	13	B
12	1100	14	C
13	1101	15	D
14	1110	16	E
15	1111	17	F
16	10000	20	10
17	10001	21	11
18	10010	22	12
19	10011	23	13
20	10100	24	14
32	100000	40	20
50	110010	62	32
100	1100100	144	64
1000	1111101000	1750	3E8

想一想

$(5E8)_{16} = (\qquad)_2$, $(100101110010101001.101)_2 = (\qquad)_{16}$

读一读

编 码 器

实现编码功能的电路称为编码器。它的输入信号是反映不同信息的一组变量，输出是一组代码。按照输出代码种类的不同，可分为二进制编码器和二—十进制编码器等。

将输入信息编成二进制代码的电路称为二进制编码器。由于 n 位二进制代码有 2^n 个取值组合，可以表示 2^n 种信息。所以，输出 n 位代码的二进制编码器，一般有 2^n 个输入信号端。例如，输出 3 位二进制代码其输入信号端则有 8 个，也就是说它可对 8 种信息进行编码。这种二进制编码器又称为 8 线—3 线编码器。当然，还有 4 线—2 线和 16 线—4 线的集成二进制编码器。二—十进制编码器是输入十进制数（10 个输入分别代表 0~9 这 10 个数）输出相应 BCD 码的 10 线—4 线编码器。

1. 二进制编码器

二进制编码器是对 2^n 个输入进行二进制编码的组合逻辑器件，按输出二进制位数称为 n 位二进制编码器。4 线—2 线编码器有 4 个输入（I_0、I_1、I_2、I_3 分别表示 0~3 这 4 个数或 4 个事件），给定一个数（或出现某一事件）以该输入为 I 表示，编码器输出对应 2 位二进制代码（Y_1Y_0），其真值表如表 2-18 所示。根据真值表可得最小项表达式 $Y_0(I_0,I_1,I_2,I_3) = \sum m(1,4), Y_1(I_0,I_1,I_2,I_3) = \sum m(1,2)$。进一步分析表 2-18，若限定输入中只能有一个为"1"，那么，除表 2-18 所列最小项和 m_0 外都是禁止项，则输出表达式可以用下式表示：

$$\begin{cases} Y_0 = I_1 + I_3 = \overline{\overline{I_1}\,\overline{I_3}} \\ Y_1 = I_2 + I_3 = \overline{\overline{I_2}\,\overline{I_3}} \end{cases}$$

表 2-18　真值表

I_3	I_2	I_1	I_0	Y_1	Y_0
0	0	0	1	0	0
0	0	1	0	0	1
0	1	0	0	1	0
1	0	0	0	1	1

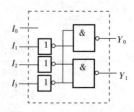

图 2-31　4 线—2 线编码器

由此输出函数表达式可知是由与非门组成的，图 2-31 所示为 4 线—2 线编码器逻辑图。

2. 优先编码器

由上述编码器真值表可知，4 个输入中只允许一个输入有信号（输入高电平）。若 I_1 和 I_2 同时为 1，则输出 Y_1Y_0 为 11，此二进制代码是 I_3 有输入时的输出编码。即此编码器在多个输入有效时会出现逻辑错误，这是其一。其二，在无输入时，即输入全 0 时，输出 Y_1Y_0 为 00，与 I_0 为 1 时相同。也就是说，当 $Y_1Y_0=00$ 时，输入端 I_0 并不一定有信号。

为了解决多个输入同时有效的问题，可采用优先编码方式。优先编码指按输入信号优先权对输入编码，既可以大数优先，也可以小数优先。为了解决输出唯一性问题，可增加输出使能端 $\overline{EO}$，用以指示输出的有效性。优先编码器中，允许几个输入端上同时有信号，电路只对其中优先级别最高的信号进行编码，而且使用方便、运行可靠、对输入信号又无特别要求，因此得到了广泛应用。

74LS148 是 TTL 型 3 位二进制优先编码器，双排直立封装 74LS148 引脚分布如图 2-32 所示。对于输入与输出信号而言，有高电平有效和低电平有效之分，实际应用中多采用低电平有效信号。74LS148 有 8 线输入 $\overline{I_0} \sim \overline{I_7}$ 以及输入使能 $\overline{EI}$ 共 9 个输入端；共有 5 个输出端，其中，3 线编码输出 $\overline{A_2} \sim \overline{A_0}$，一个输出编码有效标志 $\overline{GS}$ 和一个输出使能端 $\overline{EO}$，它们均是以非变量出现，表示为低电平有效。74LS148 逻辑功能如表 2-19 所示。

表 2-19　74LS148 真值表

输　入									输　出				
$\overline{EI}$	$\overline{I_0}$	$\overline{I_1}$	$\overline{I_2}$	$\overline{I_3}$	$\overline{I_4}$	$\overline{I_5}$	$\overline{I_6}$	$\overline{I_7}$	$\overline{A_2}$	$\overline{A_1}$	$\overline{A_0}$	$\overline{GS}$	$\overline{EO}$
1	×	×	×	×	×	×	×	×	1	1	1	1	1
0	1	1	1	1	1	1	1	1	1	1	1	1	0
0	0	1	1	1	1	1	1	1	1	1	1	0	1
0	×	0	1	1	1	1	1	1	1	1	0	0	1
0	×	×	0	1	1	1	1	1	1	0	1	0	1
0	×	×	×	0	1	1	1	1	1	0	0	0	1
0	×	×	×	×	0	1	1	1	0	1	1	0	1
0	×	×	×	×	×	0	1	1	0	1	0	0	1
0	×	×	×	×	×	×	0	1	0	0	1	0	1
0	×	×	×	×	×	×	×	0	0	0	0	0	1

图 2-32　优先编码器 74LS148 接线端子排列

（引脚排列：
1 $\overline{I_4}$ ／ Vcc 16
2 $\overline{I_5}$ ／ $\overline{EO}$ 15
3 $\overline{I_6}$ ／ $\overline{GS}$ 14
4 $\overline{I_7}$ ／ $\overline{I_3}$ 13
5 $\overline{EI}$ ／ $\overline{I_2}$ 12
6 $\overline{A_2}$ ／ $\overline{I_1}$ 11
7 $\overline{A_1}$ ／ $\overline{I_0}$ 10
8 GND ／ $\overline{A_0}$ 9）

由表 2-19 可知，输入使能信号 $\overline{EI}$ 低电平有效，$\overline{EI}$ 低电平时实现 8 线—3 线编码功能；$\overline{EI}$ 高电平时禁止输入，输出与输入无关均为无效电平。输入信号 $\overline{I_0} \sim \overline{I_7}$ 也是低电平有效。在 $\overline{EI}=0$，输入中有信号（$\overline{I_0} \sim \overline{I_7}$ 中有 0 时），$\overline{GS}$ 输出低电平（低电平有效），表示此时输出是对输入有效编码；$\overline{EI}=0$ 及无输入信号（$\overline{I_0} \sim \overline{I_7}$ 中无 0）或禁止输入（$\overline{EI}=1$）时，

$\overline{GS}$ 输出高电平，表示输出信号无效。当编码器处于编码状态（$\overline{EI}=0$）且输入无信号时，输出使能 $\overline{EO}$ 为低电平。$\overline{EO}$ 可作为下一编码器的 $\overline{EI}$ 输入，用于扩展编码位数。3 位二进制输出是以反码形式对输入信号的编码，或者说输出也是低电平有效的。

分析真值表可以看出，当 $I_7=1$（即 $\overline{I_7}=0$）时，不管其他输入端有无信号，输出只对 $\overline{I_7}$ 编码，即 $\overline{A_2}\ \overline{A_1}\ \overline{A_0}=000$；当 $I_7=1$、$I_6=0$ 时，则输出只对 $\overline{I_6}$ 编码，即 $\overline{A_2}\ \overline{A_1}\ \overline{A_0}=001$；同样，可以得到对应其他输入信号的编码规律，$\overline{I_7} \sim \overline{I_0}$ 具有不同的编码优先权，$\overline{I_7}$ 优先权最高，$\overline{I_0}$ 优先权最低。该编码器对输入信号没有约束条件。真值表表 2-19 中 × 表示取任意值。

图 2-33 是用两片 74LS148 实现 16 线—4 线编码器的逻辑图。图中，高位编码器芯片 74LS148-2 的 $\overline{EO}$ 接低位编码器芯片 74LS148-1 的 $\overline{EI}$，即高位编码器的 $\overline{EO}$ 控制低位编码器的工作状态。图中高位编码器（$\overline{EI}$ 接地）始终处于编码状态，输入（$\overline{I_8} \sim \overline{I_{15}}$ 中）有信号时，74LS148-2 的 $\overline{EO}$ 为高电平时禁止 74LS148-1 工作，同时又作为高电平有效的 4 位二进制输出的最高位 A_3。

例如，$\overline{I_{15}}\ \overline{I_{14}}=10$，74LS148-2 编码输出 001，74LS148-1 禁止输出 111，经与非门输出 $A_2A_1A_0=110$，考虑到 $\overline{EO}=1$，合成输出 $A_3A_2A_1A_0=1110$，即 14 的二进制代码。若 $\overline{I_8} \sim \overline{I_{15}}=11111111$，$\overline{I_7}=0$，74LS148-2 的 $\overline{EO}=0$，74LS148-1 编码输出 000，合成输出 $A_3A_2A_1A_0=0111$，即 7 的二进制代码。注意到集成电路有效输出时标志位为低电平，经与非门反相后变为高电平有效的标志信号 GS。

如果将图 2-33 中与非门改为与门，则 $A_3A_2A_1A_0$ 和 GS 又都成为高电平有效的信号。

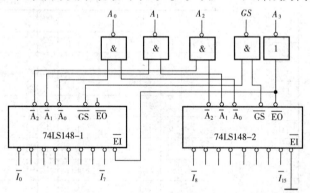

图 2-33 用两片 74LS148 实现 16 线—4 线编码器的逻辑图

3. 二—十进制编码器

二—十进制编码器对 0～9 的数字进行 8421BCD 编码，输出一位 BCD 码（$A_3\ A_2A_1A_0$）。

十进制优先编码器 74LS147 的真值表如表 2-20 所示，与 74LS148 相比较，74LS147 没有输入和输出使能端，也没有标志位（GS），实际应用时要附加电路来产生 GS。与 74LS148 一样，74LS147 的输入和输出信号也都是低电平有效的，输出为相应 BCD 码的反码。

表 2-20　74LS147 真值表

输　入									输　出			
$\overline{I_1}$	$\overline{I_2}$	$\overline{I_3}$	$\overline{I_4}$	$\overline{I_5}$	$\overline{I_6}$	$\overline{I_7}$	$\overline{I_8}$	$\overline{I_9}$	$\overline{A_3}$	$\overline{A_2}$	$\overline{A_1}$	$\overline{A_0}$
1	1	1	1	1	1	1	1	1	1	1	1	1
0	1	1	1	1	1	1	1	1	1	1	1	0
×	0	1	1	1	1	1	1	1	1	1	0	0
×	×	0	1	1	1	1	1	1	1	1	0	0
×	×	×	0	1	1	1	1	1	1	0	1	1
×	×	×	×	0	1	1	1	1	1	0	1	0
×	×	×	×	×	0	1	1	1	1	0	0	1
×	×	×	×	×	×	0	1	1	1	0	0	0
×	×	×	×	×	×	×	0	1	0	1	1	1
×	×	×	×	×	×	×	×	0	0	1	1	0

由真值表可知，$\overline{I_9}\sim\overline{I_0}$ 具有不同的编码优先权，$\overline{I_9}$ 优先权最高，$\overline{I_0}$ 优先权最低。该编码器对输入信号没有约束条件。

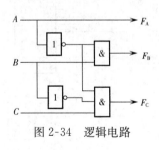

1) 假设优先编码器有 N 个输入信号和 n 个输出信号，则 $N=$ ＿＿＿＿＿＿＿＿＿＿。

2) 如图 2-34 所示，3 个输入信号中，A 的优先级最高，B 次之，C 最低，它们通过编码器分别由 F_A、F_B、F_C 输出。要求同一时间只有一个信号输出，若两个以上信号同时输入时，优先级高的被输出。试根据要求完成真值表 2-21。

图 2-34　逻辑电路

表 2-21　点值表

A	B	C	F_A	F_B	F_C
1	×	×			
0	1	×			
0	0	1			

编码器逻辑功能的测试

1. 仿真目的

1) 进一步了解优先编码器的功能。

2）通过仿真显示 8 线－3 线优先编码器的逻辑功能。

2. 仿真步骤及操作

（1）创建 8 线－3 线优先编码器实验电路

1）进入 Multisim 9.0 用户操作界面。

2）按图 2-35 所示电路从 Multisim 9.0 元器件库、仪器仪表库选取相应器件和仪器，并连接电路。

① 从 TTL 元器件库中选择 74LS 系列，从弹出窗口的器件列表中选取 74LS148。

② 单击虚拟仪器库图标，分别拖出函数信号发生器、字信号发生器和逻辑信号分析仪。其中，用函数信号发生器为逻辑信号分析仪提供外触发的时钟控制信号；用字信号发生器提供 8 位二进制数，作为 74LS148 的输入信号；用逻辑信号分析仪实时观察输出波形及电路逻辑功能分析。

③ 单击指示器件库图标，选取译码数码管用来显示编码器的输出代码。该译码数码管自动地将 4 位二进制数代码转换为十六进制数显示出来。

3）给电路中的全部元器件按图 2-35 所示，进行标识和设置。

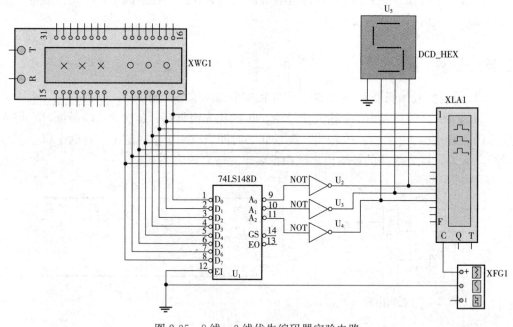

图 2-35　8 线－3 线优先编码器实验电路

① 函数信号发生器的位置。双击该仪器的标志图形，打开其参数设置面板，按图 2-36 所示完成各项设置。

② 字信号发生器的位置。双击该仪器的标志图形，打开其参数设置面板，按图 2-37 所示完成各项设置。

③ 逻辑信号分析仪的位置。双击该仪器的标志图形，打开其参数设置面板，按图 2-38 所示完成各项设置。

④.将有关导线设置成适当颜色，以便观察波形。

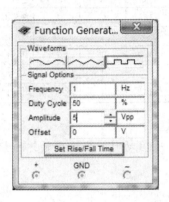

图 2-36　函数信号发生器参数设置面板

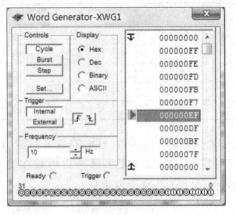

图 2-37　字信号发生器参数设置面板

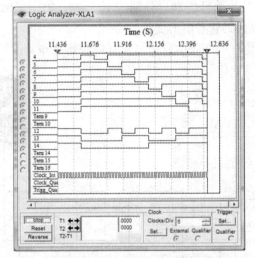

图 2-38　逻辑信号分析仪参数设置面板及波形显示

（2）运行电路，完成电路逻辑功能分析，观察波形

单击工具栏仿真启动按钮，运行电路。

1）设置字信号发生器为单步运行方式（单击字信号发生器面板上的 Step 按钮），实时观察输入信号及输出代码波形，验证真值表，如表 2-22 所示。

表 2-22　8 线—3 线优先编码器真值表

输　入								输　出		
$\overline{I_7}$	$\overline{I_6}$	$\overline{I_5}$	$\overline{I_4}$	$\overline{I_3}$	$\overline{I_2}$	$\overline{I_1}$	$\overline{I_0}$	$\overline{A_2}$	$\overline{A_1}$	$\overline{A_0}$
0	×	×	×	×	×	×	×	0	0	0
1	0	×	×	×	×	×	×	0	0	1
1	1	0	×	×	×	×	×	0	1	0
1	1	1	0	×	×	×	×	0	1	1

续表

输　入								输　出		
$\overline{I_7}$	$\overline{I_6}$	$\overline{I_5}$	$\overline{I_4}$	$\overline{I_3}$	$\overline{I_2}$	$\overline{I_1}$	$\overline{I_0}$	$\overline{A_2}$	$\overline{A_1}$	$\overline{A_0}$
1	1	1	1	0	×	×	×	1	0	0
1	1	1	1	1	0	×	×	1	0	1
1	1	1	1	1	1	0	×	1	1	0
1	1	1	1	1	1	1	0	1	1	1

2）核对译码数码管显示的数值与输出代码是否一致。

注意： 当字信号发生器输出的数字速率较高，不停地闪动时，应检查时钟的频率是否为 1Hz 或再次予以确认。

（3）利用直观的显示来验证 74LS148 的逻辑功能

1）在仿真系统中搭建如图 2-39 所示的电路。

2）检查电路无误后，进行仿真。分别按下 1、2、3、4、5、6、7、8 开关来实现编码的输入方式。观察数码管数值的变化。

3）从数码管的数值灯的变化中分析出其真值表是否与其逻辑功能相符。

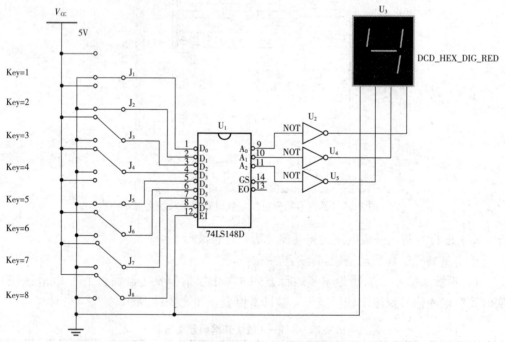

图 2-39　直观的显示来验证 74LS148 的逻辑功能电路

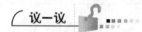

1）8 线—3 线优先编码器 74LS148 的优先权是如何设置的？结合真值表分析其逻辑关系。

2）译码数码管的管脚有 4 个，而输出代码仅有 3 位二进制数，多余的管脚应如何处理？为什么？

3）利用字信号发生器改变真值表 2-19 中的×为 1 或为 0 时，在仿真图 2-35 中，译码数码管输出代码会随之变化吗？为什么？

填写表 2-23 所列的内容。

表 2-23 任务检测与评估

检测项目		评分标准	分 值	学生自评	教师评估
任务知识内容	数制与码制的种类及不同数制、码制间的转换	能将不同数制的数值进行展开运算、数之间的转换、码制之间的转换	20		
	编码器工作原理	掌握编码器逻辑电路结构和电路分析方法	10		
	常用编码器的逻辑功能及拓展	掌握 74LS148 的逻辑功能及功能拓展	20		
	灵活运用 Multisim 9.0 进行仿真试验	熟练运用 Multisim 9.0 的数字仪器进行真值表、波形图的测试	15		
	74LS148 的逻辑功能测试	掌握 74LS148 的逻辑功能测试方法	25		
	安全操作	安全用电、按章操作、遵守实训室管理制度	5		
	现场管理	按 6S 企业管理体系要求进行现场管理	5		

任务三 译码器的逻辑功能测试

任务目标

- 能看懂译码器的逻辑功能真值表，能正确使用译码器电路。
- 能看懂显示译码器的逻辑功能真值表，正确测试 74LS48、CC4511 的逻辑功能。
- 会使用 LED 七段数码显示器。
- 会用 74LS48 型译码器与半导体数码管连接成译码显示电路。
- 会用 CC4511 型译码器与半导体数码管连接成译码显示电路。能正确使用七段 BCD 码锁存、译码、驱动等电路。

任务教学方式

教学步骤	时间安排	教学手段及方式
阅读教材	课余	学生自学、查资料、相互讨论
知识点讲授	8 课时	利用编码器分组讨论通用译码器的逻辑功能，并用课件仿真其逻辑功能 利用仿真软件演示显示译码器的逻辑功能和应用

续表

教学步骤	时间安排	教学手段及方式
任务操作	2 课时	用仿真软件检验通用译码器的逻辑功能
	2 课时	用仿真软件检验显示译码器的逻辑功能
评估检测	与课堂同时进行	教师与学生共同完成任务的检测与评估，并能对出现的问题进行分析与处理

读一读

通用译码器

译码是编码的逆过程，所以，译码器的逻辑功能就是还原输入逻辑信号的逻辑原意，即把编码的特定含义"翻译"过来。

按功能区分，译码器有两大类，即通用译码器和显示译码器。

这里通用译码器是指将输入 n 位二进制码还原成 2^n 个输出信号，或将 1 位 BCD 码还原为 10 个输出信号的译码器，称为 2 线—4 线译码器、3 线—8 线译码器、4 线—10 线译码器等。

集成 3 线—8 线译码器 74LS138 除了 3 线－8 线的基本译码输入/输出端外，为便于扩展成更多位的译码电路和实现数据分配功能，74LS138 还有 3 个输入使能端 G_1、$\overline{G_{2A}}$ 和 $\overline{G_{2B}}$。74LS138 真值表和管脚排列分别如表 2-24 和图 2-40 (a) 所示。

图 2-40 (b) 所示符号图中，输入/输出低电平有效用极性指示符表示，同时极性指示符又标明了信号方向。74LS138 的 3 个输入使能（又称选通 ST）信号之间是与逻辑关系，G_1 高电平有效，$\overline{G_{2A}}$ 和 $\overline{G_{2B}}$ 低电平有效。只有在所有使能端都为有效电平 ($G_1\overline{G_{2A}}\,\overline{G_{2B}}=100$) 时，74LS138 才对输入进行译码，相应输出端为低电平，即输出信号为低电平有效。在 $G_1\overline{G_{2A}}\,\overline{G_{2B}}\neq100$ 时，译码器停止译码，输出无效电平（高电平）。

表 2-24　74LS138 真值表

输入					输出							
G_1	$\overline{G_{2A}}+\overline{G_{2B}}$	A_2	A_1	A_0	$\overline{Y_0}$	$\overline{Y_1}$	$\overline{Y_2}$	$\overline{Y_3}$	$\overline{Y_4}$	$\overline{Y_5}$	$\overline{Y_6}$	$\overline{Y_7}$
0	×	×	×	×	1	1	1	1	1	1	1	1
×	1	×	×	×	1	1	1	1	1	1	1	1
1	0	0	0	0	0	1	1	1	1	1	1	1
1	0	0	0	1	1	0	1	1	1	1	1	1
1	0	0	1	0	1	1	0	1	1	1	1	1
1	0	0	1	1	1	1	1	0	1	1	1	1
1	0	1	0	0	1	1	1	1	0	1	1	1
1	0	1	0	1	1	1	1	1	1	0	1	1
1	0	1	1	0	1	1	1	1	1	1	0	1
1	0	1	1	1	1	1	1	1	1	1	1	0

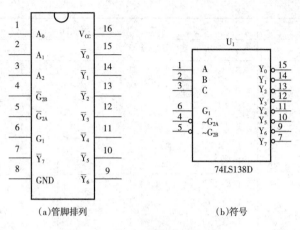

（a）管脚排列　　　　　　（b）符号

图 2-40　3 线—8 线译码器 74LS138

集成译码器通过给使能端施加恰当的控制信号，就可以扩展其输入位数。以下以 74LS138 为例，说明集成译码器扩展应用的方法。图 2-41 中，用两片 74LS138 实现 4 线—16 线的译码器。

在低位译码时，如 $A_3A_2A_1A_0=0101$，$A_3=0$ 且与 G_1 相连，因而 74LS138（2）不工作，只有 74LS138（1）工作，它译出 $\overline{Z}_5$。在高位译码时，如 $A_3A_2A_1A_0=1010$，$A_3=1$ 且与 G_{2A} 相连，因而 74LS138（2）工作，只有 74LS138（1）不工作，它译出 $\overline{Z}_{10}$。

74LS42 是二—十进制译码器，输入为 8421BCD 码，有 10 个输出，又叫 4 线—10 线译码器，输出低电平有效。74LS42 逻辑符号如图 2-42 所示，功能表如表 2-25 所示。

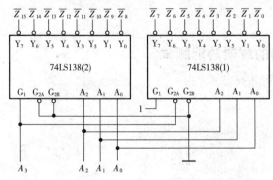

图 2-41　74LS138 扩展成 4 线—16 线译码器　　　图 2-42　74LS42 逻辑符号图

表 2-25　74LS42 真值表

输　入				输　出									
A_3	A_2	A_1	A_0	$\overline{Y}_0$	$\overline{Y}_1$	$\overline{Y}_2$	$\overline{Y}_3$	$\overline{Y}_4$	$\overline{Y}_5$	$\overline{Y}_6$	$\overline{Y}_7$	$\overline{Y}_8$	$\overline{Y}_9$
0	0	0	0	0	1	1	1	1	1	1	1	1	1
0	0	0	1	1	0	1	1	1	1	1	1	1	1
0	0	1	0	1	1	0	1	1	1	1	1	1	1
0	0	1	1	1	1	1	0	1	1	1	1	1	1

续表

输入				输出									
A_3	A_2	A_1	A_0	$\overline{Y_0}$	$\overline{Y_1}$	$\overline{Y_2}$	$\overline{Y_3}$	$\overline{Y_4}$	$\overline{Y_5}$	$\overline{Y_6}$	$\overline{Y_7}$	$\overline{Y_8}$	$\overline{Y_9}$
0	1	0	0	1	1	1	1	0	1	1	1	1	1
0	1	0	1	1	1	1	1	1	0	1	1	1	1
0	1	1	0	1	1	1	1	1	1	0	1	1	1
0	1	1	1	1	1	1	1	1	1	1	0	1	1
1	0	0	0	1	1	1	1	1	1	1	1	0	1
1	0	0	1	1	1	1	1	1	1	1	1	1	0
1	0	1	0	1	1	1	1	1	1	1	1	1	1
1	0	1	1	1	1	1	1	1	1	1	1	1	1
1	1	0	0	1	1	1	1	1	1	1	1	1	1
1	1	0	1	1	1	1	1	1	1	1	1	1	1
1	1	1	0	1	1	1	1	1	1	1	1	1	1
1	1	1	1	1	1	1	1	1	1	1	1	1	1

1）译码器的功能是什么？

2）用两片 74LS138 如何实现 4 线—16 线的译码器？

译码器的逻辑功能测试

1. 仿真目的

1）进一步了解译码器的功能。

2）通过仿真显示译码器的逻辑功能。

2. 仿真步骤及操作

（1）创建 3 线—8 线译码器实验电路

1）进入 Multisim 9.0 用户操作界面。

2）按图 2-43 所示电路从 Multisim 9.0 元器件库、仪器仪表库选取相应器件和仪器，连接电路。

① 从 TTL 元器件库中选择 74LS 系列，从弹出的窗口的器件列表中选取 74LS138。

② 单击虚拟仪器库图标，分别拖出函数信号发生器、字信号发生器和逻辑信号分析仪。其中，用函数信号发生器为逻辑信号分析仪提供外触发的时钟控制信号；用字信号发生器提供 3 位二进制数，作为 74LS138 的输入信号；用逻辑信号分析仪实时观

察输出波形及电路逻辑功能分析。

　　③ 单击指示器件库图标，选取译码数码管用来显示编码器的输出代码。该译码数码管自动地将4位二进制数代码转换为十六进制数显示出来。

　　3）给电路中的全部元器件按图2-43所示进行标识和设置。

　　① 函数信号发生器的位置。双击该仪器的标志图形，打开其参数设置面板，按图2-44所示完成各项设置。

　　② 字信号发生器的位置。双击该仪器的标志图形，打开其参数设置面板，按图2-45所示完成各项设置。

　　③ 逻辑信号分析仪的位置。双击该仪器的标志图形，打开其参数设置面板，按图2-46所示完成各项设置。

　　④ 将有关导线设置成适当颜色，以便观察波形。

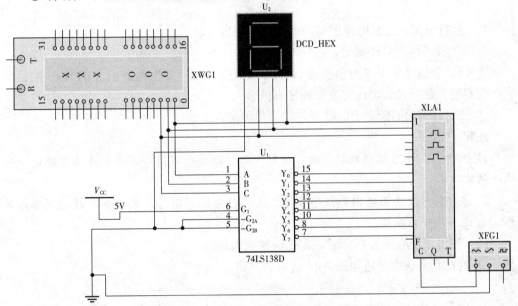

图2-43　74LS138的逻辑功能测试图

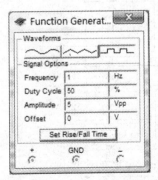

图2-44　函数信号发生器参数设置面板

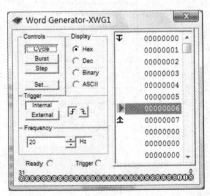

图2-45　字信号发生器参数设置面板

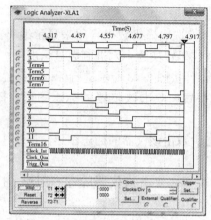

图 2-46　逻辑信号分析仪参数设置面板

（2）运行电路，完成电路逻辑功能分析，观察波形

单击工具栏仿真启动按钮，运行电路。

① 设置字信号发生器为单步运行方式（单击字信号发生器面板上的 Step 按钮），实时观察输入信号及输出代码波形验证真值表。

② 核对译码数码管显示的数值与输出代码是否一致。

注意：

1）连接 74LS138 的接线端子时，合理布线，以使电路简洁清楚，并注意使能接线端子的处理。

2）当字信号发生器输出的数字速率较高，不停地闪动时，应检查时钟的频率是否为 1Hz 或再次予以确认。

（3）利用直观的显示来验证 74LS138 的逻辑功能

1）在仿真系统中搭建如图 2-47 所示的电路。

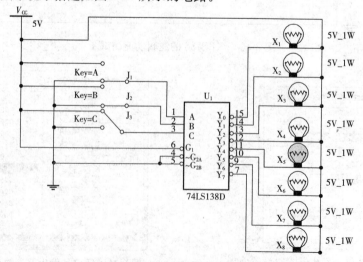

图 2-47　直观地显示来验证 74LS138 的逻辑功能图

2）检查电路无误后，进行仿真。分别按下 C、B、A 开关来实现二进制数的 8 种组合如 000、001、010、011、100、101、110、111 等。观察 X_0、X_1、X_2、X_3、X_4、X_5、X_6、X_7 等灯的亮暗变化。

3）从灯的变化中分析出其真值表是否与其逻辑功能相符。

1）3线—8线译码器 74LS138 的使能端是如何设置的？结合真值表分析其逻辑关系。

2）试分析译码器与编码器的关系。

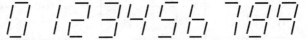

用 7 根火柴棒摆放出类似于计算器中显示的 0～9 这 10 个数字，如图 2-48 所示。

$$0\ 1\ 2\ 3\ 4\ 5\ 6\ 7\ 8\ 9$$

图 2-48 火柴棒摆放的数字图形

半导体数码管

与火柴棒摆放的数字图形相似，七段数码显示器（又称七段数码管或七段字符显示器）就是由七段能够独立发光直线段排列成"日"字形来显示数字的。目前，常用字符显示器有发光二极管 LED 字符显示器和液态晶体 LCD 字符显示器。

七段半导体数码管（又称 LED 数码管）是由七段发光二极管按图 2-48 所示的结构拼合而成。图 2-49 是半导体数码管的外形和等效电路。半导体数码管有共阳极型和共阴极型两种类型。图 2-49（b）中，共阳极型中各发光二极管阳极连接在一起，接高电平，a～g 和 DP 各引脚中任一脚为低电平时相应的发光段发光；共阴极型中各发光二极管的阴极连接在一起，接低电平，a～g 和 DP 各引脚中任一脚为高电平时相应的发光段发光（DP 为小数点）。

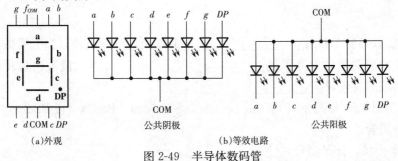

（a）外观　　　　　（b）等效电路

图 2-49 半导体数码管

一个 LED 数码管可用来显示一位 0～9 十进制数和一个小数点。小型数码管（0.5 寸和 0.36 寸）每段发光二极管的正向压降，随显示光（通常为红、绿、黄、橙色）的颜色不同略有差别，通常为 2～2.5V，每个发光二极管的点亮电流为 5～10mA。

表 2-26 列出了 a～g 发光段的 10 种发光组合情况，它们分别和十进制的 10 个数字相对应。表中 H 表示发光的线段，L 表示不发光的线段。

表 2-26   七段显示组合与数字对照表

数字 ＼ 发光段	a	b	c	d	e	f	g	字型
0	H	H	H	H	H	H	L	0
1	L	H	H	L	L	L	L	1
2	H	H	L	H	H	L	H	2
3	H	H	H	H	L	L	H	3
4	L	H	H	L	L	H	H	4
5	H	L	H	H	L	H	H	5
6	L	L	H	H	H	H	H	6
7	H	H	H	L	L	L	L	7
8	H	H	H	H	H	H	H	8
9	H	H	H	H	L	H	H	9

半导体数码管的优点是工作电压较低（1.5～3V）、体积小、寿命长、工作可靠性高、响应速度快、亮度高、字形清晰。半导体数码管适合于与集成电路直接配用，在微型计算机、数字化仪表和数字钟等电路中应用十分广泛。半导体数码管的主要缺点是工作电流大，每个字段的工作电流为 10mA 左右。

想一想

1）七段数码显示器由＿＿＿＿＿＿＿＿＿个发光直线段组成。当七段数码显示器显示数字 4 时所对应的发光段是＿＿＿＿＿＿＿＿＿＿；当七段数码显示器显示数字 6 时所对应的发光段是＿＿＿＿＿＿＿＿＿。

2）识别图 2-50 和图 2-51 所示的 BS201（或 BS202）、BS211（或 BS222）两种型号的半导体数码管。

① 观察形状，记录型号。

② 画出七段 LED 数码管外形，分析并记录各发光段与各引脚之间的对应关系。

③ 找出 LED 数码管公共引脚端的位置。

④ 分析显示 0～9 这 10 个数字的方法。

⑤ 判断哪一个是共阳极型 LED 数码管？哪一个共阴极型 LED 数码管？

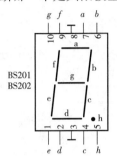

图 2-50 BS201（BS202）型 LED 数码管

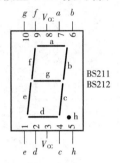

图 2-51 BS211（BS212）型 LED 数码管

读一读

显示译码器

七段数码显示器是用 a～g 这七个发光线段组合来构成 10 个十进制数的。为此，就需要使用显示译码器将 BCD 代码（二—十进制编码）译成数码管所需要的七段代码（abcdefg），以便使数码管用十进制数字显示出 BCD 代码所表示的数值。

显示译码器，是将 BCD 码译成驱动七段数码管所需代码的译码器。集成显示译码器有多种型号，有 TTL 集成显示译码器，也有 CMOS 集成显示译码器；有高电平输出有效的，也有低电平输出有效的；有推挽输出结构的，也有集电极开路输出结构；有带输入锁存的，也有带计数器的集成显示译码器。就七段显示译码器而言，它们的功能大同小异，主要区别在于输出有效电平。显示译码器常见型号有 74LS47（共阳）、74LS48（共阴）、CC4511（共阴）等多种类型。七段显示译码器 74LS48 是输出高电平有效的译码器，其逻辑符号如图 2-52 所示，真值表如表 2-27 所示。

表 2-27 七段显示译码器 74LS48 真值表

功能（输入）	输入					输入/输出	输出（Y）							显示字形
	$\overline{LT}$	$\overline{RBI}$	D	C	B	A	$\overline{BI}/\overline{RBO}$	a	b	c	d	e	f	g	
0	1	1	0	0	0	0	1	1	1	1	1	1	1	0	
1	1	×	0	0	0	1	1	0	1	1	0	0	0	0	
2	1	×	0	0	1	0	1	1	1	0	1	1	0	1	
3	1	×	0	0	1	1	1	1	1	1	1	0	0	1	
4	1	×	0	1	0	0	1	0	1	1	0	0	1	1	

续表

功能（输入）	输 入						输入/输出	输出（Y）							显示字形
	$\overline{LT}$	$\overline{RBI}$	D	C	B	A	$\overline{BI}/\overline{RBO}$	a	b	c	d	e	f	g	
5	1	×	0	1	0	1	1	1	0	1	1	0	1	1	5
6	1	×	0	1	1	0	1	0	0	1	1	1	1	1	6
7	1	×	0	1	1	1	1	1	1	1	0	0	0	0	7
8	1	×	1	0	0	0	1	1	1	1	1	1	1	1	8
9	1	×	1	0	0	1	1	1	1	1	0	0	1	1	9
10	1	×	1	0	1	0	1	0	0	0	1	1	0	1	
11	1	×	1	0	1	1	1	0	0	1	1	0	0	1	
12	1	×	1	1	0	0	1	0	1	0	0	0	1	1	
13	1	×	1	1	0	1	1	1	0	0	1	0	1	1	
14	1	×	1	1	1	0	1	0	0	0	1	1	1	1	
15	1	×	1	1	1	1	1	0	0	0	0	0	0	0	暗
灭灯	×	×	×	×	×	×	0	0	0	0	0	0	0	0	暗
灭零	1	0	0	0	0	0	0	0	0	0	0	0	0	0	暗
试灯	0	×	×	×	×	×	1	1	1	1	1	1	1	1	8

　　74LS48 除了有实现七段显示译码器基本功能的输入（D、C、B、A）和输出（a～g）端外，74LS48 还引入了灯测试输入端（$\overline{LT}$）和动态灭零输入端（$\overline{RBI}$），以及既有输入功能又有输出功能的消隐输入/动态灭零输出（$\overline{BI}/\overline{RBO}$）端。

　　由 74LS48 真值表可获知 74LS48 所具有的逻辑功能：

　　（1）七段译码功能（$\overline{LT}=1$，$\overline{RBI}=1$）

　　在灯测试输入端（$\overline{LT}$）和动态灭零输入端（$\overline{RBI}$）都接无效电平时，输入 D、C、B、A 经 74LS48 译码，输出高电平有效的七段字符显示器的驱动信号，显示相应字符。除 DCBA＝0000 外，$\overline{RBI}$ 也可以接低电平，见表 2-27 中 1～16 行。

　　（2）消隐功能（$\overline{BI}=0$）

　　此时 $\overline{BI}/\overline{RBO}$ 端作为输入端，该端输入低电平信号时，表 2-27 倒数第 3 行，无论 $\overline{LT}$ 和 RBI 输入什么电平信号，不管输入 D、C、B、A 为什么状态，输出全为"0"，七段显示器熄灭。该功能主要用于多显示器的动态显示。

　　（3）灯测试功能（$\overline{LT}=0$）

　　此时 $\overline{BI}/\overline{RBO}$ 端作为输出端，LT 端输入低电平信号时，表 2-27 最后一行，与 $\overline{RBI}$ 及 D、C、B、A 输入无关，输出全为"1"，显示器七个字段都点亮。该功能用于七段显示器测试，判别是否有损坏的字段。

（4）动态灭零功能（$\overline{LT}=1$，$\overline{RBI}=0$）

此时$\overline{BI}/\overline{RBO}$端也作为输出端，$\overline{LT}$端输入高电平信号，$\overline{RBI}$端输入低电平信号，若此时 $DCBA = 0000$，表 2-27 倒数第 2 行，输出全为"0"，显示器熄灭，不显示这个零。$DCBA\neq0$，则对显示无影响。该功能主要用于多个七段显示器同时显示时熄灭高位的零。

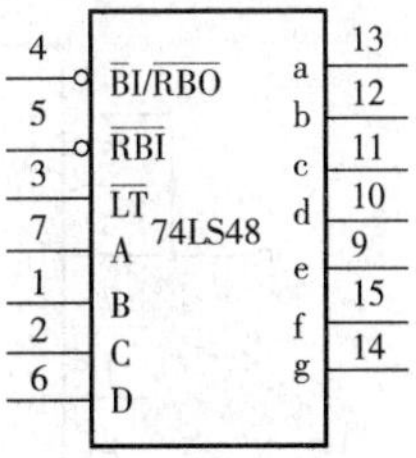

图 2-52　74LS48 逻辑符号

由上述逻辑功能分析可知，特殊控制端$\overline{BI}/\overline{RBO}$。$\overline{BI}/\overline{RBO}$可以作输入端，也可以作输出端。

作输入使用时，如果$\overline{BI}=0$时，不管其他输入端为何值，a～g 均输出 0，显示器全灭。因此$\overline{BI}$称为灭灯输入端。

作输出端使用时，受控于$\overline{RBI}$端。当$\overline{RBI}=0$，输入为 0 的二进制码 0000 时，$\overline{RBO}=0$，用以指示该片正处于灭零状态。所以，$\overline{RBO}$端又称为灭零输出端。

将$\overline{BI}/\overline{RBO}$和$\overline{RBI}$配合使用，可以实现多位数显示时的"无效零消隐"功能。

想一想

1）74LS48 的逻辑功能是什么？如何将 74LS48 实现多位动态显示？

2）查阅相关资料找出 74LS47 与 74LS48 的区别。

读一读

显示译码器与数码管的应用

1. 显示译码器与数码管的选用

输出低电平有效的显示译码器应与共阳极数字显示器配合使用。

输出高电平有效的显示译码器应与共阴极数字显示器配合使用。

2. 显示译码器与数码管的连接

下面举例说明。

74LS47 和 74LS48 为显示译码器。74LS47 输出低电平有效，74LS48 输出高电平有效。

74LS47 的典型使用电路如图 2-53 所示，电阻 R_P 为限流电阻，R_P 的具体阻值视数码管的电流大小而定。

74LS48 译码器的典型使用电路如图 2-54 所示。共阴数码管的译码电路 74LS48 内部有上拉电阻，故后接数码管时不需外接上拉电阻。由于数码管的点亮电流在 5～10mA 范围内，所以一般都要外接限流电阻保护数码管。

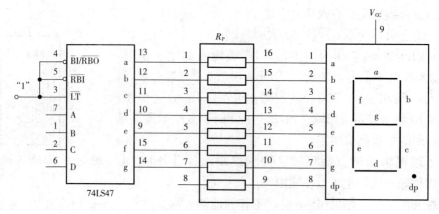

图 2-53　74LS47 译码器的典型使用电路

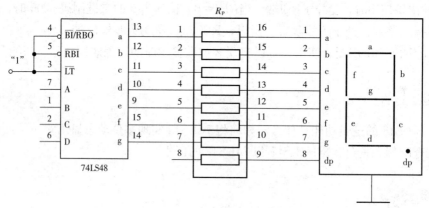

图 2-54　74LS48 译码器的典型使用电路

74LS47 与 74LS48 译码器在连接 LED 数码显示器时有什么不同？

TTL 显示译码器的逻辑功能测试

1. 仿真目的

1）进一步了解显示译码器的功能。

2）通过仿真显示译码器的逻辑功能。

2. 仿真步骤及操作

（1）创建 74LS48 数显译码器电路

1）进入 Multisim 9.0 用户操作接口。

2）按图 2-55 所示电路从 Multisim 9.0 元器件库、仪器仪表库选取相应器件和仪器，并连接电路。

① 从 TTL 元器件库中选择 74LS 系列，从弹出窗口的器件列表中选取 74LS48。

② 单击虚拟仪器库图标，分别拽出函数信号发生器、字信号发生器和逻辑信号分析仪。其中，用函数信号发生器为逻辑信号分析仪提供外触发的时钟控制信号；用字信号发生器提供 3 位二进制数，作为 74LS48 的输入信号；用逻辑信号分析仪实时观察输出波形及电路逻辑功能分析。

③ 单击指示器件库图标，拽取译码数码管，用来显示编码器的输出代码。该译码数码管为共阴极数码管。

3）给电路中的全部元器件按图 2-55 所示进行标识和设置。

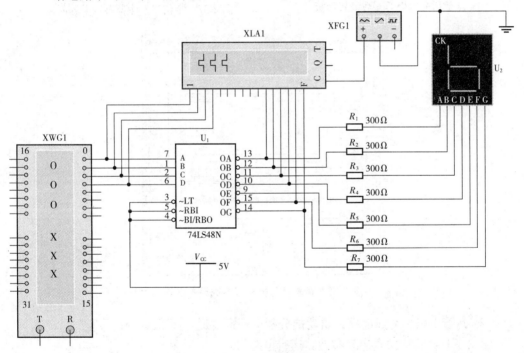

图 2-55   74LS48 数显译码器的逻辑功能测试图

① 函数信号发生器的位置。双击该仪器的标志图形，打开其参数设置面板，按图 2-56所示完成各项设置。

② 字信号发生器的位置。双击该仪器的标志图形，打开其参数设置面板，按图 2-57所示完成各项设置。

③ 逻辑信号分析仪的位置。双击该仪器的标志图形，打开其参数设置面板，按图 2-58所示完成各项设置。

④ 将有关导线设置成适当颜色，以便观察波形。

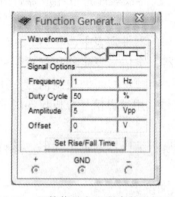

图 2-56　函数信号发生器参数设置面板

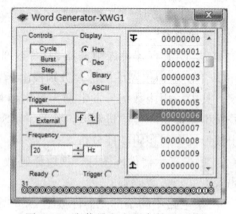

图 2-57　字信号发生器参数设置面板

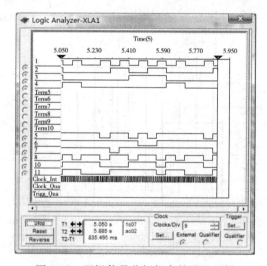

图 2-58　逻辑信号分析仪参数设置面板

（2）运行电路，完成电路逻辑功能分析，观察波形

单击工具栏右边仿真启动按钮，运行电路。

1）设置字信号发生器为单步运行方式（单击字信号发生器面板上的 Step 按钮），实时观察输入信号及输出代码波形，依此验证真值表。

2）核对译码数码管显示的数值与输出代码是否一致。

注意：当字信号发生器输出的数字速率较高，不停地闪动时，应检查时钟的频率是否为 1Hz 或再次予以确认。

1）在多个七段显示器显示字符时，通常不希望显示高位的"0"。例如，4 位十进制显示时，数 12 应显示为"12"而不是"0012"，即要把高位的两个"0"消隐掉。具

有此功能的译码显示电路如何实现呢?

2）如图 2-59 所示，分析它实现了什么功能?

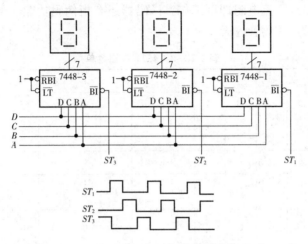

图 2-59　逻辑电路及其波形

 读一读

CMOS 显示译码器

CC4511 是输出高电平有效的 CMOS 显示译码器，其输入为 8421BCD 码，图 2-60 和表 2-28 分别为 4511 的外引线排列图及其逻辑菜单。

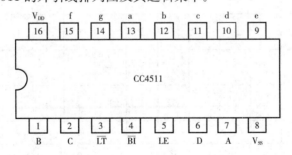

图 2-60　CC4511 外引线排列

CC4511 引脚功能说明:

A、B、C、D——BCD 码输入端。

a、b、c、d、e、f、g——解码输出端，输出 "1" 有效，用来驱动共阴极 LED 数码管。

$\overline{LT}$——测试输入端，$\overline{LT}=$ "0" 时，解码输出全为 "1"。

$\overline{BI}$——消隐输入端，$\overline{BI}=$ "0" 时，解码输出全为 "0"。

LE——锁定端，LE= "1" 时译码器处于锁定（保持）状态，译码输出保持在 LE=

0 时的数值；当 LE＝0 时为正常解码。

　　表 2-28 所示为 CC4511 的逻辑菜单。CC4511 内接有上拉电阻，故只需在输出端与数码管笔段之间串入限流电阻即可工作。译码器还有拒伪码功能，当输入码超过 1001 时，输出全为"0"，数码管熄灭。

表 2-28　CC4511 逻辑菜单

输　入							输　　出							显示字形
LE	$\overline{BI}$	$\overline{LT}$	D	C	B	A	a	b	c	d	e	f	g	
×	×	0	×	×	×	×	1	1	1	1	1	1	1	8
×	0	1	×	×	×	×	0	0	0	0	0	0	0	消隐
0	1	1	0	0	0	0	1	1	1	1	1	1	0	0
0	1	1	0	0	0	1	0	1	1	0	0	0	0	1
0	1	1	0	0	1	0	1	1	0	1	1	0	1	2
0	1	1	0	0	1	1	1	1	1	1	0	0	1	3
0	1	1	0	1	0	0	0	1	1	0	0	1	1	4
0	1	1	0	1	0	1	1	0	1	1	0	1	1	5
0	1	1	0	1	1	0	0	0	1	1	1	1	1	6
0	1	1	0	1	1	1	1	1	1	0	0	0	0	7
0	1	1	1	0	0	0	1	1	1	1	1	1	1	8
0	1	1	1	0	0	1	1	1	1	0	0	1	1	9
0	1	1	1	0	1	0	0	0	0	0	0	0	0	消隐
0	1	1	1	0	1	1	0	0	0	0	0	0	0	消隐
0	1	1	1	1	0	0	0	0	0	0	0	0	0	消隐
0	1	1	1	1	0	1	0	0	0	0	0	0	0	消隐
0	1	1	1	1	1	0	0	0	0	0	0	0	0	消隐
0	1	1	1	1	1	1	0	0	0	0	0	0	0	消隐
1	1	1	×	×	×	×	锁定在上一个 LE＝0 时的数据							锁存

　　CC4511 常用于驱动共阴极 LED 数码管，工作时一定要加限流电阻。由 CC4511 组

成的基本数字显示电路如图 2-61 所示。图中 BS205 为共阴极 LED 数码管，电阻 R 用于限制 CC4511 的输出电流大小，它决定 LED 的工作电流大小，从而调节 LED 的发光亮度，R 值由下式决定：

$$R = \frac{U_{OH} - U_D}{I_D}$$

式中，U_{OH} 为 CC4511 输出高电平（$\approx V_{DD}$）；U_D 为 LED 的正向工作电压（1.5～2.5V）；I_D 为 LED 的笔画电流（为 5～10mA）。试计算出图 2-61 中 R 的大小。

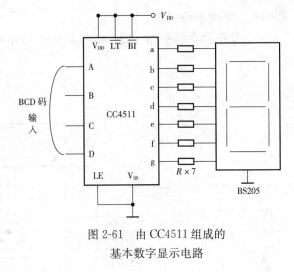

图 2-61 由 CC4511 组成的
基本数字显示电路

CMOS 显示译码器的逻辑功能测试

1. 仿真目的

1）进一步了解 CMOS 显示译码器的功能。

2）通过仿真显示 CMOS 显示译码器的逻辑功能。

2. 仿真使用器材

函数信号发生器、字信号发生器、逻辑信号分析仪、CC4511 一块、七段显示译码数码管、七个 510Ω 电阻。

3. 仿真步骤及操作

(1) 创建 CD4511 数显译码器的逻辑功能测试实验电路

1）进入 Multisim 9.0 用户操作界面。

2）按图 2-62 所示电路从 Multisim 9.0 元器件库、仪器仪表库选取相应器件和仪器，连接电路。

① 单击 CMOS 集成电路库图示，选出 CMOS +5V 集成电路图形，从它们的器件列表中选出 CD4511。

② 在仪器库图标中，分别选出函数信号发生器、字信号发生器和逻辑信号分析仪。其中，用函数信号发生器为逻辑信号分析仪提供外触发的时钟控制信号；用字信号发生器提供 4 位二进制数，作为 CD4511 的输入信号；用逻辑信号分析仪实时观察输出波形及电路逻辑功能分析。

③ 单击指示器件库图标，选取译码数码管，用来显示编码器的输出代码。该译码

数码管为共阴极数码管。

3）给电路中的全部元器件按如图 2-62 所示电路进行标识和设置。

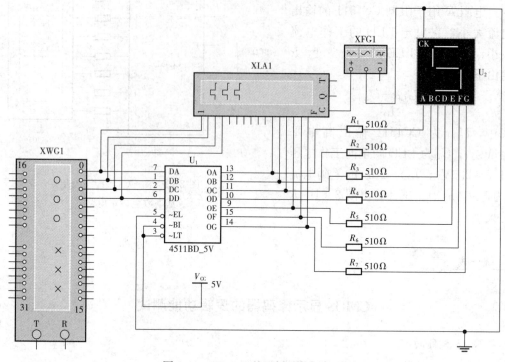

图 2-62　CD4511 的逻辑功能测试图

① 函数信号发生器的位置。双击该仪器的标志图形，打开其参数设置面板，如图 2-63所示完成各项设置。

② 字信号发生器的位置。双击该仪器的标志图形，打开其参数设置面板，按图 2-64所示完成各项设置。

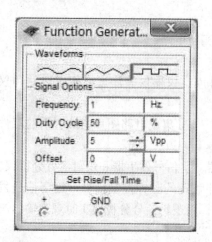

图 2-63　函数信号发生器参数设置面板

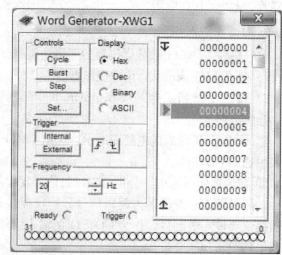

图 2-64　字信号发生器参数设置面板

③ 逻辑信号分析仪的位置。双击该仪器的标志图形，打开其参数设置面板，按图 2-65 所示完成各项设置。

④ 将有关导线设置成适当颜色，以便观察波形。

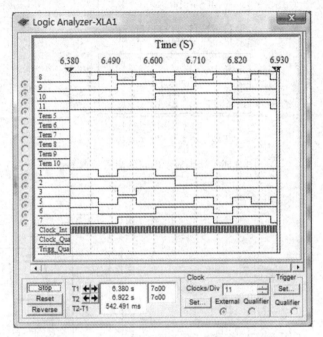

图 2-65 逻辑信号分析仪参数设置面板

（2）运行电路，完成电路逻辑功能分析，观察波形

单击工具栏右边仿真启动按钮，运行电路。

1）设置字信号发生器为单步运行方式（单击字信号发生器面板上的 Step 按钮），实时观察输入信号及输出代码波形，验证真值表。

2）核对译码数码管显示的数值与输出代码是否一致。

注意：当字信号发生器输出的数字速率较高，不停地闪动时，应检查时钟的频率是否为 1Hz 或再次予以确认。

议一议

1）图 2-66 所示为译码显示电路的测试示意图，则根据图 2-66 画出图 2-67 所示的接线图，并搭建实验电路。拨动接线控制端和数据输入端的所接电平开关，在 $LE=0$，$\overline{LT}=1$，$\overline{BI}=1$ 时，输入信号 $DCBA$ 为 0000~1001 时，观察数码管所显示的字形。当输入数据超出范围，如 $DCBA$ 为 1101 或 1111 等时，观察数码管会有什么现象？

2）在 3 个控制端（LE、$\overline{LT}$、$\overline{BI}$）中，一次只让一个控制端的输入有效，分别测试 3 个控制端（LE、$\overline{LT}$、$\overline{BI}$）的作用。参照表 2-28，根据实验结果，判断 3 个控制端（LE、$\overline{LT}$、$\overline{BI}$）电平分别为多少时才能正确体现译码器的锁定功能。

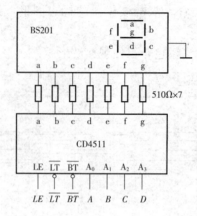

图 2-66　译码显示电路的测试示意图

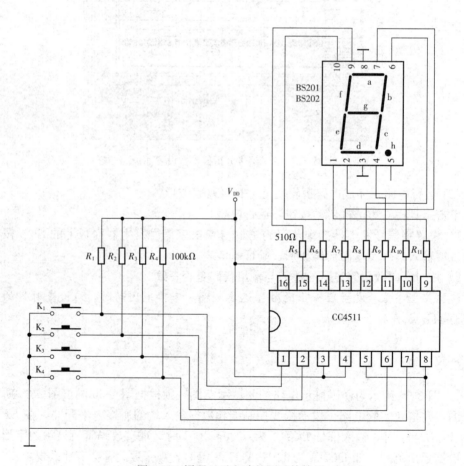

图 2-67　译码显示电路的测试接线图

知识拓展

液晶显示器

液晶显示器（简称 LCD）是一种平板薄型显示器，液晶是一种既具有液体的流动性又具有光学特性的有机化合物。它的透明度和呈现的颜色受外加电场的影响，利用这一特点便可做成字符显示器。

在没有外加电场的情况下，液晶分子按一定取向整齐地排列着，如图 2-68（a）所示。这时液晶为透明状态，射入的光线大部分由反射电极反射回来，显示器呈白色。在电极上加上电压以后，液晶分子因电离而产生正离子，这些正离子在电场作用下运动并撞碰其他液晶分子，破坏了液晶分子的整齐排列，使液晶呈现混浊状态，如图 2-68（b）所示。这时射入的光线散射后仅有少量反射回来，故显示器呈暗灰色。这种现象称为动态散射效应。外加电场消失以后，液晶又恢复到整齐排列的状态。如果将 7 段透明的电极排列成 8 字形，那么只要选择不同的电极组合并施以正电压，便能显示出各种字符来。

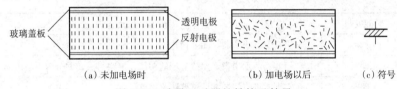

（a）未加电场时　　　　（b）加电场以后　　　　（c）符号

图 2-68　液晶显示器的结构及符号

液晶显示器的最大优点是功耗极小，功耗在 $1\ \mu W/cm^2$ 以下。它的工作电压也很低，在 1V 以下仍能工作。因此，液晶显示器在电子表以及各种小型、便携式仪器和仪表中得到了广泛的应用。但是，由于它本身不会发光，仅仅靠反射外界光线显示字形，所以亮度很差。此外，它的响应速度较低（在 10～200ms 范围内），这就限制了它在快速系统中的应用。

 评一评

填写如表 2-29 所列的内容。

表 2-29　任务检测与评估

	检测项目	评分标准	分值	学生自评	教师评估
任务知识内容	通用译码器的逻辑功能分析	能对 74LS138 的逻辑功能进行分析	15		
	显示译码器的逻辑功能分析	能对 74LS48、CD4511 的逻辑功能进行分析	20		
	显示器件原理	掌握七段数码显示器的结构和工作原理	10		
任务操作技能	通用译码器的逻辑功能测试	掌握 74LS138 的逻辑功能测试方法	10		
	显示译码器的逻辑功能测试	掌握 74LS48、CD4511 的逻辑功能测试方法	25		

续表

	检测项目	评分标准	分 值	学生自评	教师评估
任务操作技能	显示译码器与显示器件的连接	掌握显示译码器与显示器件的连接方法	10		
	安全操作	安全用电、按章操作、遵守实训室管理制度	5		
	现场管理	按 6S 企业管理体系要求进行现场管理	5		

任务四　8路抢答器的制作与调试

任务目标

- 能正确使用 CD4511 的锁存功能，会叙述锁存的工作原理。
- 会用中规模集成电路完成抢答器电路功能的制作与调试。

任务教学方式

教学步骤	时间安排	教学手段及方式
阅读教材	课余	学生自学、查资料、相互讨论
知识点讲授	4 课时	利用实物演示讲解 8 路抢答器的功能、电路组成，并分解讲解电路工作原理
任务操作	4 课时	在实训室进行组装并调试 8 路抢答器
评估检测	与课堂同时进行	教师与学生共同完成任务的检测与评估，并能对出现的问题进行分析与处理

抢答器原理

抢答器是竞赛问答中一种常用的必备装置。

本任务介绍一款采用 CD4511 数字集成电路制成的数字显示 8 路抢答器，它利用数字集成电路的锁存特性，实现优先抢答和数字显示功能，要求如下。

1）设计一个可供 8 名选手参加比赛的 8 路数字显示抢答器。它们的编号分别为"1"、"2"、"3"、"4"、"5"、"6"、"7"、"8"，各用一个抢答按钮，编号与参赛者的号码一一对应。

2）抢答器具有数据锁存功能，并将锁存的资料用 LED 数码管显示出抢答成功者的号码。

3）抢答器对抢答选手动作的先后有很强的分辨能力，即使他们的动作仅相差几毫秒，也能分辨出抢答者的先后来，即不显示后动作的选手编号。

4）主持人具有手动控制开关，可以手动清零复位，为下一轮抢答做准备。

1. 抢答器的组成

抢答器一般由开关组电路、编码器、具有锁存功能的七段显示译码器、数码显示器等几部分组成。下面逐一给予介绍。

（1）开关组电路

该电路由多路开关所组成，每一竞赛者与一个开关相对应。开关应为常开型，当按下开关时，开关闭合；当松开开关时，开关自动弹出断开。

（2）编码器

编码器的作用是将某一开关信息转化为相应的8421BCD码，以提供数字显示电路所需要的编码输入。

（3）具有锁存功能的七段显示译码器

译码驱动电路将编码器输出的8421BCD码转换为数码管所需要的逻辑状态，并且为保证数码管正常工作提供足够的工作电流。同时它带有锁存功能，当接收一个编码后将会自动锁存该编码。

（4）数码显示器

数码显示器通常用发光二极管（LED）数码管和液晶（LCD）数码管。本设计使用LED数码管。

2. 由CD4511构成的8路抢答器的工作原理

由CD4511构成的8路抢答器的组成框图和整机电路分别如图2-69和图2-70所示。

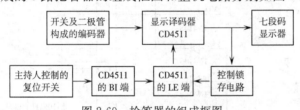

图2-69 抢答器的组成框图

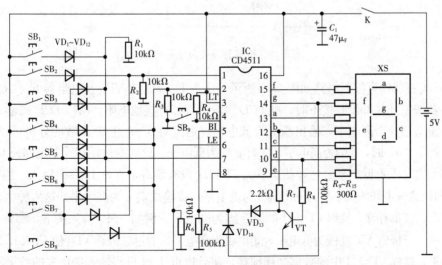

图2-70 8人抢答器电路

1）抢答器开关及编码电路如图2-71所示。每路都有一个抢答按钮开关，并对应有

VD$_1$～VD$_{12}$ 中的编码，例如，第三路开关 SB$_3$ 按下时，通过 2 只二极管，加到 CD4511的 BCD 码输入端为 0011。如果按下某一路抢答开关，电路不显示或显示错误，只要检查与之相对应的那组二极管，看是否接反或损坏即可。

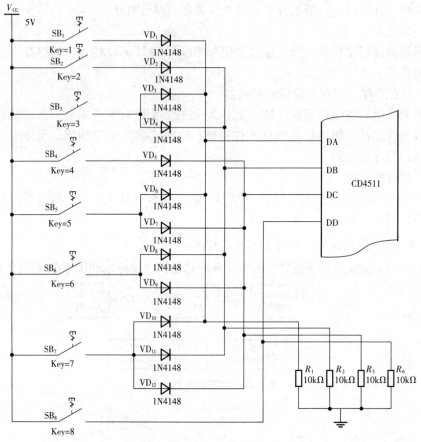

图 2-71　抢答器开关及编码电路

2）抢答器锁存控制电路如图 2-72 所示。由 VT、VD$_{13}$、VD$_{14}$ 及电阻器 R_7、R_8 组成。当抢答器按钮开关都没有按下时，则 BCD 码输入端都有接地电阻，所以 BCD 码输入端为0000，输出端 d 为高电平，输出端 g 为低电平。通过对 0～9 这 10 个数的分析可以看出，只有在数字"0"时，d 端为高电平，同时 g 端为低电平。此时通过锁存控制电路使 CD4511第 5 脚上的电压为低电平。这种状态下的 CD4511 没有锁存，允许 BCD 码输入。当 SB$_1$～SB$_8$ 中的任意一个开关按下时，输出端 d 为低电平，或输出端 g 为高电平。这两种状态必有一个存在，或都存在。这时 CD4511 的第 5 脚为高电平。例如，SB$_1$ 首先按下，那输出端 d为低电平，三极管 VT 基极为低电平，集电极为高电平，通过二极管 VD$_{13}$ 使 CD4511 第 5 脚为高电平，这样 CD4511 中的数据受到锁存，使后边再从 BCD 码输入端送来的数据不再显示。而只显示第一个由 SB$_1$ 送来的信号，即"1"。又如 SB$_5$ 首先被按下，这时立即显示"5"，同时由于输出端为高电平，通过二极管 VD$_{14}$ 使 CD4511 第 5 脚为高电平，电路受到锁存，封锁了后边接着而来的其他信号。电路锁存后，抢答器按钮均失去作用。

3）译码驱动及显示电路如图 2-73 所示。CD4511 是输出高电平有效的显示译码器，因而 LED 显示应选共阴极的数码显示，且由于 LED 的电流较小，因此在数码显示器前必须加限流电阻。

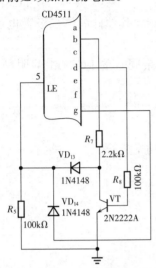

图 2-72　抢答器锁存控制电路

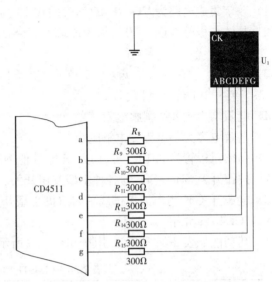

图 2-73　译码驱动及显示电路

4）解锁电路如图 2-74 所示。当触发锁存电路被锁存后，若要进行下一轮的重新抢答，则只需要按下复位开关 SB_9，清除锁存器内的数值，使数字显示熄灭一下，然后恢复为"0"状态，CD4511 的第 5 脚为低电平。为了进行下一轮工作，这时 $SB_1 \sim SB_8$ 均应在开路状态，不能闭合。

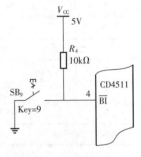

图 2-74　解锁电路

想一想

1）抢答器电路由哪几部分构成？并画出它的结构框图。

2）清零功能怎么实现？

3）VD_{13}、VD_{14}、VT 在电路中的作用是什么？

4）$VD_1 \sim VD_{12}$ 在电路中的作用是什么？

5）如何将该 8 路抢答器改成 16 路抢答器？

做一做

制作 8 路抢答器

1. 制作所需器材

稳压电源、CD4511 8 路抢答器套件、万能板、导线若干、万用表、电烙铁等工具。

2. 电路组成及其元器件的选择说明

图 2-70 所示为 8 人抢答器电路。

（1）元件的选择

1）数字集成电路为 CD4511 双列直插式 16 脚封装。

2）晶体二极管 $VD_1 \sim VD_{14}$ 均为玻璃壳封装的 1N4148。其他硅晶体二极管也可替代，如 1N4001 等。

3）数码管为字高 0.5 英寸（1 英寸＝2.54 厘米，余同）的 LC5011 共阴型管，其他 0.5 英寸共阴管也可代替。

4）电阻均为 1/8W 碳膜电阻。

5）电解电容为小型铝壳电解电容。

6）晶体三极管为 9013、9014 或 NPN 其他型号的小功率硅管。

7）按钮开关 $SB_1 \sim SB_9$ 为各种小型按钮开关。

8）电源开关 K 为单刀单掷或单刀双掷小型开关。

（2）CD4511 介绍

1）其功能如表 2-30 所示，引脚如图 2-75 所示。

表 2-30　CD4511 功能表

1	BCD 码输入端	9	显示输出端
2	BCD 码输入端	10	显示输出端
3	$\overline{LT}$ 测试端	11	显示输出端
4	BI 为消隐端	12	显示输出端
5	LE 为锁定允许端	13	显示输出端
6	BCD 码输入端	14	显示输出端
7	BCD 码输入端	15	显示输出端
8	电源负极	16	电源正极

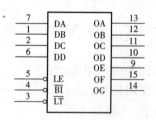

图 2-75　CD4511 引脚排列

2）电路仿真调试。对图 2-70 所示电路进行仿真调试，目的是为了观察和测量电路的性能指标，并调整部分元器件参数，从而达到各项指标的要求，调试图如图 2-76 所示。

3）在万能印制板 PBC 上组装并调试 8 人抢答器电路，如图 2-77 所示。

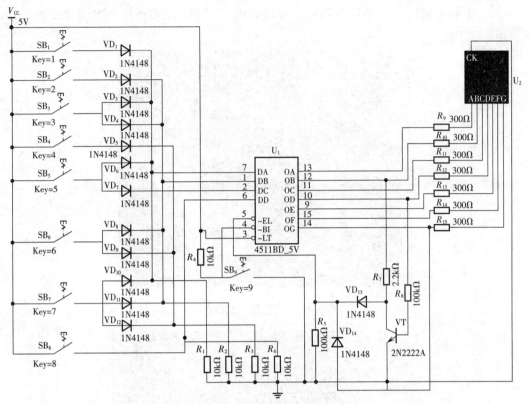

图 2-76 8 路抢答器的仿真图

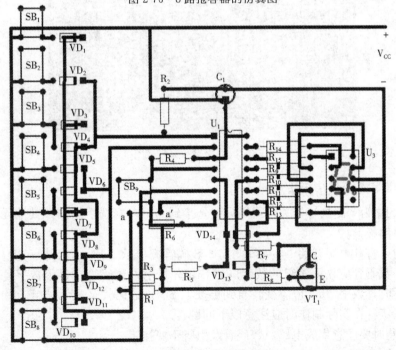

图 2-77 8 路抢答器的 PBC 板

112

4）安装完成后的 8 路抢答器元件布局如图 2-78 所示，8 路抢答器焊接如图 2-79 所示。

图 2-78　8 路抢答器元件布局

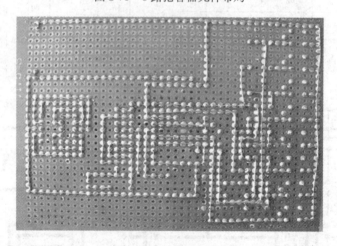

图 2-79　8 路抢答器焊接图

3. 8 路抢答器的调试及注意事项

SB$_1$～SB$_8$ 为 8 路抢答开关，需用导线外接到 8 组参赛选手桌前。其他元件均可安装在印制电路板上。

调试时，打开电源开关，按一下 SB$_9$，数码管应显示 "0"。当 SB$_1$～SB$_8$ 任一开关先按下时，数码管应显示该组的数字。如 SB$_5$ 先按下，数码管应显示数字 "5"，其他开关在按下时，数字 "5" 应不变，直到再按下 SB$_9$，数码管又显示 "0"，才可以进行下一轮的抢答。在实际制作时应注意以下问题。

1）安装时要注意集成电路、数码管及引脚不要接错。

2）焊接时要注意电烙铁是否漏电和设备带静电，以防止损坏集成电路。

3）安装设计时要注意各元件间的距离及整体布局。

 议一议

1）在8路抢答器制作过程中，如何合理布置元件位置才能使万能印制板焊接面布线简洁？

2）在焊接元器件（含CD4511集成块）时应注意哪些主要问题？

3）当按下不同的按键时，应该显示相对应的数字，同时能将其锁存。按下清零键时，电路应处于复位状态。如果出现显示数字残缺不全，原因是什么？如出现抢答结果不能锁存，原因又是什么？

 评一评

填写如表2-31所列的内容。

表2-31 任务检测与评估

	检测项目	评分标准	分 值	学生自评	教师评估
任务知识内容	8路抢答器的工作原理	能分析8路抢答器的工作原理	25		
	能合理筛选元器件	掌握8路抢答器元器件的筛选	20		
任务操作技能	8路抢答器元件识别与检测	掌握8路抢答器元件识别与检测方法	10		
	8路抢答器的电路仿真	能够利用仿真软件进行仿真8路抢答器的功能	10		
	8路抢答器制作	掌握8路抢答器制作和调试方法	25		
	安全操作	安全用电，按章操作，遵守实训室管理制度	5		
	现场管理	按6S企业管理体系要求进行现场管理	5		

知识拓展

其他组合逻辑电路

1. 半加器

1）所谓半加，就是只求本位的和，暂不管低位送来的进位数，即 $A+B$ 半加和。

$0+0=0$ 　　　$0+1=1$ 　　　$1+0=1$ 　　　$1+1=10$

2）由此得出半加器的真值表如表2-32所列。其中，A 和 B 是相加的两个数，S 是半加和数，C 是进位数。

3）由真值表可写出逻辑式：

$$S=A\overline{B}+\overline{A}B=A\oplus B$$

$$C=AB=\overline{\overline{AB}}$$

表 2-32　半加器真值表

被加数	加 数	进位数	本位和
A	B	C	S
0	0	0	0
0	1	0	1
1	0	0	1
1	1	1	0

4）由逻辑式就可画出逻辑图，如图 2-80 所示。图 2-80（a）所示由与非门构成的半加器，图 2-80（b）所示由一个"异或"门和一个"与"门构成的半加器。图 2-80（c）所示为半加器的逻辑符号。

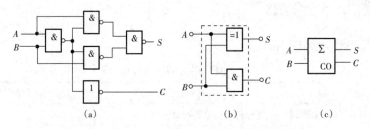

图 2-80　半加器逻辑图及其逻辑符号

2. 全加器

1）当多位数相加时，半加器可用于最低位求和，并给出进位数。第二位的相加有两个待加数 A_i 和 B_i，还有一个来自后面低位送来的进位数 C_{i-1}。这 3 个数相加，得出本位和数（全加和数）S_i 和进位数 C_i。

2）全加器的真值表如表 2-33 所示。

表 2-33　全加器真值表

A_i	B_i	C_{i-1}	C_i	S_i
0	0	0	0	0
0	0	1	0	1
0	1	0	0	1
0	1	1	1	0
1	0	0	0	1
1	0	1	1	0
1	1	0	1	0
1	1	1	1	1

3）全加器的逻辑图和图形符号如图 2-81 所示。

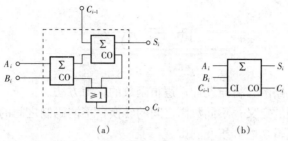

图 2-81   全加器逻辑图及其逻辑符号

3. 数据选择器

假如有多路信息需要通过一条线路传输或多路信息需要逐个处理,这时就要有一个电路,它能选择某个信息而排斥其他信息,这就称为数据选择。能够实现从多路数据中选择一路进行传输的电路称为数据选择器。

如 4 选 1 数据选择器是从 4 路数据中,选择一路进行传输。为达到此目的,必须由两个选择变量进行控制,A_0 和 A_1 即为两个选择输入端,$D_0 \sim D_3$ 为 4 个数据输入端,Y 为输出端,其原理如图 2-82 所示。在实际电路中加有使能端 $\overline{E}$(又称选通端),只有 $\overline{E} = 0$ 时,才允许有数据输出,否则输出始终为 0。

4 选 1 数据选择器功能表如表 2-34 所示,由表 2-34 所示可写出当 $\overline{E} = 0$ 时的逻辑表达式为

$$Y = D_0 \, \overline{A_1} \, \overline{A_0} + D_1 \, \overline{A_1} A_0 + D_2 A_1 \, \overline{A_0} + D_3 A_1 A_0$$

由此可以得出其逻辑图如图 2-83 所示。

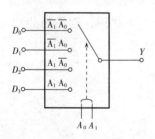

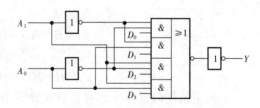

图 2-82   4 选 1 数据选择器原理   图 2-83   双 4 选 1 逻辑图

表 2-34   4 选 1 数据选择器的功能表

输　入				输　出
$\overline{E}$	D	A_1	A_0	Y
1	×	×	×	0
0	D_0	0	0	D_0
0	D_1	0	1	D_1
0	D_2	1	0	D_2
0	D_3	1	1	D_3

项 目 小 结

1) 组合逻辑电路的分析与设计；逻辑函数的化简方法。
2) 数制与码制的定义；不同数制之间的转换；不同码制之间的转换。
3) 编码器的逻辑功能分析及测试。
4) 通用译码器和显示译码器的逻辑功能分析与测试。
5) 显示译码器与显示器件的连接。
6) 8 路抢答器的原理、制作与调试。

思考与练习

一、选择题

1. 若逻辑表达式 $F=\overline{A+B}$，则下列表达式中与 F 相同的是（　　）。

A. $F=\overline{AB}$　　　　B. $F=\overline{A}\ \overline{B}$　　　　C. $F=\overline{A}+\overline{B}$　　　　D. $F=A+B$

2. 若一个逻辑函数由 3 个变量组成，则最小项共有（　　）。

A. 3　　　　　　B. 4　　　　　　C. 8　　　　　　D. 12

3. 下列各式中（　　）是 3 变量 A、B、C 的最小项。

A. $A+B+C$　　　B. $A+BC$　　　C. ABC

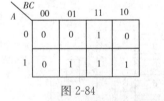

图 2-84

4. 图 2-84 所示是 3 个变量的卡诺图，则最简的"与或式"表达式为（　　）。

A. $AB+AC+BC$

B. $A\overline{B}+\overline{B}C+AC$

C. $AB+B\overline{C}+A\overline{C}$

5. 下列逻辑代数定律中，和普通代数的相似的是（　　）。

A. 结合律　　　B. 反演律　　　C. 重叠律　　　　D. 分配律

6. 对于几个变量的最小项的性质，正确的叙述是（　　）。

A. 任何两个最小项的乘积值为 0，n 变量全体最小项之和值为 1

B. 任何两个最小项的乘积值为 0，n 变量全体最小项之和值为 0

C. 任何两个最小项的乘积值为 1，n 变量全体最小项之和值为 1

D. 任何两个最小项的乘积值为 1，n 变量全体最小项之和值为 0

7. 对逻辑函数的化简，通常是指将逻辑函数式化简成最简（　　）。

A. 或-与式　　　B. 与非-与非式　　　C. 与或式　　　　D. 与或非式

8. 对于下述卡诺图化简叙述正确的是（　　）。

A. 包围圈越大越好，个数越少越好，同一个"1"方块只允许圈一次

B. 包围圈越大越好，个数越少越好，同一个 "1" 方块允许圈多次

C. 包围圈越小越好，个数越多越好，同一个 "1" 方块允许圈一次

D. 包围圈越小越好，个数越多越好，同一个 "1" 方块允许圈多次

9. 若逻辑函数 $L=A+ABC+BC+\overline{BC}$，则 L 可简化为（　　）。

A. $L=A+BC$　　　B. $L=A+C$　　　C. $L=AB+\overline{BC}$　　　D. $L=A$

10. 若逻辑函数 $L=AD+A\overline{C}+\overline{AD}+\overline{A}BC+\overline{D}$ $(B+C)$，则 L 化成最简式为（　　）。

A. $L=A+D+BC$　　　　　　　B. $L=\overline{D}+ABC$

C. $L=A+\overline{D}+\overline{B}\,\overline{C}$　　　　　　　D. $L=AD+\overline{D}+\overline{A}\,\overline{B}C$

11. 下列错误的写法是（　　）。

A. $(10.01)_2=2.05$

B. $(11.1)_2=(1\times 2^1+1\times 2^0+1\times 2^{-1})_2$

C. $(1011)_2=(B)_{16}$

D. $(17F)_{16}=(000101111111)_2$

12. 二进制数 $(1011.11)_B$ 转换为十进制数，则为（　　）。

A. 11.55　　　B. 11.75　　　C. 11.99　　　D. 11.30

13. 下列函数中不等于 A 的是（　　）。

A. $A+1$　　　B. $A+A$　　　C. $A+AB$　　　D. A $(A+B)$

14. $(37)_{10}$ 表为二进制 8421 码为（　　）。

A. 110111　　　B. 100101　　　C. 110101　　　D. 101101

15. $L=AB+C$ 的对偶式为（　　）。

A. $A+BC$　　　B. $(A+B)$ C　　　C. $A+B+C$　　　D. ABC

16. F $(A，B，C)=A+\overline{BC}$ $\overline{(A+B)}$，当 A、B、C 取（　　）时，可使 $F=0$。

A. 010　　　B. 101　　　C. 110　　　D. 011

17. 十进制整数转换为二进制数的方法是（　　）。

A. 除 2 取余，逆序排列　　　　　B. 除 2 取余，顺序排列

C. 乘 2 取整，逆序排列　　　　　D. 乘 2 取整，顺序排列

18. $\overline{AB+\overline{AC}}$ 等于（　　）。

A. $A\overline{B}+\overline{A}C$　　　B. $\overline{A}B+A\overline{C}$　　　C. $A\overline{B}+\overline{A}\,C$　　　D. $\overline{A}\,\overline{B}+AC$

19. 摩根定律（反演律）的正确表达式是（　　）。

A. $\overline{A+B}=A\cdot B$　　　　　　　B. $\overline{A+B}=\overline{A}+\overline{B}$

C. $\overline{A+B}=A+B$　　　　　　　D. $\overline{A+B}=\overline{A}\cdot\overline{B}$

20. 指出 4 变量 A、B、C、D 的最小项应为（　　）。

A. AB $(C+D)$　　　B. $A+\overline{B}+C+D$　　　C. $A+B+C+D$　　　D. $\overline{A}\,\overline{B}CD$

21. 逻辑项 $AB\overline{C}D$ 的相邻项有（　　）。

A. $ABCD$　　　B. $\overline{A}BCD$　　　C. $AB\overline{C}\,\overline{D}$　　　D. $\overline{A}B\overline{C}D$

E. $ABC\overline{D}$

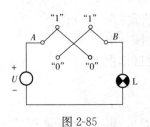

图 2-85

22. 由开关组成的逻辑电路如图 2-85 所示，设开关 A、B 分别有如图 2-85 所示为 "0" 和 "1" 两个状态，则信号灯 L 亮的逻辑式为(　　)。

A. $F = AB + \overline{A}\overline{B}$

B. $F = A\overline{B} + AB$

C. $F = \overline{A}B + A\overline{B}$

23. 图 2-86 所示的逻辑函数式为(　　)。

A. $A\overline{B} + \overline{A}B$　　　　B. $A + B$　　　　C. $AB + \overline{A}\overline{B}$　　　　D. $\overline{A} + \overline{B}$

24. 图 2-87 所示的逻辑电路，当输出 $F = 0$，输入变量 ABC 的取值为(　　)。

A. $ABC = 111$　　　B. $ABC = 000$　　　C. $A = C = 1$　　　D. $B\overline{C} = 1$

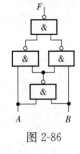

图 2-86

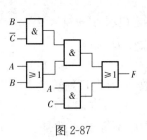

图 2-87

二、填空题

1. $(25)_{10} = (\underline{\quad})_2$；　$(1011011)_2 = (\underline{\quad})_{10}$；　$(723)_8 = (\underline{\quad})_{10}$；　$(DA5)_{16} = (\underline{\quad})_{10}$。

2. 在函数 $F = AB + CD$ 的真值表中，$F = 1$ 的状态有_____。

3. 逻辑表达式 $Y + AB\overline{C} + \overline{A}CD + \overline{A}BD$ 的最小项之和的形式是：

_____。

4. 利用对偶规则写出函数的对偶式。

(1) $Y = A(B + C) \rightarrow$ _____。

(2) $Y = \overline{\overline{AB} + A(C + D)} \rightarrow$ _____。

5. "逻辑相邻" 是指两个最小项_____因子不同，而其余因子_____。

6. $(11001)_2 = (\underline{\quad})_{8421BCD}$

7. 逻辑函数的 4 种表示方法是_____。

8. 十进制数 $(56)_{10}$ 的 8421BCD 编码是$(\underline{\quad})_{8421BCD}$，等值二进制数是$(\underline{\quad})_2$。

9. 逻辑函数 $F = A \oplus B$，它的与或表达式为 $F = $_____，或与表达式为 $F = $_____，与非-与非表达式为 $F = $_____，或非-或非表达式为 $F = $_____。

三、判断题

1. 化简逻辑函数，就是把逻辑代数式写成最小项和的形式。　　　　　　　　　　(　　)

2. 连续异或 85 个 "1" 的结果是 0 。　　　　　　　　　　　　　　　　　　　(　　)

3. 两个不同最小项乘积恒为零。　　　　　　　　　　　　　　　　　　　　　　(　　)

4. 利用卡诺图化简逻辑表达式时，只要是相邻项即可画在圈中。　　　　　　　　(　　)

5. $AB(A \oplus B) = 0$ 是正确的。   (   )

四、分析与问答题

1. 抢答器由哪几个部分组成？

2. 七段数码显示器有哪两种类型？在配合显示译码器使用时，应如何对应选用？

3. BCD编码器，有几个信号输入端，有几个信号输出端？所以BCD编码器亦称为什么编码器？

4. 有一T形走廊，在相会处有一路灯，在进入走廊的 A、B、C 三地各有控制开关，都能独立进行控制。任意闭合一个开关，灯亮；任意闭合两个开关，灯灭；3个开关同时闭合，灯亮。设 A、B、C 代表3个开关（输入变量），开关闭合其状态为"1"，断开为"0"；灯亮 Y（输出变数）为"1"，灯灭 Y 为"0"。

5. 逻辑代数和普通代数有什么区别？

6. 化简电路图2-88。写出逻辑函数式的简化过程并画出简化后的逻辑图。

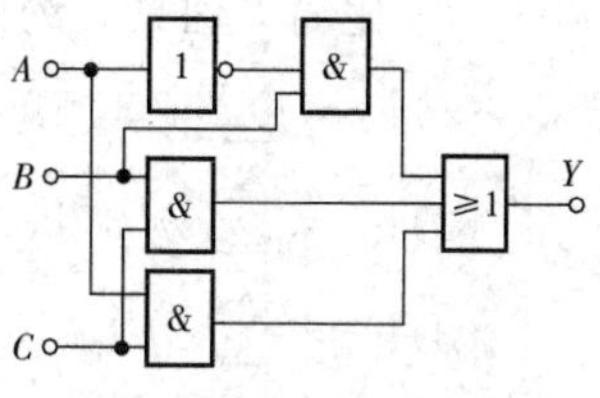

图 2-88

7. 某汽车驾驶员培训班进行结业考试，有3名评判员，其中 A 为主评判员，B 和 C 为副评判员。在评判时，按照少数服从多数的原则通过，但主评判员认为合格，亦可通过。试用"与非门"构成逻辑电路实现此评判规定。

8. 用逻辑代数的公式和常用公式化简下列逻辑函数式。

(1) $Y = A\overline{B} + B + \overline{A}B$

(2) $Y = A\overline{B}C + \overline{A} + B + \overline{C}$

(3) $Y = \overline{\overline{ABC} + A\overline{B}}$

(4) $Y = A\overline{B}CD + ABD + A\overline{C}D$

(5) $Y = A\overline{C} + ABC + AC\overline{D} + CD$

9. 用"与非门"实现下列逻辑关系，画出逻辑图。

(1) $Y = AB + \overline{A}C$

(2) $Y = A + B + \overline{C}$

(3) $Y = \overline{A}\,\overline{B} + (\overline{A} + B)\overline{C}$

(4) $Y = A\overline{B} + A\overline{C} + \overline{A}BC$

10. 保险柜的两层门上各装有一个开关，当任何一层门打开时，报警灯亮，试用一逻辑门来实现。

11. 将下面各函数式化成最小项之和的形式。

(1) $F = \overline{A}BC + A\overline{B}C + C$

(2) $F = A\overline{B}\,\overline{C}D + BCD + \overline{A}D$

12. 用卡诺图化简下列逻辑表达式，并将所得到的最简"与或"式转换成"与非与非"表达式。

(1) $F = (A\overline{B} + \overline{A}B)C + ABC + \overline{A}\,\overline{B}C + \overline{B}D$

(2) $F = \overline{A} + \overline{B}\overline{C} + AC$

(3) $F = \overline{A}BC + \overline{A}\ \overline{B}C + AB\overline{C} + ABC$

13. 用卡诺图化简下列逻辑函数

(1) $F = \sum m(0,1,8,9,10,11)$

(2) $F = \sum m(3,4,5,7,9,13,14,15)$

(3) $F = \sum m(0,1,2,3,4,6,8,10,12,13,14,15)$

(4) $F = \sum m(1,3,7,9,11,15)$

(5) $F = \sum m(0,1,4,5,12,13)$

14. 化简下列具有约束项的逻辑函数

(1) $F = \sum m(3,5,6,7,10) + \sum d(0,1,2,4,8)$

(2) $F = \sum m(0,1,2,4) + \sum d(3,5,6,7)$

(3) $F = \sum m(2,3,7,8,11,14) + \sum d(0,5,10,15)$

(4) $F = \sum m(0,4,6,8,13) + \sum d(1,2,3,9,10,11)$

15. 题图 2-89 所示的多位译码显示电路中，七段译码器的灭零输入、输出信号连接是否正确？如何才能有效灭零？

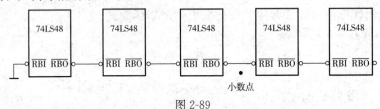

图 2-89

16. 试用低电平输出有效的 8421BCD 七段译码器 74LS47 及共阳数码管，实现 5 位 8421BCD 码的显示，包括小数点后 2 位。要求实现无效零的消隐影响，请画出电路连线简图。注：74LS47 与 74LS48 有相同的功能引脚和分布，不同之处在于 74LS48 高电平输出，74LS47 低电平输出。

项目三

电子生日蜡烛电路的制作

当划着火柴把蜡烛点亮，伴随着"生日快乐"曲徐徐奏响时，人们都会沉浸在被关爱的惊喜和欢悦之中，这种由烛光营造的氛围往往叫人难忘。"电子生日蜡烛"就是应用基本 RS 触发器的特性，模拟仿真的"电子蜡烛"，推动音乐 IC 来进行工作的。另外，像"多路灯光控制器"、"编码电子锁"等电子产品，新颖而有趣，均是与触发器的应用有关。本项目就让我们动手来制作一支电子生日蜡烛。

- 熟悉基本 RS 触发器的电路组成、逻辑功能和工作原理。
- 了解 JK 触发器、D 触发器的电路组成，能理解它们的逻辑功能。
- 掌握集成 JK、D 触发器的使用常识。
- 了解集成 JK 和 D 触发器的功能转换方法。

- 学会集成 RS 触发器逻辑功能的测试方法。
- 通过使用 EWB 软件来仿真由集成 JK、D 触发器组成的应用电路，加深理解触发器的逻辑功能。
- 能识读常用集成触发器的引脚标注，提高集成 JK、D 触发器应用能力。
- 理解"电子生日蜡烛"的电路设计思路，掌握其制作、安装与调试方法。

任务一　RS 触发器的逻辑功能测试

任务目标

- 熟悉基本 RS 触发器的功能、基本组成和工作原理。
- 能使用 EWB 仿真软件测试基本 RS 触发器的功能和真值表。

任务教学方式

教学步骤	时间安排	教学方式及手段
阅读教材	课余	自学、查资料、相互讨论
知识点讲授	4 课时	同步 RS 触发器的内容需用投影方式，展示其电路结构以及逻辑功能与基本 RS 触发器的异同点
任务操作	2 课时	引导学生学会结合仿真得到的数据，小组相互讨论并得出正确结论，同时强调数字逻辑电路仿真处理时需注意的事项
评估检测	与课堂教学同步进行	教师与学生共同完成任务的检测与评估，并能对出现的问题进行分析与处理

读一读

基本 RS 触发器

触发器是具有记忆功能的电路，它是数字电路和计算机系统中具有记忆和存储功能部件的基本逻辑单元。它的输出有两个稳定状态，分别用二进制数码 0、1 表示。触发器在某一时刻的输出不仅和当时的输入状态有关，而且与在此之前的电路状态有关，即当输入信号消失后，触发器的状态被记忆，直到再输入信号后它的状态才可能发生变化。触发器由门电路构成，专门用来接收、存储和输出 0、1 代码。

1. 基本 RS 触发器电路组成

将两个与非门的输入端与输出端交叉耦合就组成一个基本 RS 触发器，如图 3-1（a）所示，其中 $\overline{R}$、$\overline{S}$ 是它的两个输入端，"非号"表示低电平（负脉冲）触发有效，Q、$\overline{Q}$ 是它的两个输出端，基本 RS 触发器的逻辑符号如图 3-1（b）所示。图中触发器逻辑符号上输出端的小圆圈则表示 $\overline{Q}$ 输出端。

2. 基本 RS 触发器逻辑功能

基本 RS 触发器的两个输入端 $\overline{R}$（称为置"0"端）和 $\overline{S}$（称为置"1"端），字母上的"—"号表示低电平有效。在图 3-1（b）所示的触发器图形符号输入端加上圆圈也表示低电平有效。基本 RS 触发器两个输出端 Q 和 $\overline{Q}$ 的值总是相反的，通常规定 Q

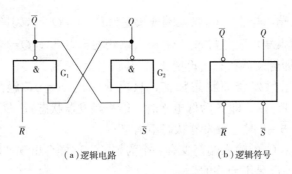

（a）逻辑电路　　　　　　　　　（b）逻辑符号

图 3-1　基本 RS 触发器

端输出的值作为触发器的状态，如当 Q 端为"0"时（此时 $\overline{Q}=1$），称触发器处于"0"状态，若 $Q=1$，称触发器处于"1"状态。

根据 $\overline{R}$、$\overline{S}$ 的不同输入组合，可以得出基本 RS 触发器的逻辑功能。

（1）当 $\overline{R}=1$，$\overline{S}=1$ 时，触发器保持原状态不变

若触发器原状态为"1"，即 $Q=1$（$\overline{Q}=0$）。与非门 G_1 的两个输入端均为"1"（$\overline{R}=1$、$Q=1$），与非门 G_1 输出为"0"。与非门 G_2 两个输入端 $\overline{S}=1$、$\overline{Q}=0$，与非门 G_2 输出则为"1"。此时 $Q=1$、$\overline{Q}=0$，电路状态不变。

若触发器原状态为"0"，即 $Q=0$（$\overline{Q}=1$）。与非门 G_1 两个输入端 $\overline{R}=1$、$Q=0$，则输出端 $\overline{Q}=1$；与非门 G_2 两输入端 $\overline{S}=1$、$\overline{Q}=1$，输出端 $Q=0$，电路状态仍保持不变。也就是说，当 $\overline{R}$、$\overline{S}$ 输入端均为"1"时，触发器保持原状态不变。

注意：触发器未输入有效信号之前，总是保存原状态不变，这可称为触发器的记忆功能。

（2）当 $\overline{R}=0$，$\overline{S}=1$ 时，触发器被置为"0"状态

若触发器原状态为"1"，即 $Q=1$（$\overline{Q}=0$）。与非门 G_1 两个输入端 $\overline{R}=0$、$Q=1$，输出端 $\overline{Q}$ 由"0"变为"1"；与非门 G_2 两个输入端均为"1"（$\overline{S}=1$、$\overline{Q}=1$），输出端 Q 由"1"变为"0"，电路状态由"1"变为"0"。

若触发器原状态为"0"，即 $Q=0$（$\overline{Q}=1$）。与非门 G_1 两个输入端 $\overline{R}=0$、$Q=0$，输出端 $\overline{Q}$ 仍为"1"；与非门 G_2 两个输入端均为"1"（$\overline{S}=1$，$\overline{Q}=1$），输出端 Q 仍为"0"，即电路状态仍为"0"。

由上述过程可以看出，不管触发器原状态如何，只要 $\overline{R}=0$，$\overline{S}=1$，触发器状态马上变为"0"，所以 $\overline{R}$ 端称为置"0"端（或称复位端）。

（3）当 $\overline{R}=1$，$\overline{S}=0$ 时，触发器被置为"1"状态

若触发器原状态为"1"，即 $Q=1$（$\overline{Q}=0$）。与非门 G_1 两个输入端均为"1"（$\overline{R}=1$、$Q=1$），输出端 $\overline{Q}$ 仍为"0"，与非门 G_2 两个输入端 $\overline{S}=0$，$\overline{Q}=0$，输出端 Q 为"1"，即电路状态仍为"1"。

若触发器原状态为"0"，即 $Q=0$（$\overline{Q}=1$）。与非门 G_1 两个输入端 $\overline{R}=1$，$Q=0$，输出端 $\overline{Q}=1$；与非门 G_2 输入端 $\overline{S}=0$，$\overline{Q}=1$，输出端 $Q=1$（这是不稳定的），$Q=1$ 反

馈到与非门 G_1 输入端，与非门 G_1 输入端现状变为 $\overline{R}=1$，$Q=1$，其输出端 $\overline{Q}=0$，$\overline{Q}=0$ 反馈到与非门 G_2 输入端，于是与非门 G_2 输入端状态为 $\overline{S}=1$，$\overline{Q}=0$，G_2 输出"1"。电路此刻达到稳定（即触发器状态不再变化），其状态为"1"。

由此可见，不管触发器原状态如何，只要 $\overline{R}=1$、$\overline{S}=0$，触发器状态马上变为"1"。$\overline{S}$ 端称为置"1"端，即 $\overline{S}$ 为低电平时，能将触发器状态置"1"。

（4）当 $\overline{R}=0$，$\overline{S}=0$ 时，触发器状态不确定

此时与非门 G_1、G_2 的输入端至少有一个为"0"，这样会出现"$\overline{Q}=1$，$Q=1$"逻辑混乱的状况，这种情况是不允许的。

综上所述，基本 RS 触发器的逻辑功能是置"0"、置"1"和"保持"。

3. 真值表

基本 RS 触发器的真值表如表 3-1 所示，该表能很直观地表明基本触发器的输入和输出状态之间的关系。

表 3-1　基本 RS 触发器的真值表

输入信号		输出状态	功能说明
$\overline{R}$	$\overline{S}$	Q	
0	0	不定	禁止
0	1	0	置"0"
1	0	1	置"1"
1	1	Q（不变）	保持

4. 现态、次态和特征方程

1）现态 Q^n。把触发器接收输入信号之前所处的状态称为现态，用 Q^n 表示。

2）次态 Q^{n+1}。把触发器接收输入信号后所处的状态叫做次态，用 Q^{n+1} 表示。

3）特征方程。描述触发器逻辑功能的最简逻辑函数表达式称为特征方程（又称为状态方程）。基本 RS 触发器的输入、输出和原状态之间的关系可以用特征方程来表示。基本 RS 触发器的特征方程为

$$\begin{cases} Q^{n+1}=S+\overline{R}Q^n \\ \overline{R}+\overline{S}=1 \end{cases}$$

上式中，$\overline{R}+\overline{S}=1$ 是约束条件，又称约束方程。它的作用是规定 $\overline{R}$、$\overline{S}$ 不能同时为"0"。在知道基本 RS 触发器的输入和原状态的情况下，不用分析触发器工作过程，只要利用上述特征方程就能知道触发器的输出状态。如已知触发器原状态为"1"（$Q^n=$ 1），当 $\overline{R}$ 为"0"、$\overline{S}$ 为"1"时，只要将 $Q^n=1$、$\overline{R}=0$、$\overline{S}=1$ 代入方程即可得 $Q^{n+1}=$ 0。也就是说，在知道 $Q^n=1$，$\overline{R}$ 为"0"、$\overline{S}$ 为"1"时，通过特征方程计算出来的结果可知触发器状态应为"0"。

基本 RS 触发器结构简单，不需要时钟脉冲控制。可利用基本 RS 触发器和与非门构成数码寄存器来进行电位的锁存，或利用其构成消除波形抖动电路来消除因机械开

关振动引起的脉冲。

想一想

1）触发器有哪两个稳定状态？

2）为什么说触发器能长期保持所记忆的信息？（提示：触发器由一个稳态到另一个稳态，必须有外界信号的触发；否则它将长期稳定在某一状态）

3）什么是触发器？它与门电路有何区别？

知识拓展

或非门构成的 RS 触发器

由两个或非门输入端与输出端交叉耦合也可构成一个基本 RS 触发器，如图 3-2（a）所示，其中 R、S 是它的两个输入端，Q、$\overline{Q}$ 是它的两个输出端，这种触发器的触发信号是高电平有效，因此在逻辑符号方框外侧的输入端没有小圆圈。

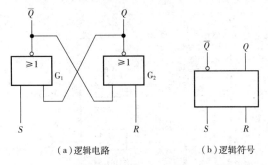

(a) 逻辑电路　　　　(b) 逻辑符号

图 3-2　由或非门构成的基本 RS 触发器

由或非门构成的基本 RS 触发器的逻辑符号如图 3-2（b）所示。其功能表如表 3-2 所示。

表 3-2　由两个或非门构成的基本 RS 触发器的真值表（功能表）

输入信号		输出状态	功能说明
R	S	Q	
1	1	不定	禁止
1	0	0	置"0"
0	1	1	置"1"
0	0	Q（不变）	保持

<h1 style="text-align:center">测试基本 RS 触发器的逻辑功能</h1>

1. 仿真目的

熟悉基本 RS 触发器的逻辑功能，学习常用触发器的逻辑功能测试方法。

2. 仿真步骤及操作

（1）搭建基本 RS 触发器仿真电路

用 CD4011 中两个与非门构建基本 RS 触发器，输入端 $\overline{R}$、$\overline{S}$ 通过逻辑开关（用基本元件组的开关系列中的单刀双掷开关 SPDT）分别接电源（高电平）或"地"（低电平），触发器输出端 Q、$\overline{Q}$ 端接逻辑探头。仿真电路如图 3-3（a）所示。通过与 RS 触发器输出端端口连接的探头亮暗变化，来观察触发器输出电平，并将仿真结果记录入表 3-3 中。探头亮时，表示触发器此端口输出高电平，记为"1"；探头暗时，表示触发器此端口输出低电平，记为"0"。

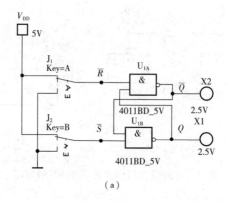

（a）

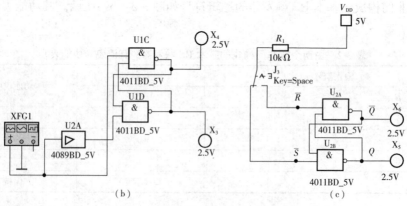

（b）   （c）

图 3-3 基本 RS 触发器逻辑仿真电路

图 3-3（b）、（c）所示仿真电路能直接反映基本 RS 触发器的两个稳态。图 3-3（b）中函数信号发生器输出 $3V_{P-P}$、20Hz 的脉冲信号。图 3-3（c）中，J_3 动作，使 $\overline{R}$ 接高电平，即 $\overline{R}$ 为 "1"，与此同时，$\overline{S}$ 接低电平。

（2）记录基本 RS 触发器的逻辑功能

在表 3-3 中记录 RS 触发器状态。

表 3-3 仿真时基本 RS 触发器状态

触发器输入		触发器输出	
$\overline{R}$	$\overline{S}$	Q	$\overline{Q}$
1	1→0		
	0→1		
1→0	1		
0→1			
0	0		

结论分析：由以上实验可知，触发器的输出状态不但与_____有关，而且和触发器的_____有关；输入信号 $\overline{R}$、$\overline{S}$ 直接决定触发器的输出状态。

图 3-3（a）所示的仿真电路中，当 $\overline{R}$、$\overline{S}$ 同时接低电平，可否能继续仿真？为什么？

同步 RS 触发器

1. 时针脉冲 CP

在实际数字电路系统中，往往有很多触发器，为了使它们能按统一的节拍工作，大多需要加控制脉冲到各个触发器，使其得到控制，只有当控制脉冲来时，各触发器才工作（触发器的翻转时刻受控制脉冲的控制，而翻转到何种状态由输入信号决定）。该控制脉冲称为时钟脉冲，简称 CP，其波形如图 3-4 所示。由时钟脉冲控制的 RS 触发器称为同步 RS 触发器，也称时控 RS 触发器。

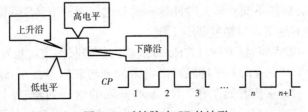

图 3-4 时钟脉冲 CP 的波形

时钟脉冲每个周期可分为 4 个部分，包括低电平部分、高电平部分、上升沿部分（由低电平变为高电平的部分）和下降沿部分（由高电平变为低电平的部分）。这样，时钟 RS 触发器可分为电平触发和边沿触发两种方式。下面介绍同步（高电平触发）RS 触发器。

2. 同步 RS 触发器的电路组成

同步 RS 触发器是在基本 RS 触发器基础上增加了两个与非门和时钟脉冲输入端构成的，其逻辑结构如图 3-5（a）所示。图中 G_1、G_2 门组成基本 RS 触发器，G_3、G_4 门构成控制门，在时钟脉冲 CP 控制下，将输入 R、S 的信号传送到基本 RS 触发器。$\overline{R}_D$、$\overline{S}_D$ 不受时钟脉冲控制，可以直接置 0、置 1，所以 $\overline{R}_D$ 称为异步置"0"端，$\overline{S}_D$ 称为异步置"1"端，其逻辑符号如图 3-5（b）所示。

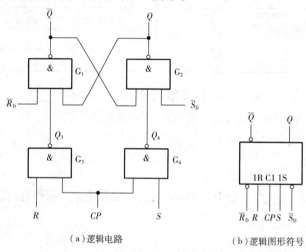

（a）逻辑电路　　　　　（b）逻辑图形符号

图 3-5　同步 RS 触发器

3. 同步 RS 触发器的工作原理

同步 RS 触发器就好像是在基本 RS 上加了两道门（与非门），该门的开与关受时钟脉冲的控制。

1）无时钟脉冲作用时（$CP=0$），G_3、G_4 被封锁，R、S 端输入信号不起作用，触发器维持原状态。

当无时钟脉冲 CP 时，与非门 G_3、G_4 的输入端都有"0"，这时无论 R、S 端输入什么信号，与非门 G_3、G_4 输出都为"1"，这两个"1"送到基本 RS 触发器的输入端，基本 RS 触发器状态保持不变。即无时钟脉冲到来时，无论 R、S 端输入什么信号，触发器的输出状态都不改变，即触发器不工作。

2）有时钟脉冲输入时（$CP=1$），R、S 端输入信号起作用，触发器工作。

当有时钟脉冲 CP 到来时，时钟脉冲高电平加到与非门 G_3、G_4 输入端，相当于两个与非门都输入"1"，它们开始工作，R、S 端输入的信号到与非门 G_3、G_4，与时钟脉冲的高电平进行与非运算后再送到基本 RS 触发器输入端。这时的同步触发器就相当于一个基本的 RS 触发器。

$\overline{R}_D$ 为同步 RS 触发器置 "0" 端，$\overline{S}_D$ 为置 "1" 端。当 $\overline{R}_D$ 为 "0" 时，将触发器置 "0" 态（$Q=0$）；当 $\overline{S}_D$ 为 "0" 时，将触发器置 "1" 态（$Q=1$）；如果不需要置 "0" 和置 "1"，$\overline{R}_D$、$\overline{S}_D$ 均为 "1"，不影响触发器的工作。

同步 RS 触发器的特点是：无时钟脉冲来时，它不工作；有时钟脉冲来时，其工作过程与基本 RS 触发器一样。

综上所述，同步 RS 触发器在无时钟脉冲到来时不工作，在有时钟脉冲到来时，其逻辑功能与基本 RS 触发器相同，也是置 "0"、置 "1" 和保持。

4. 真值表

同步 RS 触发器的真值表见表 3-4。

表 3-4   同步 RS 触发器的真值表

时钟脉冲 CP	输入信号		输出状态 Q^{n+1}	功能说明
	S	R		
0	×	×	Q^n	保持
1	0	0	Q^n	保持
1	0	1	0	置 "0"
1	1	0	1	置 "1"
1	1	1	×	禁止

注意：真值表中 "×" 表示取值可以为 0 或 1。

5. 特征方程

同步 RS 触发器的特征方程为

$$\begin{cases} Q^{n+1}=S+\overline{R}Q^n \\ R\cdot S=0 \end{cases}$$

$R\cdot S=0$ 是该触发器的约束条件，它规定 R 和 S 不能同时为 "1"。因为 R、S 端若同时为 "1"，而此时 $CP=1$，会使图 3-5 中的 G_3、G_4 输出端同时为 "0"，从而出现基本 RS 触发器（G_1、G_2 构成）工作状态不定的情况。

例 3-1   由图 3-6 中的 R 和 S 信号波形，画出同步 RS 触发器 Q 和 $\overline{Q}$ 的波形。

解   设 RS 触发器的初态为 0，当时钟脉冲 $CP=0$ 时，触发器不受 R 和 S 信号控制，保持原状态不变。只有在 $CP=1$ 期间，R 和 S 信号才对触发器起作用。根据特征方程可画出同步 RS 触发器 Q 和 $\overline{Q}$ 的波形，如图 3-6 所示。

想一想

1) 同步 RS 触发器和或非门构成的基本 RS 触发器的约束条件是否一样？

2) RS 触发器的逻辑功能是什么？同步 RS 触发器的特点是什么？

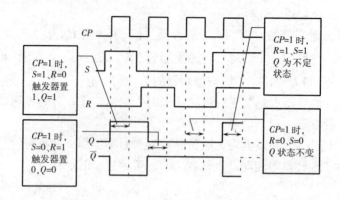

图 3-6　例 3-1 同步 RS 触发器的波形

同步 RS 触发器的逻辑功能仿真测试

1. 仿真目的

熟悉同步 RS 触发器的逻辑功能，学习常用触发器的逻辑功能测试方法。

2. 仿真步骤及操作

（1）搭建同步 RS 触发器仿真电路

进入 EWB（Multisim 9.0）工作界面，用 CD4011 中两个 2 输入与非门和 CD4023 两个 3 输入与非门构建同步 RS 触发器，各输入端或置位端通过逻辑开关分别接电源（高电平）或"地"（低电平），触发器输出 Q、$\overline{Q}$ 端接逻辑探头，仿真测试电路如图 3-7 所示。通过 X_1、X_2 两探头亮暗变化，反映触发器输出电平的高低。

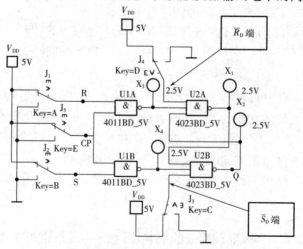

图 3-7　同步 RS 触发器逻辑仿真测试电路

（2）测试同步 RS 触发器的逻辑功能

依据表 3-5 所示内容，改变 R、S 和 CP 输入端电平的高低，并把随后逻辑探头 X_2、X_1 的状态情况记录于表中。

表 3-5　同步 RS 触发器逻辑功能测试结果

触发器输入			触发器输出		功能说明
时钟脉冲 CP	S	R	Q X_2 的状态	$\bar{Q}$ X_1 的状态	
$CP=0$	$\times$	$\times$			
$0\rightarrow1$	0				
$0\rightarrow1$	0	1			
$0\rightarrow1$	1				
$0\rightarrow1$	1	1			

注：表中"×"表示取值可以为 0 或 1。

注意：当 CP、R、S 同为高电平，逻辑探头 X_3、X_4 都暗（U1A、U1B 输出均为低电平），Q、$\bar{Q}$ 端连接逻辑探头的同时都亮（U2A、U2B 两与非门被强行置"1"），这时已破坏了逻辑规律。随后若把 CP 端转为低电平，X_1、X_2 会出现交替闪烁现象。此时，可用 $\bar{R}_D$ 端接"地"给触发器置 0 或用 $\bar{S}_D$ 端接"地"给触发器置 1，仿真可继续下去。

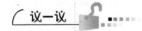 议一议

1）$\bar{R}_D$、$\bar{S}_D$ 端在同步 RS 触发器中究竟起什么作用？

2）仿真时，会出现允许触发器输出端 X_1、X_2 均亮，却出现不了 X_1、X_2 两逻辑探头均暗（只能出现两逻辑探头忽明忽暗）的情况呢？

 读一读

边沿触发和主从触发

前面介绍的触发器，在讲述逻辑功能和画波形时，均没考虑在时钟脉冲期间，控制端的输入信号发生变化。同步式触发一般采用高电平触发，输入信号起作用。下面以同步 RS 触发器（图 3-5）为例，来说明当 $CP=1$ 期间，如果输入信号发生变化，会产生何种现象。如图 3-8 所示，设起始态 $Q=0$。

正常情况下，$CP=1$ 期间，$R=0$，$S=1$，则 $Q_3=1$、$Q_4=0$，使触发器产生置位动作，$Q=1$，$\bar{Q}=0$。当 S 和 R 均发生变化，即 $R=1$，$S=0$，如图 3-8 所示，对应时刻使 Q_4 从 0 回到 1，Q_3 由 1 回到 0，触发器又回到 $Q=0$，$\bar{Q}=1$ 状态，这就是"空翻"现象。

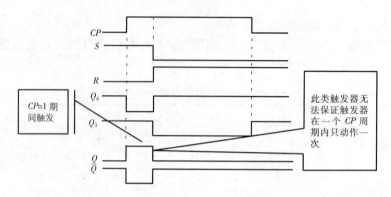

图 3-8   触发器的空翻现象

因此，同步触发器在高电平"$CP=1$"期间，若有干扰脉冲窜入，则易使触发器产生空翻，导致错误输出。

为了保证触发器可靠工作，防止出现此类多次翻转现象，必须限制输入控制端信号，使其在 CP 期间不发生变化。而采用边沿或主从触发方式的触发器，能有效地解决发生在逻辑电路上的空翻现象。

根据触发器在时钟脉冲到来时触发方式的不同，触发器触发方式除有同步触发方式外，还有边沿（上升沿或下降沿）触发和主从触发等类型。

1. 边沿触发类型

上升沿（又称正边沿）触发方式是指触发器只在时钟脉冲 CP 上升沿那一时刻，根据输入信号的状态按其功能触发翻转，如图 3-9 所示。因此它可以保证触发器在一个 CP 周期内只动作一次，从而克服输入干扰信号引起的误翻转。

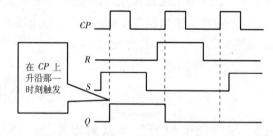

图 3-9   上升沿触发方式示意图

而下降沿触发方式是指触发器只是在 CP 下降沿那一时刻按其功能翻转，其余时刻均处于保持状态。这样，同样能确保触发器在一个 CP 周期内只动作一次。以 RS 触发器为例，触发方式波形示意图如图 3-10 所示。

2. 主从触发类型

克服"空翻"另一个有效方法通常是采用主从触发器。主从触发器一般是由主触发器、从触发器和非门构成。它为双拍式工作方式，即将一个时钟分为两个阶段（节拍）。

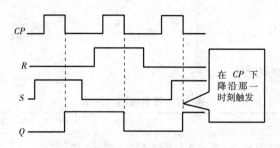

图 3-10　下降沿触发方式示意图

1）CP 高电平期间，主触发器接收输入控制信号，而从触发器被封锁，保持原状态不变。

2）在 CP 由高电平转成低电平时（即下降沿）主触发器被封锁，保持 CP 高电平所接收的状态不变，而从触发器封锁被解除，打开接受主触发器的状态。

主从触发器在 CP 高电平期间，主触发器接收输入控制信号并改变状态；在 CP 的下降沿，从触发器接受主触发器的状态。这点与下降沿触发方式不同。

边沿 RS 触发器与同步 RS 触发器只是有效触发的时间不同，其功能还是相同的。由于各类触发方式的触发器逻辑图及内部工作情况较复杂，一般来说，只需掌握其外部应用特性即可。为了便于识别不同触发方式的触发器，目前器件手册中 CP 端采用特定符号加以区别，如表 3-6 所示。

表 3-6　RS 触发器的逻辑符号

触发类型	同步式 RS 触发器	上升沿触发 RS 触发器	下降沿触发 RS 触发器
符号	R—1R—$\overline{Q}$ CP—C1 S—1S—Q	R—1R—$\overline{Q}$ CP—>C1 S—1S—Q	R—1R—$\overline{Q}$ CP—◦>C1 S—1S—Q

而对于反馈型触发器（如 JK 触发器），即使输入控制信号不发生变化，由于 CP 脉冲过宽，也会发生多次翻转——振荡现象。

其实，能在电路结构上解决"空翻"与"振荡"问题，除了采用边沿触发和主从触发方式的触发器外，还有常采用的维持阻塞触发器。维持阻塞触发器是利用电路内部维持阻塞线产生的维持阻塞作用来克服空翻的。

想一想

1）为解决"空翻"现象，触发器常用的电路结构有哪些？

2）边沿 RS 触发器与同步 RS 触发器的有效触发时间不同，但功能是否相同？

填写表 3-7 所列的内容。

表 3-7　任务检测与评估

	检测项目	评分标准	分　值	学生自评	教师评估
任务知识内容	基本 RS 触发器电路原理	掌握基本 RS 触发器的逻辑电路、逻辑符号、逻辑功能和特征方程	30		
	同步 RS 触发器电路原理	掌握同步 RS 触发器的逻辑电路、逻辑符号、逻辑功能和特征方程	30		
任务操作技能	基本 RS 触发器功能测试	能使用 EWB 软件仿真测试基本 RS 触发器电路，并能够分析仿真数据，得出正确结论	15		
	同步 RS 触发器逻辑功能测试		15		
	安全操作	安全用电，按章操作，遵守实训室管理制度	5		
	文明操作	按 6S 企业管理体系要求进行现场管理	5		

任务二　JK 触发器的逻辑功能测试

任务目标

● 熟悉 JK 触发器的功能、基本组成和工作原理。
● 能使用 EWB 仿真测试 JK 触发器的功能和真值表。
● 应用集成 JK 触发器进行电子产品——灯光控制器设计。

任务教学方式

教学步骤	时间安排	教学方式及手段
阅读教材	课余	自学、查资料、相互讨论
知识点讲授	4 课时	同步 JK 触发器的内容需用投影方式，表现其电路结构以及逻辑功能与同步 RS 触发器的差异 讲授边沿 JK 触发器的内容时，应结合仿真电路，并举例说明边沿触发的特点
任务操作	4 课时	引导学生学会结合仿真得到的数据，小组相互讨论并得出正确结论，同时强调数字逻辑电路仿真处理时需注意的事项

续表

教学步骤	时间安排	教学方式及手段
评估检测	与课堂教学同步进行	教师与学生共同完成任务的检测与评估，并能对出现的问题进行分析与处理

同步 JK 触发器

同步 JK 触发器电路是在同步 RS 触发器的基础上从输出端引出两条馈线，将 Q 端与 R 端相连，$\overline{Q}$ 端与 S 端相连，再增加两个输入端 J 和 K 构成的。同步 JK 触发器的逻辑电路和逻辑符号如图 3-11 所示。

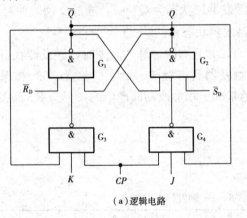（a）逻辑电路　　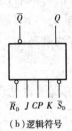（b）逻辑符号

图 3-11　同步 JK 触发器

1. 工作原理

1）当无时钟脉冲到来时（即 $CP=0$），J、K 输入信号不起作用，触发器处于保持状态。

与非门 G_3、G_4 被封锁，处于关闭状态。无论 J、K 输入何值均不影响与非门 G_1、G_2，触发器状态保持不变。

2）当有时钟脉冲到来时（即 $CP=1$），J、K 输入信号起作用，触发器工作。

这时触发器工作的状态可分为以下 4 种情况。

① 当 $J=0$，$K=0$ 时，$Q^{n+1}=Q^n$。

无论触发器原状态如何，有 CP 脉冲来到时，由于 $J=0$，$K=0$，则与非门 G_3、G_4 均输出"1"，触发器保持原状态不变。

② 当 $J=0$，$K=1$ 时，$Q^{n+1}=0$。

若触发器原状态为 $Q^n=0$（$\overline{Q^n}=1$），则与非门 G_3、G_4 均输出"1"，触发器状态不变（Q^n 仍为"0"）；若触发器原状态为 $Q^n=1$（$\overline{Q^n}=0$），则与非门 G_3 输出为"0"，与

非门 G_4 输出 "1"，触发器状态变为 "0"。

由此可以看出，当 $J=0$，$K=1$，并且有时钟脉冲到来时，无论触发器原状态如何，触发器置 "0"。

③ 当 $J=1$，$K=0$ 时，$Q^{n+1}=1$。

若触发器原状态为 $Q^n=1$，则与非门 G_3、G_4 均输出 "1"，触发器状态不变（Q 仍为 "1"；若触发器原状态为 $Q^n=0$，则与非门 G_3、G_4 均输出 "1"，触发器状态变为 "1"。

由此可以看出，当 $J=1$、$K=0$，并且有时钟脉冲到来时，无论触发器原状态如何，触发器均置 "1"。

④ 当 $J=1$，$K=1$ 时，$Q^{n+1}=\overline{Q^n}$。

若触发器原状态为 $Q^n=0$，通过反馈线使与非门 G_3 输出为 "1"，与非门 G_4 输出为 "0"，与非门 G_3 的 "1" 和与非门 G_4 的 "0" 加到 G_1、G_2 构成的基本 RS 触发器输入端，触发器状态由 "0" 变为 "1"；若触发器原状态为 $Q^n=1$，通过反馈线使与非门 G_3 输出为 "0"，与非门 G_4 输出为 "1"，触发器状态由 "1" 变为 "0"。

由此可以看出，当 $J=1$，$K=1$，并且有时钟脉冲到来时，触发器状态翻转。

从上面的分析可以看出，JK 触发器具有翻转、置 "1"、置 "0" 和保持的逻辑功能。JK 触发器虽是在 RS 触发器的基础上稍加改动而产生的，但与 RS 触发器的不同之处在于，它没有约束条件。

2. 真值表

JK 触发器的真值表见表 3-8。

表 3-8　JK 触发器的真值表

输　入		次　态	功能说明
J	K	Q^{n+1}	
0	0	Q^n	保持
0	1	0	置 "0"
1	0	1	置 "1"
1	1	$\overline{Q^n}$	翻转

3. 特征方程

JK 触发器的特征方程为

$$Q^{n+1}=J\,\overline{Q^n}+\overline{K}\,Q^n$$

想一想

1) 同步 JK 触发器与同步 RS 触发器在电路结构上有何不同？

2) JK 触发器与 RS 触发器的逻辑功能有什么区别？

主从 JK 触发器

为设计出实用的触发器，必须在电路结构上解决"空翻"与"振荡"问题。解决的思路是将 CP 脉冲电平触发改为边沿触发。常用的电路结构有维持阻塞触发器、边沿触发器和主从触发器。

主从触发器的种类比较多，常见的有主从 RS 触发器、主从 JK 触发器等，这里以图 3-12 所示的主从 JK 触发器为例，来分析主从触发器的工作原理。

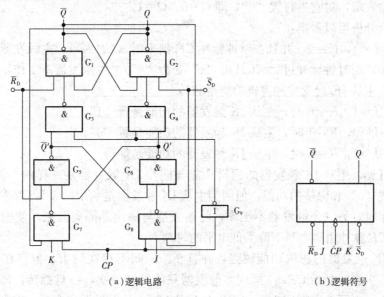

（a）逻辑电路　　　　　　　　　（b）逻辑符号

图 3-12　主从 JK 触发器

从图 3-12 中可以看出，主从 JK 触发器由主触发器和从触发器组成，其中与非门 $G_1 \sim G_4$ 构成的触发器称为从触发器，与非门 $G_5 \sim G_8$ 构成的触发器称为主触发器，非门 G_9 的作用是让加到与非门 G_3、G_4 的时钟信号与加到与非门 G_7、G_8 的时钟信号相反，$\overline{R}_D$、$\overline{S}_D$ 一般为高电平。

1）若触发器原状态为 $Q=0$（$\overline{Q}=1$）。在 $CP=1$ 时，与非门 G_7、G_8 开通，主触发器工作，而 $CP=1$ 经非门后变为 $\overline{CP}=0$，与非门 G_3、G_4 关闭，从触发器不工作，$Q=0$ 通过反馈线送至与非门 G_7，G_7 输出为"1"（G_7 输入 $Q=0$、$J=1$），$\overline{Q}=1$ 通过反馈线送至与非门 G_8，G_8 输出为"0"（G_8 输入 $\overline{Q}=1$、$K=1$）。与非门 G_7、G_8 输出的"1"和"0"送到由 G_5、G_6 构成的基本 RS 触发器的输入端，进行置"1"，$Q'=1$，而 $\overline{Q}'=0$。主触发器状态由"0"变为"1"。在 $CP=0$ 时，与非门 G_7、G_8 关闭，主触发器不工作，而 $CP=0$ 经非门后变为 $\overline{CP}=1$，与非门 G_3、G_4 输出的"1"和"0"送到由 G_1、G_2 构

成的基本 RS 触发器的输入端，对它进行置 "1"，即 $Q=1$、$\overline{Q}=0$。

2）若触发器原状态为 $Q=1$（$\overline{Q}=0$）。在 $CP=1$ 时，与非门 G_7、G_8 开通，主触发器工作，而 $CP=1$ 经非门 G_7，G_7 输出为 "0"，$\overline{Q}=0$ 通过反馈线送至与非门 G_8，G_8 输出为 "1"。与非门 G_7、G_8 输出的 "0" 和 "1" 送到由与非门 G_5、G_6 构成的基本 RS 触发器的输入端，对该基本 RS 触发器进行置 "0"，$Q'=0$，而 $\overline{Q'}=1$，主触发器状态由 "1" 变为 "0"。

在 $CP=0$ 时，与非门 G_7、G_8 关闭，主触发器不工作，而 $CP=0$ 经非门后变为 $\overline{CP}=1$，与非门 G_3、G_4 开通，$\overline{Q'}=1$ 送到与非门 G_3，G_3 输出 0，而 $Q'=0$ 送到与非门 G_4，G_4 输出 "1"。与非门 G_3、G_4 输出的 "0" 和 "1" 送到由与非门 G_1、G_2 构成的基本 RS 触发器的输入端，对它进行置 "0"，即 $Q=0$、$\overline{Q}=1$。

由以上分析可以看出：

1）当 $J=1$，$K=1$，并且在时钟脉冲 CP 到来时（$CP=1$），主触发器工作，从触发器不工作，而时钟脉冲过后（CP 由 "1" 变为 "0"），主触发器不工作，从触发器工作。此时，主从 JK 触发器的逻辑功能是翻转。

2）当 $J=1$，$K=0$ 时，主从 JK 触发器的功能是置 "1"。

3）当 $J=0$，$K=1$ 时，主从 JK 触发器的功能是置 "0"。

4）当 $J=0$，$K=0$ 时，主从 JK 触发器的功能是保持。

由此可见，主从 JK 触发器的逻辑功能与同步 JK 触发器是一样的，都具有翻转、置 "1"、置 "0" 和保持的功能。但因为主从 JK 触发器是利用两级 RS 触发器，当一个触发器工作时，另一个触发器不工作，将输入端与输出端隔离开来，使输出状态的变化发生在 CP 脉冲由高电平下降为低电平的时刻。

主从 JK 触发器的逻辑功能较强，并且 J、K 间不存在约束，但存在一次翻转现象。所谓一次翻转是指 $CP=1$ 期间主触发器只能翻转一次，一旦翻转，即使 J、K 信号发生变化，也不能翻转回去，在 CP 由 1 变 0 打入从触发器。由于一次翻转现象的存在，为了避免出现错误动作，必须在 $CP=1$ 期间保持 J、K 信号不变，并采用窄时钟脉冲，以减少干扰机会。

解决空翻问题另一种主要办法是使触发器边沿触发，如采用边沿触发的 JK 触发器。边沿触发的 JK 触发器的逻辑符号如图 3-13 所示，它不仅可以避免不确定状态，而且是逻辑功能最强的触发器。

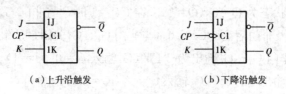

（a）上升沿触发　　　　　　　　（b）下降沿触发

图 3-13　边沿 JK 触发器逻辑符号

例 3-2　图 3-14 所示为下降沿 JK 触发器的输入波形，设初始状态为 0，试画出输

出 Q 的波形。

解 JK 触发器在 CP 期间有效读取 J、K 信号,在 CP 下降沿到来时作相应翻转,根据 JK 触发器特征方程可画出 Q 的波形。

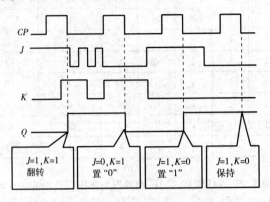

图 3-14 例 3-2 题波形图

1)能否在触发器逻辑符号上判别上升沿和下降沿两种触发方式?

2)实际 JK 触发器产品,一般设有预置端。带预置端的 JK 触发器具有何种功能?

做一做

JK 触发器逻辑功能的仿真测试

1. 仿真目的

掌握边沿 JK 触发器的逻辑功能。理解边沿触发方式的特点。

2. 仿真步骤及内容

在输入信号为双端的情况下,JK 触发器是功能完善、使用灵活和通用性较强的一种触发器。74LS112 是一种下降沿触发的双 JK 触发器,它的引脚功能如图 3-15 所示。

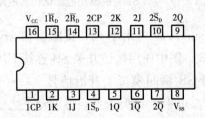

(a)

图 3-15 74LS112 双 JK 触发器引脚排列及功能表

输入					输出	
$\overline{S}_D$	$\overline{R}_D$	CP	J	K	Q^{n+1}	$\overline{Q}^{n+1}$
0	1	×	×	×	1	0
1	0	×	×	×	0	1
0	0	×	×	×	不定态	不定态
1	1	↓	0	0	Q^n	$\overline{Q}^n$
1	1	↓	1	0	1	0
1	1	↓	0	1	0	1
1	1	↓	1	1	$\overline{Q}^n$	Q^n
1	1	↑	×	×	Q^n	$\overline{Q}^n$

(b)

图 3-15   74LS112 双 JK 触发器引脚排列及功能表（续）

注：×表示任意态，↓表示高到低电平跳变，↑表示低到高电平跳变

图 3-16 所示就是用来验证 JK 触发器的逻辑功能仿真电路。

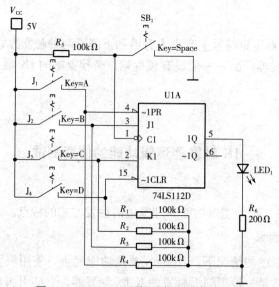

图 3-16   74LS112 逻辑功能测试仿真电路

1) 进入 EWB（Multisim 9.0）工作界面，按图 3-16 所示搭建测试仿真图。CP 为时钟输入信号，下降沿有效。图中使用按钮开关 SB$_1$ 连接 CP 端，按下 J$_1$ 瞬间模拟下降沿信号（1→0 即↓），松开 SB$_1$ 瞬间模拟上升沿信号（1→0 即↑）。发光二极管 LED$_1$ "亮"表示触发器输出为"高电平"（即 $Q^{n+1}=1$），发光二极管 LED$_1$ "暗"表示 D 触发器输出为"低电平"（即 $Q^{n+1}=0$）。

2) 测试 $\overline{R}_D$（CLR 端）和 $\overline{S}_D$（PR 端）的复位、置位功能。

① 合上 J$_1$ 观察发光二极管 LED$_1$ 的状态。打开 J$_1$，合上 J$_4$ 再次观察发光二极管

LED$_1$的状态。

② 同时合上 J$_1$、J$_4$，观察发光二极管 LED$_1$ 的状态。

3）测试 JK 触发器的逻辑功能（要求按表 3-9 所列内容进行测试）。

在 J$_2$、J$_3$ 不同状态（即 J、K 取不同值）时，分别按下（闭合）SB$_1$，观察发光二极管 LED$_1$ 的状态，并将测试结果填入表 3-9 中。

表 3-9　JK 触发器功能测试表

J K	CP	Q^{n+1}	
		当 $Q^n=0$ 时	当 $Q^n=1$ 时
0 0	$0\rightarrow1$（↑）		
	$1\rightarrow0$（↓）		
0 1	$0\rightarrow1$（↑）		
	$1\rightarrow0$（↓）		
1 0	$0\rightarrow1$（↑）		
	$1\rightarrow0$（↓）		
1 1	$0\rightarrow1$（↑）		
	$1\rightarrow0$（↓）		

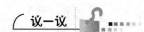
议一议

1）利用普通机械开关组成的数据开关所产生的信号，是否可作为触发器的时钟脉冲信号？为什么？是否可用作触发器的其他输入端的信号？

2）JK 触发器是否与同步 RS 触发器一样，输入端信号有约束条件？

读一读

T 触 发 器

T 触发器又称计数型触发器。将 JK 触发器的 J、K 两个端连接在一起作为一个输入端就构成了 T 触发器。T 触发器的逻辑电路及逻辑符号分别如图 3-17 所示。

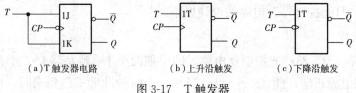

（a）T 触发器电路　　　　（b）上升沿触发　　　　（c）下降沿触发

图 3-17　T 触发器

1. 工作原理

由图 3-17（a）可以看出，T 触发器可以看作是 JK 触发器在"$J=0$，$K=0$"和

"$J=1$，$K=1$" 时的情况。从 JK 触发器工作原理分析知道，当 T 触发器 T 端输入为 "0" 时，相当于 "$J=0$，$K=0$"，触发器的状态保持不变；当 T 触发器 T 端输入为 "1" 时，相当于 "$J=1$，$K=1$"，触发器的状态翻转（即新状态与原状态相反）。

由上述分析可知，T 触发器具有的逻辑功能是 "保持" 和 "翻转"。

如果将 T 端固定接高电平 "1" 即（$T=1$），这样的触发器称为 T' 触发器，因为 T 始终为 "1"，所以触发器状态只与时钟脉冲 CP 有关。每一个时钟脉冲下降沿到来时，触发器状态就会变化一次。此时，触发器只具有 "计数" 功能。

2. 真值表

T 触发器的真值表见表 3-10。

表 3-10　T 触发器的真值表

输入 T	输出 Q^{n+1}	功能说明
1	$\overline{Q^n}$	计数（翻转）
0	Q^n	记忆（保持）

3. 特征方程

T 触发器的特征方程为 $Q^{n+1}=T\overline{Q^n}+\overline{T}Q^n$。

T' 触发器的特征方程为 $Q^{n+1}=\overline{Q^n}$。

 想一想

1）T 触发器的逻辑功能是什么？
2）为什么说 T 触发器是 JK 触发器的一个应用特例？

 做一做

灯光控制器的仿真测试

1. 仿真目的

1）通过仿真，检测验证 JK 触发器用做 T 触发器时的逻辑功能。
2）理解 "灯光控制器" 电路的设计思路。

2. 仿真原理

图 3-18 所示为 5 路灯光控制器电路。图中把两个 JK 触发器 U_{1A}、U_{1B} 的 J 端和 K 端都同时接在电源正端，使 $J=K=1$，当每一个时钟脉冲 CP 到来时，触发器的状态就要翻转一次，进入了计数状态，构成 T 触发器，即计数触发器。CMOS 型 T 触发器是在 CP 脉冲的边沿到来时，输出端的状态发生翻转（$Q^{n+1}=\overline{Q^n}$）。每输入两个时钟脉冲 CP_1，Q_1 端就产生一个时钟脉冲，输出脉冲频率是输入脉冲频率的 1/2，实现了二分

频。把 U_{1A} 触发器的 Q_1 端作为 U_{1B} 触发器的时钟脉冲 CP_2，那么 U_{1B} 触发器的 Q_2 端输出脉冲的频率就是输入时钟脉冲 CP_1 频率的 $1/4$，这样便实现了四分频。

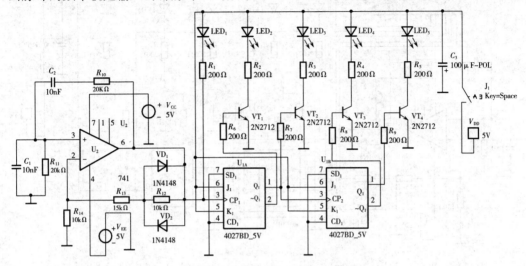

图 3-18　5 路灯光控制器电路

由集成运算放大器 U_2（741）组成的 RC 低频振荡器作触发器 U_{1A} 的时钟脉冲 CP_1 的信号源。U_2 输出的信号为低电平时，发光二极管 LED_1 正向偏置发光，高电平时，LED_1 因反向偏置而熄灭。触发器 U_{1B} 的两个输出端 Q_1 和 $\overline{Q_1}$，总是一个为高电平 "1" 时，另一个为低电平 "0"。当某个输出端输出高电平时，与它相连的三极管导通，相应的发光二极管发光，这样 LED_2 和 LED_3 交替发光。由于它对 CP_1 来说是一个二分频器，所以发光二极管发光的时间是 LED_1 的一倍；同理，U_{1B} 输出端所接的发光二极管 LED_4、LED_5 也是交替发光，只不过发光的时间又是 LED_2 或 LED_3 的一倍。5 个发光二极管形成了有趣的交替发光现象。

3. 仿真步骤及操作要领

1）参照图 3-19 所示，在 EWB 仿真软件环境下创建 5 路灯光控制器电路。在仪器仪表工具栏内，选取逻辑分析仪，并拖入 Multisim 9.0 工作窗口。用逻辑分析仪 XLA1 的 5 个输入端分别与由集成运放构成的低频振荡器输出端、两 JK 触发器 U_{1A} 和 U_{1B} 输出端相连接，再将逻辑分析仪与检测点的各连线的电气属性对话框中的网标节点名称分别重新命名为 CP、Q_1、$\overline{Q_1}$、Q_2、$\overline{Q_2}$。

2）仿真时将开关 J_1 闭合，观察灯 LED_1、LED_2、LED_3、LED_4、LED_5 的点亮顺序和变化速率。

3）用逻辑分析仪测 CP_1、Q_1、$\overline{Q_1}$、Q_2、$\overline{Q_2}$ 的脉冲波形。各点波形如图 3-20 所示。

注意：逻辑测试仪的测试频率必须设置为 100Hz。

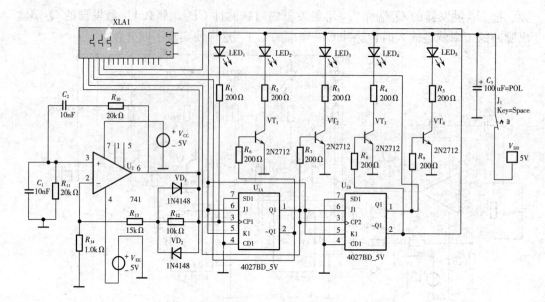

图 3-19　灯光控制器的仿真电路

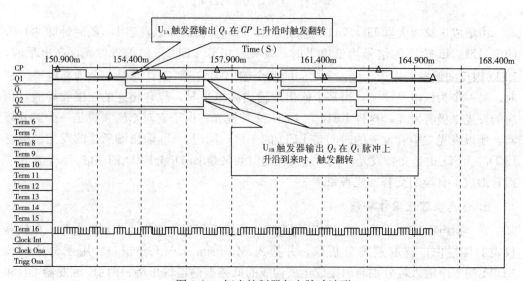

图 3-20　灯光控制器各点脉冲波形

4. 仿真结果及分析

根据实验步骤，观察灯的变化顺序和逻辑分析仪的测试波形，照逻辑分析仪显示的状态图画出 CP_1、Q_1、$\overline{Q_1}$、Q_2、$\overline{Q_2}$ 的脉冲波形。

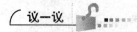 议一议

1) 为什么仿真时逻辑分析仪的频率必须设置为 $100\mathrm{Hz}$?

2）从 CP_1、Q_1、$\overline{Q_1}$、Q_2、$\overline{Q_2}$ 的脉冲波形图来看，CD4027 触发器属正边沿（上升沿）还是负边沿（下降沿）触发器？（提示：系典型正边沿触发）

 评一评

填写如表 3-11 所列的内容。

表 3-11 任务检测与评估

检测项目		评分标准	分值	学生自评	教师评估
任务知识内容	JK 触发器电路	掌握 JK 触发器逻辑符号、真值表和特征方程	30		
	T 触发器电路	掌握 T 触发器逻辑符号、真值表和特征方程	20		
任务操作技能	JK 触发器功能测试	通过使用 EWB 软件仿真 JK 触发器电路，能够正确分析仿真结果，继而掌握 JK 触发器逻辑功能	20		
	灯光控制器电路仿真	能使用 EWB 软件仿真灯光控制器电路，且能够正确分析仿真结果	20		
	安全操作	安全用电，按章操作，遵守实训室管理制度	5		
	文明操作	按 6S 企业管理体系要求进行现场管理	5		

任务三　D触发器的逻辑功能测试

 任务目标

● 熟悉 D 触发器的逻辑功能、基本组成和工作原理。
● 能使用 EWB 软件仿真测试 D 触发器，并得出其逻辑功能和真值表。

任务教学方式

教学步骤	时间安排	教学方式及手段
阅读教材	课余	自学、查资料、相互讨论
知识点讲授	2 课时	同步 D 触发器内容需采用投影方式，表明其电路结构以及逻辑功能与同步 JK 触发器的差异
任务操作	4 课时	引导学生学会结合仿真得到的数据，小组相互讨论并得出正确结论，同时强调数字逻辑电路仿真处理时需注意的事项

续表

教学步骤	时间安排	教学方式及手段
评估检测	与课堂教学 同步进行	教师与学生共同完成任务的检测与评估，并能对出现的问题 进行分析与处理

D 触 发 器

D 触发器又称为延时触发器或数据锁存触发器，在数字系统中应用十分广泛，它可以组成锁存器、寄存器和计数器等。较简单的 D 触发器是在同步 RS 触发器的基础上增加一个非门而构成的，其逻辑电路和逻辑符号分别如图 3-21 所示。

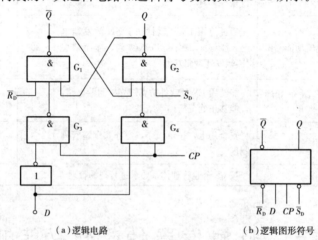

（a）逻辑电路   （b）逻辑图形符号

图 3-21   同步 D 触发器

由图 3-21（a）可以看出，在同步 RS 触发器的基础上增加一个非门就构成了同步 D 触发器，由于非门的倒相作用，使门 G_3 和 G_4 的输入始终相反，从而有效地避免了同步 RS 触发器的 R、S 端同时输入"1"导致触发器出现不定状态（即 Q、$\overline{Q}$ 同时出现相同的值）的情况。同步 D 触发器与同步 RS 触发器一样，只有时钟脉冲到来时才工作。$\overline{R}_D$、$\overline{S}_D$ 为触发器的输入异步置数端。

1. 工作原理

1）当无时钟脉冲到来时（即 $CP=0$），触发器保持原状态。

与非门 G_3、G_4 都处于关闭状态，无论 D 端输入何值，均不会影响与非门 G_1、G_2，触发器保持原状态。

2）当有时钟脉冲上升沿到来时，触发器输出 Q 与输入 D 状态相同。

这时触发器的工作可分两种情况。

① 若 $D=0$，则与非门 G_3、G_4 输入分别为"1"和"0"，相当于同步 RS 触发器

"$R=1$，$S=0$"，触发器的状态变为"0"，即 $Q=0$。

②若 $D=1$，则与非门 G_3、G_4 输入分别为"0"和"1"，相当于同步 RS 触发器的"$R=0$，$S=1$"，触发器的状态变为"1"，即 $Q=1$。

综上所述，D 触发器的逻辑功能是：在 $CP=0$ 时不工作；在 CP 脉冲到来时，触发器的输出 Q 与输入 D 的状态相同。

2. 真值表

D 触发器的真值表见表 3-12。

表 3-12　D 触发器的真值表

输入 D	输出状态 Q^{n+1}	功能说明
1	1	时钟脉冲 CP 上升沿加入后，输出状态与输入状态相同
0	0	

3. 特征方程

D 触发器的特征方程为 $Q^{n+1}=D$。

同步触发器结构简单，价格便宜，存储信号有时钟控制，适合于多位数据锁存，但不能用于移位寄存器和计数器。

采用边沿触发的 D 触发器在逻辑符号中统一用"＞"标志。CP 端有小圆圈的表示下降沿触发有效，无小圆圈表示上升沿触发有效。边沿 D 触发器的逻辑符号如图 3-22 所示。

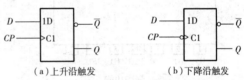

图 3-22　边沿 D 触发器逻辑符号

想一想

1）同步 D 触发器在电路结构上与同步 RS 触发器有什么不同？

2）D 触发器与 T 触发器一样，均可以由_____触发器转换得到，它的特征方程为_____。

3）两种不同触发方式的 D 触发器的逻辑符号、时钟 CP 和信号 D 的波形如图 3-23所示，画出各触发器 Q 端的波形图。设触发器初始状态为 0。

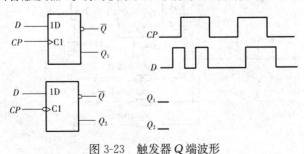

图 3-23　触发器 Q 端波形

D 触发器的逻辑功能仿真测试

1. 仿真目的

掌握边沿 D 触发器的逻辑功能，理解边沿触发方式的特点。

2. 仿真步骤及内容

在输入信号为单端的情况下，D 触发器用起来最为方便。CD4013 为上升沿触发的双 D 触发器，其管脚功能和真值表如图 3-24 所示。

1）图 3-25 所示为 CD4013 逻辑功能测试原理图，CP 为时钟输入信号，上升沿有效。CD4013 是由 CMOS 传输门构成的边沿型 D 触发器。

2）测试 $\overline{C}_D$（CD 端）和 $\overline{S}_D$（SD 端）的复位、置位功能。

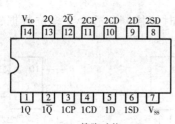

$\overline{S}_D$	$\overline{C}_D$	CP	D	Q	$\overline{Q}$
1	0	×	×	1	0
0	1	×	×	0	1
1	1	×	×	1	1
0	0	↑	0	0	1
0	0	↑	1	1	0

(a) 管脚功能　　　　　　　　　　　　　(b) 真值表

图 3-24　CD4013 触发器

注：↑表示正边沿（上升沿）触发。其逻辑表达式为 $Q^{n+1}=D$（CP↑）

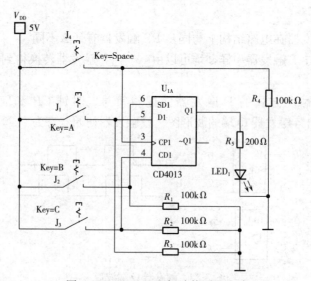

图 3-25　CD4013 逻辑功能测试电路

① 合上 J_2，观察发光二极管 LED_1 的状态。打开 J_2，合上 J_3 再次观察发光二极管 LED_1 的状态，并填入表 3-13 中。

② 同时合上 J_2、J_3，观察发光二极管 LED_1 的状态。

3）测试 D 触发器的逻辑功能。

改变 J_1 和 J_4 的状态，按表 3-13 所列内容要求进行测试，并将测试结果填入表中。

表 3-13　CD4013 逻辑功能测试记录

D	CP	Q^{n+1}	
		$Q^n=0$	$Q^n=1$
0	0→1（↑）		
	1→0（↓）		
1	0→1（↑）		
	1→0（↓）		

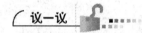

1）在仿真实验过程中，何以看出 CD4013 为正边沿触发的触发器？

2）在 CD4013 双 D 触发器中，CD 端和 SD 端各起什么作用？

几种触发器归纳

1. 边沿触发器

时钟控制的边沿触发器的次态仅取决于 CP 触发沿到达瞬间输入信号的状态，一个时钟周期只有一个上升沿和一个下降沿，因此边沿触发器方式可以保证一个 CP 周期内只动作一次，使触发器的翻转次数与时钟脉冲个数相等。因此，在输入信号易受干扰的情况下，寄存器、移位寄存器和计数器中广泛选用边沿触发器。

2. 常用触发器

表 3-14 列出常用触发器型号与功能。

事实上，只要将 JK 触发器的 J、K 端连接在一起作为 T 端，就构成了 T 触发器，因此，不必专门设计定型的 T 触发器产品。

3. 触发器的功能转换

触发器的功能转换就是将已有触发器通过外接适当的逻辑门后，转换成具有另一种逻辑功能的触发器。

表 3-14　常用触发器型号与功能

触发器种类	型　号	名称或功能	类　型
RS 触发器	74LS279	四 RS 锁存器	TTL
	CD4043NSC/MOT/TI	4 三态 RS 锁存触发器（"1"触发）	CMOS
D 触发器	74HC74	双 D 型触发器	TTL
	CD4013	双主从 D 型触发器	CMOS
	74HC175	四 D 型触发器	TTL
	CD40175	四 D 型触发器	CMOS
	CD4042	四 D 型锁存器	CMOS
	CD4508	双 4 位锁存 D 型触发器	CMOS
	CD40174	六锁存 D 型触发器	CMOS
JK 触发器	74HC76	双 JK 触发器（有置位、复位端）	TTL
	74HC78	双 JK 触发器（有置位、复位端）	TTL
	74LS112	双 JK 触发器	TTL
	CD4027	双 JK 触发器（上升沿）	CMOS
	74HC276	四 JK 触发器	TTL

（1）JK 触发器转换成 D 触发器

JK 触发器的特征方程为 "$Q^{n+1}=J\overline{Q^n}+\overline{K}Q^n$"，D 触发器的特征方程为 "$Q^{n+1}=D$"，要使两个触发器功能相同，它们的特征方程形式上应是一致的。

$$Q^{n+1}=D\ (Q^n+\overline{Q^n})=J\overline{Q^n}+\overline{K}Q^n$$

比较等式，只要令 $J=D$，$\overline{K}=D$，就可将 JK 触发器转换成 D 触发器，用逻辑电路来实现如图 3-26（a）所示。

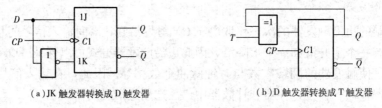

（a）JK 触发器转换成 D 触发器　　　　　（b）D 触发器转换成 T 触发器

图 3-26　触发器的功能转换

（2）D 触发器转换成 T 触发器

根据 D、T 触发器的特征方程，使它们之间的特征方程相等，再比较它们之间的差异。图 3-26（b）即可实现 D 触发器转换成 T 触发器。

$$Q^{n+1}=D=T\overline{Q^n}+\overline{T}Q^n=T\oplus Q^n$$

触发器功能转换以后触发方式保持不变，如上升沿触发器的 D 触发器转换成 T 触发器后，还是上升沿触发。

1）如何将 D 触发器转换成 JK 触发器？

2）如何将 D 触发器转换成 T 触发器？

做一做

4 路智力抢答器电路仿真测试

1. 仿真目的

1）通过仿真，检测验证 D 触发器的逻辑功能。

2）熟悉 D 触发器的应用电路，理解"4 路智力抢答器"电路的设计思路。

2. 仿真电路原理

4 路抢答器电气原理如图 3-27 所示。在 EWB（Multisim 9.0）工作界面，按图 3-42 所示搭建电路。该电路主要由 2 片 CD4013（内含 4 个 D 触发器）、1 片 CD4011 和 1 片 CD4012 集成块组成，使用 5 个单刀单掷开关和 4 个 4 种不同颜色的发光二极管。

（1）复位功能

当 SA_1 轻触开关按下时，引入高电平进入 D 触发器 U_1、U_2 的 CD（复位）端清零，使 U_{1A}、U_{1B}、U_{2A}、U_{2B} 这 4 个 D 触发器置零复位。

初始状态时，U_{1A}、U_{1B}、U_{2A}、U_{2B} 这 4 个 D 触发器的输出端 $\overline{Q_1}$、$\overline{Q_2}$、$\overline{Q_3}$、$\overline{Q_4}$ 均为高电平。U_{3B} 输出低电平，U_{4A} 被封锁，XFG2 信号被封锁，蜂鸣器无声。此时，通过 U_{3A}，一直有信号发生器 XFG_1 产生的脉冲信号送入 U_{1A}、U_{1B}、U_{2A}、U_{2B} 作时钟触发信号。

（2）抢答功能

当抢答时，若 SA_2 抢先按下时，U_{1A} 的 D 端置"1"，为高电平，U_{1A} 的输出端 Q 置"0"，为低电平，LED_1 发光二极管点亮。同时，U_{3B} 输出高电平，U_{4A} 打开，信号发生器 XFG_2 产生的 1kHz 声音驱动蜂鸣器发声。

（3）互锁功能

若 SA_2 抢先按下，即使其他键 SA_3、SA_4、SA_5 随后被按下，由于 U_{1A} 的输出端 $\overline{Q}$ 端为低电平，致使 U_{3A} 被封锁，U_{1B}、U_{2A}、U_{2B} 也因无触发脉冲输入，原状态均锁存，保持原状态，LED_2、LED_3、LED_4 均不亮。

另外，可由 LED_1、LED_2、LED_3、LED_4 这 4 个不同颜色的发光二极管，作为 U_{1A}、U_{1B}、U_{2A}、U_{2B} 这 4 个触发器的输出电平指示器件，若有一个 D 触发器输出低电平时，发光二极管就点亮。

当 U_{4A} 被打开后，接受信号发生器 XFG2 产生的 1kHz 信号，而后通过非门 U_{4B} 驱动蜂鸣器发声。

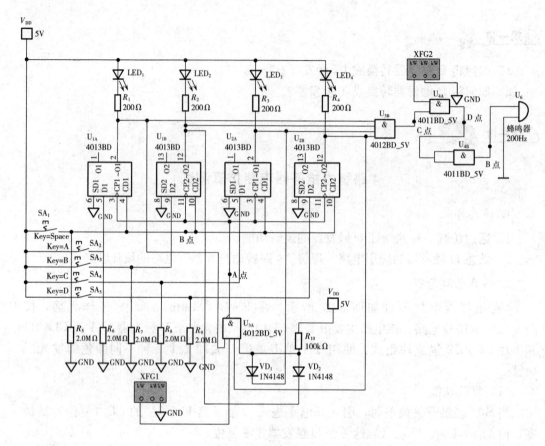

图 3-27　4 路抢答器仿真电路

3. 仿真步骤及内容

(1) 器件介绍

CD4013 为双 D 触发器，其管脚功能如图 3-24 所示。

CD4011 为四 2 输入与非门，其管脚功能如图 3-28 所示。

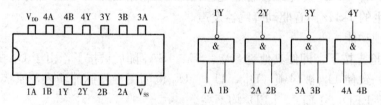

图 3-28　CD4011 管脚功能

CD4012 为二 4 输入端与非门，其管脚功能如图 3-29 所示。

(2) 操作过程与分析

仿真图中，XFG1 信号发生器输出 5kHz 的脉冲信号，作为 4 个 D 触发器的 CP 时

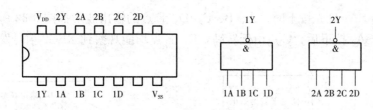

图 3-29　CD4012 管脚功能

钟信号，用来触发翻转。XFG2 信号发生器产生 1kHz 的音频信号，用来驱动蜂鸣器发声，模拟报警。用逻辑分析仪对 A、B、C、D、E 各点波形在进行检测，并把这 5 根连线电气属性对话框中网标名称分别修改为 A、B、C、D、E，如图 3-30 所示。

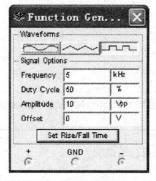
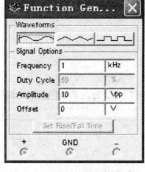

（a）XFG1信号发生器面板　　　　（b）XFG2信号发生器面板

图 3-30　XFG1、XFG2 信号发生器面板设置

1）当 $SA_1 \sim SA_5$ 均未按下时，A、B、C、D、E 点的输出波形如图 3-31 所示。从图中可反映出，B 点为低电平，4 个 D 触发器被置"0"，4 个发光二极管均不亮。此时，由于 $\overline{Q}_1$、$\overline{Q}_2$、$\overline{Q}_3$、$\overline{Q}_4$ 均为高电平，因此 C 点为低电平、D 点为高电平、E 点为低电平。

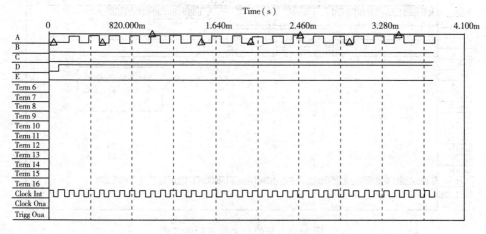

图 3-31　电路中电位初始值

2）若当 SA₂ 抢先按下时，A、B、C、D、E 点的输出波形如图 3-32 所示。从图中可看出，当 SA₂ 按下后，C 点由低转高，D、E 点均能观察到 XFG2 信号发生器输出的信号波形。

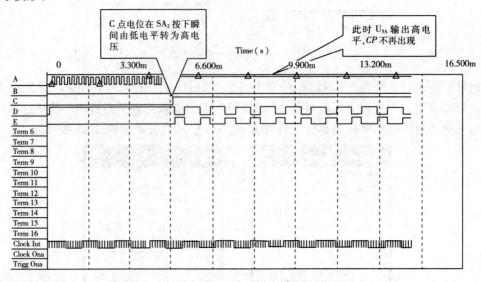

图 3-32　C 点电位的改变

3）当 SA₁ 复位开关按下后，A、B、C、D、E 点的输出波形如图 3-33 所示。从图中可以看出，SA₁ 按下后，B 点电位有一跳变，U_{1A}、U_{1B}、U_{2A}、U_{2B} 这 4 个 D 触发器重新复位置零，C 点电位也随之变低，U_{4B} 与非门再次被封锁，D 点、E 点检测不到信号波形。

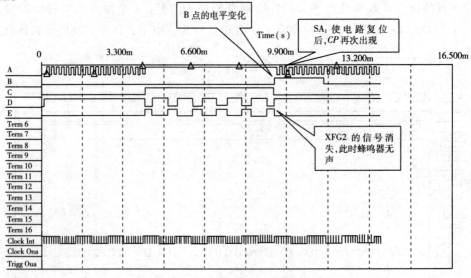

图 3-33　复位开关按下后的波形

结论：4 组智力抢答器由 2 片双 D 触发器（CD4013）、1 片 CD4011 和 1 片 CD4012 简捷设计而成，各单元电路逻辑功能均能实现。

议一议

在实际电路板设计和制作中，应把 CD4011 多余的与非门输入端作何处理？（提示：接高电平处理）。

评一评

填写如表 3-15 所列的内容。

表 3-15　任务检测与评估

检测项目		评分标准	分　值	学生自评	教师评估
任务知识内容	同步 D 触发器	掌握 D 触发器的逻辑电路、逻辑符号、逻辑功能和特征方程	40		
任务操作技能	D 触发器功能测试	能使用 EWB 软件仿真 D 触发器逻辑功能测试电路，并能够正确分析仿真结果	30		
	4 路抢答器电路测试	能使用 EWB 仿真软件 4 路抢答器，并能够正确分析仿真结果	20		
	安全操作	安全用电，按章操作，遵守实训室管理制度	5		
	文明操作	按 6S 企业管理体系要求进行现场管理	5		

任务四　电子生日蜡烛电路的制作与调试

任务目标

● 进一步熟悉基本 RS 触发器的逻辑功能。
● 能使用 EWB 仿真软件测试"电子生日蜡烛"电路的功能。
● 应用与非门电路构建基本 RS 触发器，继而完成"电子生日蜡烛"电路的设计与制作。

任务教学方式

教学步骤	时间安排	教学方式及手段
阅读教材	课余	自学、查资料、相互讨论

续表

教学步骤		时间安排	教学方式及手段
知识点讲授		4课时	讲授"电子生日蜡烛"电路原理时，可采用投影方式，边仿真，边讲解
任务操作	仿真操作	2课时	课堂演示仿真过程，并强调仿真过程的注意事项，而后引导学生学会结合仿真得到的数据，相互讨论并得出正确结论
	装调操作	4课时	提醒学生注意一般电子产品安装的工艺要求；装配时，教师边指导、边演示操作要领
评估检测			教师与学生共同完成任务的检测与评估，并能对出现的问题进行分析与处理

电子生日蜡烛电路原路

电子生日蜡烛电路原理如图 3-34 所示，电路由核心集成电路 IC_1（4011）及外围元件组成。图中，IC_2 示意为音乐芯片，BM 为驻极体话筒，HTD 为蜂鸣器。

由 IC_{1-C} 与 IC_{1-D}（两与非门）构成基本 RS 触发器，如图 3-35（a）所示。刚接通电源时，电容 C_4 上的电压不会突变，使 IC_{1-C} 输出高电平，IC_{1-D} 输出低电平，VT_1、VT_2 均不导通，发光管（"蜡烛"）LED_1 不亮，音乐集成电路 IC_2 也不工作。R_G 是光敏电阻（或用双金属片替代）。

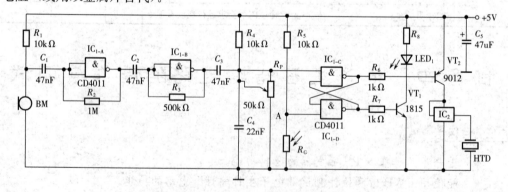

图 3-34　电子生日蜡烛电路原理

VT_1 用于驱动发光二极管 LED_1（"蜡烛"）点亮，VT_2 控制音乐芯片 IC_2 是否得电，如图 3-35（b）所示。用打火机灯光照耀 R_G（或加热双金属片）时，R_G 的光电流增大，内阻变小，当 A 点电位下降到一定值（达到低电平）时，RS 触发器输出状态翻转，IC_{1-D} 输出高电平，VT_1 导通，"蜡烛"LED_1 点亮。IC_{1-C} 输出低电平，VT_2 导通，音乐片 IC_2 得电，奏响了"祝你生日快乐"的音乐声。

由 IC_{1-A}、IC_{1-B} 及电阻、电容构成两反相器，如图 3-35（c）所示。当对着 BM 吹气时，吹气声由 BM 拾取转换成电信号，经 IC_{1-A}、IC_{1-B} 放大后，触发 RS 触发器翻转，此时，IC_{1-D} 输出低电平、IC_{1-C} 输出高电平，于是 VT_1、VT_2 均截止，发光二极管 LED_1 不亮（类似于"蜡烛"被吹灭），音乐声也终止，即"灯熄乐停"。调节 R_P（电位器）来改变翻转灵敏度。

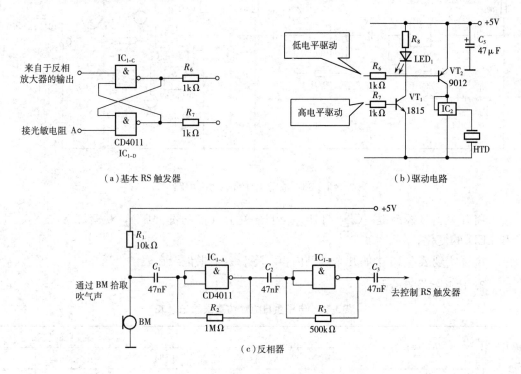

（a）基本 RS 触发器　　　　　　　　　（b）驱动电路

（c）反相器

图 3-35　"电子生日蜡烛"各单元电路

电子生日蜡烛电路仿真测试

1. 仿真目的

1）进一步检测验证与非门构成的 RS 触发器的逻辑功能。

2）理解"电子生日蜡烛"电路的设计思路。

2. 仿真步骤及操作

参照图 3-36 所示在 EWB 仿真软件环境下创建电子生日蜡烛电路，并连接测试探针。

注意：由于驻极体话筒 BM、音乐集成电路 IC_2、光敏电阻 R_G 无法在 EWB 中实现仿真，因此，在如图 3-36 所示的仿真电路中，采用开关 J_1 替代 R_G，J_2 替代 BM，发光二极管 LED_1 替代 IC_2，蜡烛改用灯 X_1。

仿真时先将开关 J_1 闭合，来模拟打火机点亮光敏电阻或双金属片，观察灯 X_1、X_2、X_3 和 LED_1 的变化。

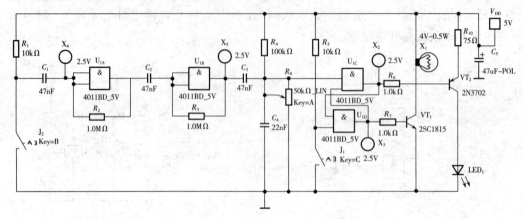

图 3-36　电子生日蜡烛仿真电路

将开关 J_1（控制键 "C"）打开，合上开关 J_2（控制键 "B"），观察灯 X_1、X_2、X_3 和 LED_1 的变化。

继续实现表 3-16 中的几个步骤内容，将观察结果记录在表中。

3. 仿真结果及分析

表 3-16　电子生日蜡烛仿真结果记录表

序 号	仿真内容	仿真结果						RS 触发器的状态			
		X_1	X_2	X_3	X_4	X_5	LED_1	$\overline{S}$	$\overline{R}$	Q	$\overline{Q}$
1	J_1、J_2 断开时										
2	闭合开关 J_1										
3	断开 J_1，闭合 J_2										
4	断开 J_1，断开 J_2										
5	断开 J_1，闭合 J_2										

结论：该电路设计简单，有一定的仿真性，能实现"打火机点亮，风吹熄火"的效果。

议一议

1）仿真时，为什么合上 J_2 之前要先断开 J_1？

2）VT_1 和 VT_2 能采用相同极性的三极管吗？为什么？

电子生日蜡烛电路的制作与调试

1. 制作目的

1）加深理解与非门构成基本 RS 触发器的逻辑功能。

2）进一步熟悉简单电子产品的制作工艺。

3）熟悉音乐 IC 管脚识别方法。

2. 制作所需器材和材料

仪表与工具：万用表、一字旋具、偏口钳、尖嘴钳、镊子、电烙铁及烙铁架等。该电路套件的元器件参数及数量详见表 3-17。

表 3-17 "电子生日蜡烛"元件清单

序 号	位 置	名称、规格描述	数 量	备 注
1	R_1、R_4、R_5	碳膜电阻 10kΩ1/4W J	3	
2	R_2	碳膜电阻 1M Ω1/4W J	1	
3	R_3	碳膜电阻 470k Ω1/4W J	1	
4	R_6、R_7	碳膜电阻 1kΩ 1/4W J	2	
5	R_8	碳膜电阻 560Ω 1/4W J	1	
6	RP	普通对数型碳膜 47kΩ 1W	1	电位器
7	C_1、C_2、C_3	涤纶电容 47n/63V M	3	
8	C_4	涤纶电容 22n/63V M	1	
9	C_5	电解电容 47 μ/50VZ	1	
10	IC_1	CD4011B	1	构成基本 RS 触发器
11	IC_2	音乐芯片	1	生日快乐乐曲
12	VT_1、VT_2	9013、9012	2	
13	LED_1	发光二极管	1	模拟"蜡烛"
14	BM	驻极体话筒	1	
15	R_G	光敏电阻	1	
16	HTD	蜂鸣器	1	HXD
17	音乐 IC 外接三极管	9013	1	图 3-36 中没标出

3. 制作内容

电子生日蜡烛电路原理图如图 3-34 所示。IC_1 选用 CD4011B 四 2 输入与非门集成块、IC_2 为生日快乐音乐集成块，电源采用小功率稳压电源＋5V。CD4011 构建成 RS 触发器的连接示意图如图 3-37（a）所示。

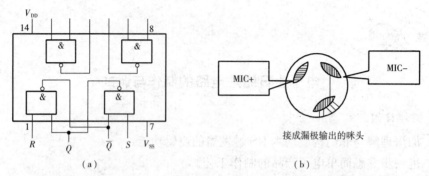

图 3-37　CD4011B 集成块构成 RS 触发器连接图及 MIC 引脚连线示意图

音乐 IC 的实物外形如图 3-38 所示。由于此类音乐 IC 输出功率小，必须外接三极管 VT 进行小功率放大后，才能推动小型受话器（0.25W）或蜂鸣器放音。

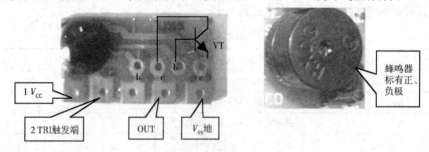

图 3-38　外接三极管的音乐 IC 示意图

4. 制作步骤及操作要领

1）按工艺要求，用万用表对驻极体话筒、蜂鸣器等元件进行质量检测。

2）在万能 PCB 板（尺寸约为 6cm×3.5cm）上，按装配工艺要求插接元器件并焊接。印制板接线如图 3-39 所示。

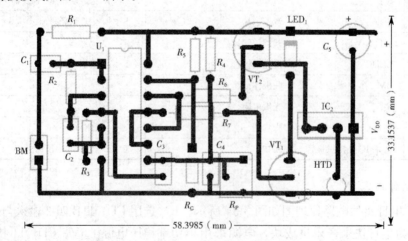

图 3-39　"电子生日蜡烛"电路 PCB 接线图

3）组装完成后，用打火机对光敏二极管照耀，观察"生日蜡烛"（发光二极管）是否"点亮"，音乐是否奏响。然后对话筒 BM 吹气，是否能"灯熄乐停"。

4）调节电位器 R_P，改变"电子生日蜡烛"的灵敏度。"电子生日蜡烛"产品实物如图 3-40 所示。图中音乐芯片 IC_2 在图 3-39 所示位置的基础上，调整了一个角度安装。

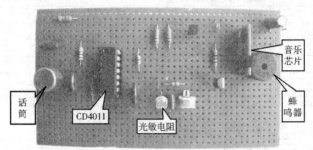

（a）元件面

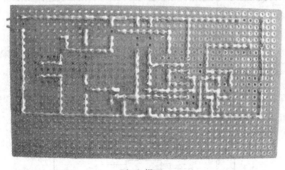

（b）焊面

图 3-40　"电子生日蜡烛"实物图

编码电子锁的制作和调试

1. 制作目的

1）加深理解 D 触发器的逻辑功能。

2）通过编码"电子锁"电路制作和调试，进一步了解触发器在电子电路的应用电路，理解编码"电子锁"电路的设计思路。

2. 制作所需器材

编码电子锁制作时所用的元器件参数及数量详见表 3-18。

表 3-18 编码电子锁元件清单

序 号	位 置	名称、规格描述	数 量	备 注
1	R_1	碳膜电阻 10kΩ1/4W J	1	
2	R_2、$R_4 \sim R_9$	碳膜电阻 100kΩ1/4W J	7	* 实际安装时，R_2 和 R_9 共用一个
3	R_3	碳膜电阻 470Ω 1/4W J	1	
5	$S_0 \sim S_9$	开关	10	按钮型
6	C2	电解电容 10 μF/ 50VZ	1	
7	IC$_1$	74HC74	1	U$_1$
8	IC$_2$	74HC74	1	U$_2$
9	IC$_3$	74HC00	1	U$_3$
11	IC$_4$	74HC20	1	U$_4$
12	VT$_1$	9013	1	
13	IC$_5$	音乐芯片	1	
14	LED$_1$	光敏二极管	1	
15		蜂鸣器	1	HXD

3. 器件介绍

IC$_1$ 选用 74LS74 双 D 上升沿触发器，其引脚功能如图 3-41 所示。CLR 为清零端。逻辑表达式为 $Q^{n+1} = D$（CP↑），真值表如表 3-19 所示。

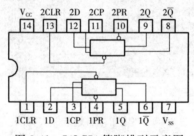

图 3-41 74LS74 管脚排列示意图

表 3-19 74LS74 真值表

输 入				输 出	
预置端 PR	清除端 CLR	时钟端 CP	D	Q	$\overline{Q}$
L	H	×	×	H	L
H	L	×	×	L	H
L	L	×	×	H *	H *
H	H	↑	H	H	L
H	H	↑	L	L	H
H	H	L	×	不变	

IC$_3$（U$_3$）选用 74LS00，该集成块为一个四 2 输入与非门电路。IC$_4$（U$_4$）选用 74LS20，它为一个二 4 输入与非门电路。

4. 制作步骤及操作要领

（1）编码电子锁原理

其原理图如图 3-42 所示。

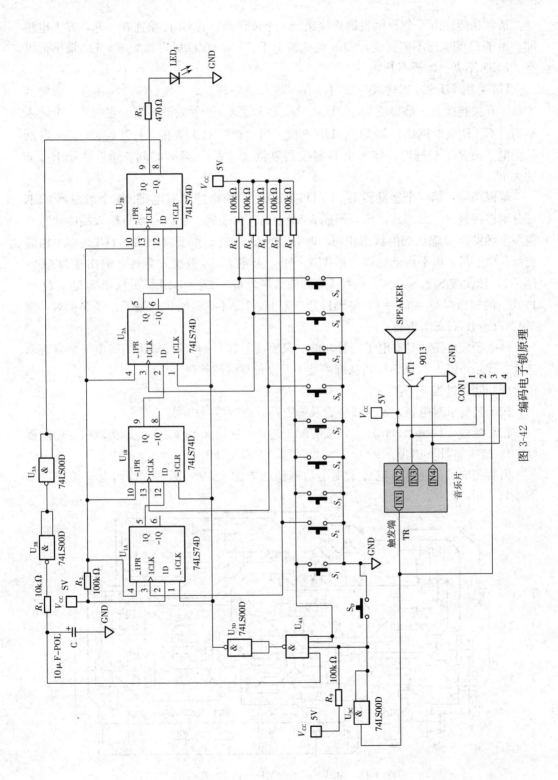

图 3-42 编码电子锁原理

清零功能：由 4 个 D 触发器连接组成 4 个锁存器，其 CLR 端连在一起，在上电瞬间，由于 C_3 端电压不能突变，CLR 端为低电平，将 4 个 D 触发器置零，U_{7A} 输出低电平，LED_1 不亮（即锁不开）。

U_{4A} 采用 74LS20 四输入与非门，有一输入端与 S_1、S_3、S_4、S_5、S_7 相连，只要其中任一开关被按下，都将使 U_{1A}、U_{1B}、U_{2A} 和 U_{2B} 这 4 个触发器置零。它的另一个输入端通过 C、R_1 延时网络，与 U_{3B}、U_{3A} 连接。当"锁"（LED_1 亮）打开后，U_{2B} 的 $\overline{Q}$ 端的低电平被 R_1、C 延时，使 4 个 D 触发器复位（清零），延时时间长短取决于 R_1、C 的大小。

解码功能：第一个触发器 U_{1A} 的 D 端接 V_{CC}，始终处于高电平。4 个触发器 CLK 端分别接按键 S_2、S_6、S_8、S_9，形成 2689 编码。由于后一个触发器 D 输入端的状态与前一个触发器 Q 输出端的状态相同，即 $D_{n+1}=Q_n$。当 S_2 按下时，U_{1A} 的 CLK 电平由高变低，松手后，电平由低变高，给 U_{1A} 一个上升沿，U_{1A} 被触发翻转，输出端为 $Q_1=D_1=1$，依次按 S_6、S_8、S_9，会使 U_{1B} 的输出端为 $Q_2=D_2=1$，U_{2A} 的输出端 $Q_3=D_3=1$，U_{7A} 的输出端 $Q_4=D_4=1$，将锁打开。若 J_2、J_6、J_8、J_9 操作（按下）顺序不对，则"锁"打不开（LED_1 不亮）。

该电子锁电路还具有电子门铃功能。只要按下 S_0 号键，U_{3C} 输出的高电平触发音乐芯片，音乐声经 VT_1 推动后，从蜂鸣器中发出悦耳的门铃声。

（2）制作过程

按工艺要求对电容、发光二极管及蜂鸣器等进行质量检测。

在万能板（14cm×9cm）上，按装配工艺要求插接元器件。$J_1 \sim J_{11}$ 为跳线。印制板（PCB）接线如图 3-43 所示。

组装完毕后，通电（电源采用小功率稳压电源 +5V）测试。编码电子锁实物如图 3-44 所示。

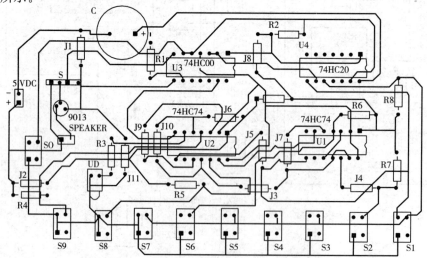

图 3-43　编码电子锁印制板（PCB）接线图

图 3-44　编码电子锁实物图

议一议

1) 若要想将编码电子锁电路进行 EWB 仿真，可对音乐片如何处理（仿真）？

2) 若要将"电子锁"电路应用于实际门锁，可对 U_{2B} 输出端的发光二极管电路如何处理？（提示：去掉发光二极管，增加继电器和三极管驱动电路，用继电器去控制锁具开锁）

评一评

填写如表 3-20 所列的内容。

表 3-20　任务检测与评估

	检测项目	评分标准	分　值	学生自评	教师评估
任务知识内容	电子生日蜡烛电路分析	理解"电子生日蜡烛"电路原理，进一步熟悉基本 RS 触发器的逻辑功能	20		
任务操作技能	电子生日蜡烛电路仿真	能使用 EWB 仿真软件电子生日蜡烛电路，并能够正确分析仿真结果	20		
	电子生日蜡烛电路制作	能按工艺要求正确安装和调试"电子生日蜡烛"电路，且对出现的一般问题进行处理	50		
	安全操作	安全用电，按章操作，遵守实训室管理制度	5		
	文明操作	按 6S 企业管理体系要求进行现场管理	5		

项 目 小 结

1) 触发器是数字电路中的极其重要的基本逻辑单元。触发器有两个稳定状态，在外界信号作用下，可以从一个稳态转变为另一个稳态，无外界信号作用时状态保持不变。

2) 集成触发器按功能可分为 RS 触发器、JK 触发器、D 触发器、T 触发器。其逻辑功能可用真值表、特征方程、逻辑符号和波形图来描述。

3) 根据时钟脉冲触发方式的不同，触发器可有同步式触发、上升沿触发、下降沿触发和主从触发 4 种类型。

4) 触发器的逻辑功能分别为：

① RS 触发器具有置 0、置 1、保持的逻辑功能。

② JK 触发器具有置 0、置 1、保持、计数的逻辑功能。

③ D 触发器具有置 0、置 1 的逻辑功能。

④ T 触发器具有保持、计数的逻辑功能。

思考与练习

一、填空题

1. RS 触发器按结构不同，可分为无时钟输入的_____触发器和有时钟输入端的_____触发器。

2. 按逻辑功能分，触发器主要有_____、_____、_____和_____ 4 种类型。

3. 触发器的 $\overline{S}_D$ 端、$\overline{R}_D$ 端可以根据需要预先将触发器_____或_____，不受_____的同步控制。

4. 触发器的 CP 触发方式主要有_____、_____、_____和_____ 4 种类型。

5. RS 触发器具有_____、_____、_____ 3 种逻辑功能。

6. JK 触发器具有_____、_____、_____和_____ 4 种逻辑功能，当 $J=1$、$K=0$ 时，其逻辑功能是_____。

7. 触发器是具有_____功能的电路，它是时序逻辑电路中_____的逻辑单元。

8. 由与非门构成的基本 RS 触发器不允许出现 $\overline{R}=$_____和 $\overline{S}=$_____的情况。

9. 时钟脉冲每个周期可分为_____、_____、_____、_____ 4 部分。

10. 同步 RS 触发器是在基本 RS 触发器的基础上增加_____和_____构成的，

在时钟脉冲到来时，其逻辑功能与_____是一样的。

11. T 触发器又称_____触发器，T 触发器具有的逻辑功能是_____和_____。将 T 触发器的 T 端固定接_____而构成的触发器称为 T′触发器。

12. 在一个时钟脉冲持续期间，触发器的状态_____的现象称为空翻，克服空翻方法的通常是采用_____。

13. 主从 JK 触发器由_____和_____组成，在时钟脉冲到来时，_____工作，时钟脉冲过后，_____工作，主从 JK 触发器的逻辑功能与_____是一样的。

二、选择题

1. 在图 3-45 中，由 JK 触发器构成了( )。

A. D 触发器　　　　　　　　　B. 基本 RS 触发器

C. T 触发器　　　　　　　　　D. 同步 RS 触发器

2. 触发器的 $\overline{S}_D$ 端称为( )。

A. 异步置 1 端　　B. 异步置 0 端　　C. 同步复位端　　D. 同步置位端

3. 触发器的 $\overline{R}_D$ 端称为( )。

A. 异步置 1 端　　B. 异步置 0 端　　C. 同步复位端　　D. 同步置位端

4. 在图 3-46 中，由 JK 触发器构成了( )。

A. D 触发器　　　　　　　　　B. 基本 RS 触发器

C. T 触发器　　　　　　　　　D. 同步 RS 触发器

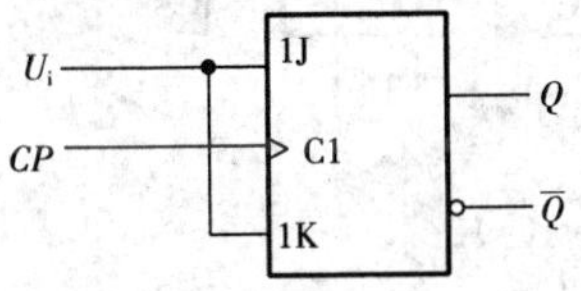

图 3-45

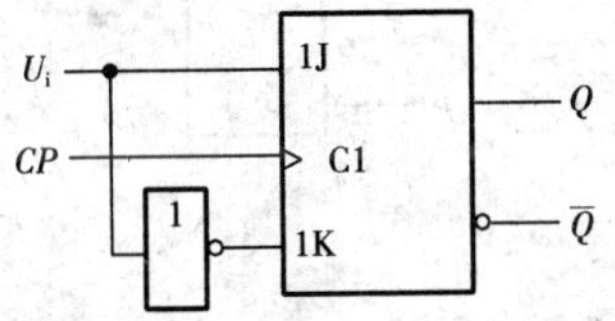

图 3-46

5. JK 触发器在 J、K 端同时输入高电平时，处于( )状态。

A. 保持　　　　　B. 置 0　　　　　C. 置 1　　　　　D. 翻转

6. 同步 RS 触发器禁止( )。

A. R 端、S 端同时为 0　　　　　B. $\overline{R}$ 端为 0、$\overline{S}$ 端为 1

C. R 端、S 端同时为 1　　　　　D. $\overline{R}$ 端为 1、$\overline{S}$ 端为 0

7. CD4013 是( )触发器。

A. 双 D　　　　　B. 双 JK　　　　　C. 主从 RS　　　　　D. 负边沿 JK

8. 对于 JK 触发器，输入 $J=0$，$K=1$，CP 脉冲作用后，触发器的 Q^{n+1} 应为( )。

A. 0　　　　　B. 1　　　　　C. 与 Q^n 状态有关　　D. 不停翻转

9. 具有"翻转"功能的触发器是( )。

A. 基本 RS 触发器　　　　　　　B. 同步 RS

C. JK 触发器　　　　　　　　　D. D 触发器

10. 仅具有"保持"、"翻转"功能的触发器是(　　)。

A. JK 触发器　　　　B. D 触发器　　　　C. T 触发器　　　　D. RS 触发器

三、作图题

1. 图 3-47（a）所示为 JK 触发器逻辑符号，初始状态为 0，CP、J、K 端的信号波形如图（b）所示，试画出输出 Q 的波形。

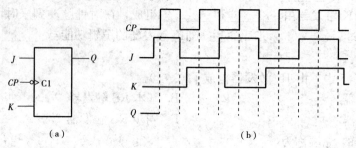

图 3-47

2. 图 3-48（a）所示为 D 触发器逻辑符号，初始状态为 0，CP、D 端的信号波形如图（b）所示，试画出输出 Q 的波形。

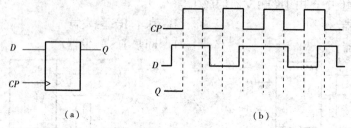

图 3-48

项目四

流水彩灯的制作

　　都市的夜色中闪烁着各式各样的霓虹灯，其中用得最多的大概要算流水彩灯，它的行云流水般的效果、五彩斑斓的颜色为安详宁静的夜晚带来绚烂多彩和勃勃生机。本项目介绍一款主要用555定时器制作的流水彩灯，这款流水彩灯可以实现一串一串闪闪发光的追逐效果，并且能组编各种造型，将丰富你的创造力和想象力，给你带来视觉享受。

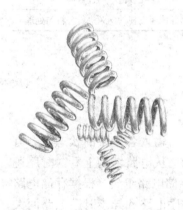

知识目标

- 时序逻辑电路的基本概念及分类。
- 重点掌握同步时序逻辑电路的分析方法。
- 能够利用集成计数器组成任意进制的计数器。
- 能叙述555定时器逻辑功能、管脚功能，并能分析555定时器的工作原理。
- 能够叙述和分析流水彩灯的工作原理与调试方法。

技能目标

- 能运用触发器电路制作与调试各种同步计数器。
- 能利用集成计数器制作任意进制计数器。
- 会用555定时器构成振荡器。
- 能利用555及计数器完成流水彩灯的制作与调试。

任务一　同步计数器电路的制作

任务目标

- 时序逻辑电路的基本概念及分类。
- 同步和异步时序逻辑电路的分析方法。
- 叙述计数器的逻辑功能及原理。
- 用 D 触发器和 JK 触发器实现同步计数器。

任务教学方式

教学步骤	时间安排	教学方式及手段
阅读教材	课余	学生自学、查资料、相互讨论
知识点讲授	4 课时	1. 时序电路的分析可以运用推理法进行教学 2. 计数器的制作可以利用课件先进行仿真，后利用数字逻辑箱来完成
实践操作	2 课时	在仿真实现的基础上利用数字逻辑箱来搭建一个比较简单的计数器
评估检测	与课堂同时进行	教师与学生共同完成任务的检测与评估，并能对出现的问题进行分析与处理

读一读

时序逻辑电路

　　时序逻辑电路的特点是，电路在某一时刻的输出不仅与输入各变量的状态组合有关，还与电路原来的输出状态有关，因此它具有记忆功能。从电路结构上看，时序逻辑电路的输入/输出之间有反馈，主要由组合逻辑电路和存储电路组成。根据存储电路中各个触发器状态变化的特点，时序电路又可分为同步时序电路和异步时序电路两大类。在同步时序电路中，所有触发器的变化都是在同一个时钟信号作用下同时发生的；而在异步时序电路中，各触发器的时钟信号不是同一个，而是有先有后，因此触发器的变化也不是同时发生的，也有先有后。常见的时序电路有寄存器、计数器等。时序逻辑电路一般结构框图如图 4-1 所示，图中 X 代表时序电路的输入变量，Y 代表时序电路的输出变量，D 代表存储电路的驱动信号，Q 代表存储电路的输出状态，CP 是时钟脉冲（在时序电路中均有 CP 时钟信号）。

　　存储电路的输出与组合逻辑电路的输入信号共同决定时序逻辑电路的输出，根据图 4-1 所示，

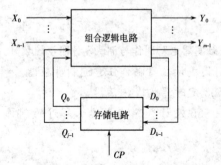

图 4-1　时序逻辑电路方框图

写出各种方程如下。

（1）存储电路输入端的方程

驱动方程 $\qquad$ $D=F_1 (X, Q^n)$

（2）时序逻辑电路的输出方程

输出方程 $\qquad$ $Y=F_2 (X, Q^n)$

（3）由时序电路信号与存储器原态组成方程

状态方程 $\qquad$ $Q^{n+1}=F_3 (D, Q^n)$

状态方程是把驱动方程代入相应触发器的特征方程所得的方程式。

想一想

1）时序逻辑电路与组合逻辑电路在逻辑功能和电路结构上各有什么特点？

2）在时序电路中，时间量 t_{n+1}、t_n 各是怎样定义的？描述时序电路功能需要几个方程？它们各表示什么含义？

3）时序逻辑电路的分类有哪几种？同步时序逻辑电路和异步时序逻辑电路有什么不同？

读一读

分析同步时序逻辑电路

同步时序逻辑电路的分析是指根据给定的时序电路，分析其逻辑功能。时序逻辑电路分析的一般步骤如下。

1）求时钟方程和驱动方程。

2）将驱动方程代入特征方程，求状态方程。

3）根据状态方程进行计算，列状态转换真值表。

4）根据状态转换真值表画状态转换图。

5）分析其功能。

例 4-1　分析如图 4-2 所示的时序逻辑电路的功能。

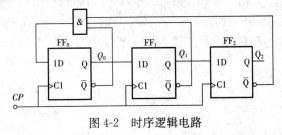

图 4-2　时序逻辑电路

解　1）求时钟方程和驱动方程。

时钟方程：$CP_0 = CP_1 = CP_2 = CP$ （同步时序电路）

驱动方程：

$$D_0 = \overline{Q_2^n}\,\overline{Q_1^n}\,\overline{Q_0^n}, D_1 = Q_0^n, D_2 = Q_1^n$$

2）将驱动方程代入特征方程，得状态方程为

$$Q_2^{n+1} = D_2 = Q_1^n, Q_1^{n+1} = D_1 = Q_0^n, Q_0^{n+1} = D_0 = \overline{Q_2^n}\,\overline{Q_1^n}\,\overline{Q_0^n}$$

3）根据状态方程进行计算，列状态转换真值表。

依次设定电路的现态 $Q_2 Q_1 Q_0$，代入状态方程计算，得到次态，如表 4-1 所列。

表 4-1   状态转换真值表

计数脉冲 CP	Q_2^n	Q_1^n	Q_0^n	Q_2^{n+1}	Q_1^{n+1}	Q_0^{n+1}
↑	0	0	0	0	0	1
↑	0	0	1	0	1	0
↑	0	1	0	1	0	0
↑	0	1	1	1	1	0
↑	1	0	0	0	0	0
↑	1	0	1	0	1	0
↑	1	1	0	1	0	0
↑	1	1	1	1	1	0

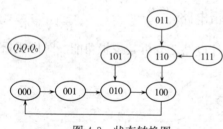

图 4-3   状态转换图

4）根据状态转换真值表画状态转换图，如图 4-3 所示。

5）功能分析。

电路有 4 个有效状态、4 个无效状态，为四进制加法计数器，能自启动。所谓自启动是指当电路的状态进入无效状态时，在 CP 信号作用下，电路能自动回到有效循环中，称电路能自启动，否则称电路不能自启动。

上例中，状态 101、110、011、111 均为无效状态，一旦电路的状态进入其中任意一个无效状态时，在 CP 信号作用下，电路的状态均能自动回到有效循环中，所以电路能自启动。例如，若电路的状态进入 101 或 110 时，只需一个 CP 上升沿，电路的状态就能回到 010 或 100；若电路的状态进入 011 或 111 时，只需两个 CP 上升沿，电路的状态就能回到 100。

想一想

参照例 4-1 题做法，试分析图 4-4 所示时序电路构成了几进制计数器，并画出状态转换图。

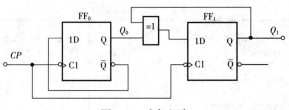

图 4-4 时序电路

分析异步时序逻辑电路

异步时序逻辑电路中，各触发器的 CP 时钟脉冲是独立的，所以在分析电路时，首先写出各触发器的 CP 时钟脉冲的方程，再确定各触发器的状态方程，并注明状态方程何时有效。在计算状态表时，要给予充分重视。其他步骤与同步逻辑电路的分析方法类似。

例 4-2 分析图 4-5 所示的异步时序逻辑电路的功能。

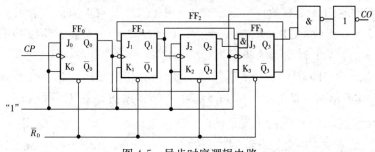

图 4-5 异步时序逻辑电路

解 1）根据时序逻辑电路可见，它属异步时序逻辑电路。从而写出下列方程：

驱动方程：$J_0 = K_0 = 1$；　　$J_1 = \overline{Q}_3$，　　$K_1 = 1$；

$\qquad J_2 = K_2 = 1$；　　$J_3 = Q_1^n Q_2^n$，$K_3 = 1$；

根据 JK 触发器特征方程　　　$Q^{n+1} = J\overline{Q^n} + \overline{K}Q^n$

分别将各驱动方程代入特征方程得状态方程，并注明各状态方程的有效时刻。

$$Q_0^{n+1} = \overline{Q}_0^n \qquad\qquad CP_0 \text{ 下降沿有效；}$$

$$Q_1^{n+1} = \overline{Q}_3^n \cdot \overline{Q}_1^n \qquad\qquad Q_0^n \text{ 下降沿有效；}$$

$$Q_2^{n+1} = \overline{Q}_2^n \qquad\qquad Q_1^n \text{ 下降沿有效；}$$

$$Q_3^{n+1} = Q_1^n Q_2^n \overline{Q}_3^n \qquad\qquad Q_0^n \text{下降沿有效；}$$

$$CP_0 = CP,\ CP_1 = Q_0^n,\ CP_2 = Q_1^n,\ CP_3 = Q_0^n$$

输出方程为　　　　　　　　　　$CO = Q_3^n Q_0^n$

2）该逻辑电路状态转换真值表如表 4-2 所示。

表 4-2　状态转换真值表

现态				次态				时钟				输出
Q_3^n	Q_2^n	Q_1^n	Q_0^n	Q_3^{n+1}	Q_2^{n+1}	Q_1^{n+1}	Q_0^{n+1}	CP_3	CP_2	CP_1	CP_0	CO
0	0	0	0	0	0	0	1	0	0	0	1	0
0	0	0	1	0	0	1	0	1	0	1	1	0
0	0	1	0	0	0	1	1	0	0	0	1	0
0	0	1	1	0	1	0	0	1	0	1	1	0
0	1	0	0	0	1	0	1	0	0	0	1	0
0	1	0	1	0	1	1	0	1	0	1	1	0
0	1	1	0	0	1	1	1	0	0	0	1	0
0	1	1	1	1	0	0	0	1	1	1	1	0
1	0	0	0	1	0	0	1	0	0	0	1	1
1	0	0	1	0	0	0	0	1	0	1	1	0

注：$CP=1$ 代表有效，$CP=0$ 代表无效。

3）功能分析并画时序图：当现态为 $Q_3^n Q_2^n Q_1^n Q_0^n = 0000$ 时，且第一个 CP_0 脉冲下降沿到来时，$CP_0=CP=1$ 有效，所以状态方程中仅 $Q_0^{n+1}=\overline{Q_0^n}$ 有效，且 $Q_0^{n+1}=1$。

$CP_1=Q_0^n=0$ 无效；$CP_2=Q_1^n=0$ 无效；$CP_3=Q_0^n=0$ 无效。所以当第一个时钟脉冲下降沿到来后，4 个触发器的状态为 $Q_3^{n+1}Q_2^{n+1}Q_1^{n+1}Q_0^{n+1}=0001$。

当现态为 0001 时，且第二个 CP_0 脉冲下降沿到来时，$CP_0=CP=1$ 有效，使 $Q_0^{n+1}=\overline{Q_0^n}=0$；由于 Q_0^n 出现下降沿，$CP_1=Q_0^n=1$ 有效，所以使状态方程 $Q_1^{n+1}=\overline{Q_3^n Q_1^n}=1$；$CP_2=Q_1^n=0$ 无效，Q_2^{n+1} 保持不变；$CP_3=Q_0^n=1$ 有效，$Q_3^{n+1}=\overline{Q_2^n}Q_2^n Q_1^n=0$。第二个时钟脉冲下降沿到来后，4 个触发器的状态为 $Q_3^{n+1}Q_2^{n+1}Q_1^{n+1}Q_0^{n+1}=0010$；以此类推。

当现态为 $Q_3^n Q_2^n Q_1^n Q_0^n = 0111$ 时，且第 9 个 CP_0 脉冲下降沿到来时，$CP_0=CP=1$ 有效，所以状态方程中 $Q_0^{n+1}=1$；$CP_1=Q_0^n$ 有效，根据其状态方程得 $Q_1^{n+1}=0$；$CP_2=Q_1^n=0$无效，$Q_2^{n+1}=0$；$CP_3=Q_0^n=1$ 有效，$Q_3^{n+1}=\overline{Q_3^n}Q_2^n Q_1^n=1$。第 9 个时钟脉冲下降沿到来后，各触发器的状态为

$$Q_3^{n+1}Q_2^{n+1}Q_1^{n+1}Q_0^{n+1} = 1001$$

同时输出方程 $CO=Q_3^n Q_0^n=1$，产生进位。

总结上述过程：在确定现态后，先根据 CP 时钟脉冲确定 Q_0 是否有效，如果有效则根据 Q_0 的状态方程确定状态的翻转情况；然后再确定 CP_1 是否有效，如果有效，按 Q_1 的状态方程确定状态的翻转，如果无效，则保持原状态不变；以此类推。根据有效时钟脉冲对应的状态方程确定异步时序逻辑电路的次态。

由表 4-2 可见，图 4-5 中的触发器的状态从十进制的 0～9 开始，然后再回到 0，这是一个异步十进制加法计数器，其时序如图 4-6 所示。

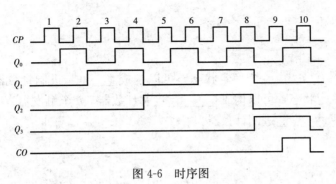

图 4-6 时序图

4）请自己画出状态转换图，并检查是否有自启动功能。

想一想

试分析图 4-7 所示时序电路构成了几进制计数器？画出状态转换图。

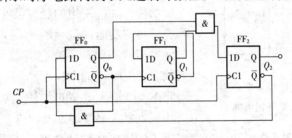

图 4-7 某一计数器逻辑电路

读一读

计数器是一种能累计脉冲数目的数字电路，在计时器、交通信号灯装置、工业生产流水线等中有着广泛的应用。

计数器电路是一种由门电路和触发器构成的时序逻辑电路，它是对门电路和触发器知识的综合运用。计数器是用以统计输入时钟脉冲 CP 个数的电路。计数器不仅可以用来计数，也可以用来作脉冲信号的分频、程序控制、逻辑控制等。计数器的种类很多，按计数器中触发器的翻转情况，分为同步计数器和异步计数器两种。按照计数值增、减情况，可以分为加法计数器、减法计数器和可逆计数器。计数器也有 TTL 和 CMOS 两种不同类型系列产品。计数器累计输入脉冲的最大数目为计数器的模，用 M 表示，如十进制计数器又可称为模为 10 的计数器，记为 $M=10$。

触发器有两个稳定状态，在时钟脉冲作用下，两个稳定状态可相互转换，所以可用来累计时钟脉冲的个数。用触发器构成计数器的原理是触发器的状态随着计数脉冲的输入而变化，触发器状态变化的次数等于输入的计数脉冲数。

想一想

一个触发器有_____个稳定状态，可以构成_____进制计数器；两个触发器有_____个稳定状态，可以构成_____进制计数器；n 个触发器有_____个稳定状态，可以构成_____进制计数器。

读一读

四进制计数器

四进制计数器能累计 4 个时钟脉冲，有 4 个有效状态，因此用两个 JK 触发器就能构成四进制计数器。图 4-8 所示为用两个 JK 触发器构成的四进制同步加法计数器的逻辑电路。

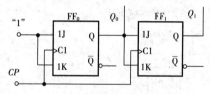

图 4-8　JK 触发器构成四进制
同步加法计数器逻辑电路

图 4-8 中 $J_0=K_0=1$ 时，根据 JK 触发器的逻辑功能可知，左边的触发器在 CP 上升沿作用下，具有翻转的功能；$J_1=K_1=Q_0$，当 $Q_0=0$ 时，右边的触发器状态保持不变，当 $Q_0=1$ 时，右边的触发器状态在 CP 上升沿作用下，具有翻转的功能。于是得到图 4-9 所示电路的状态转换真值表 4-3。

根据状态转换真值表 4-3 所列画出状态转换图如图 4-9 所示。由图 4-9 可知该电路实现了四进制加法计数器的逻辑功能。

表 4-3　电路的状态转换真值表

计数脉冲 CP	Q_1^n	Q_0^n	Q_1^{n+1}	Q_0^{n+1}
1	0	0	0	1
2	0	1	1	0
3	1	0	1	1
4	1	1	0	0

图 4-9　四进制同步加法计数器状态转换图

想一想

八进制同步加法计数器需要多少个触发器？画出其状态转换图。

做一做

四进制计数器的功能仿真

1. 仿真目的

1) 进一步了解计数器的功能。

2) 通过仿真用触发器实现四进制计数器的逻辑功能。

2. 仿真步骤及操作

(1) 创建计数器实验电路

1) 进入 Multisim 9.0 用户操作界面。

2) 按图 4-10 所示电路,从 Multisim 9.0 元器件库、仪器仪表库选取相应器件和仪器,连接电路。

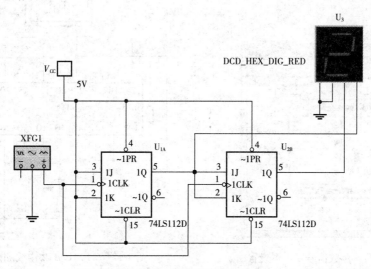

图 4-10 计数器仿真测试电路

从 TTL 元器件库中选择 74LS 系列,从弹出窗口的器件列表中选取 74LS112D。

从仪表仪器工具栏拽出函数信号发生器图标,为逻辑信号分析仪提供外触发的时钟控制信号。

单击指示器件库按钮,选取译码数码管,用来显示编码器的输出代码。该译码数码管自动地将 4 位二进制数代码转换为十六进制数显示出来。

3) 按图 4-10 所示选取电路中的全部元器件,进行标识和设置。

双击函数信号发生器的图标,打开其参数设置面板,按图 4-11 所示完成各项设置。

(2) 运行电路完成电路逻辑功能分析

单击工具运行仿真按钮,启动运行电路。

核对译码数码管显示的数值与输出代码是否一致。

注意：当数码译管显示不停闪动时，应检查时钟的频率是否为 8Hz 或再次予以确认。

利用数字逻辑箱完成四进制同步加法计数器

1）根据图 4-8 所示画出用 CT74LS112 构成的四进制同步计数器的接线，如图 4-12 所示。稳压电源给 CT74LS112 提供＋5V 电源，信号发生器提供计数脉冲，计数器的状态用发光二极管指示。

2）根据图 4-12 所示的接线图搭建实验电路图，观察计数功能。

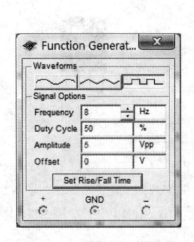

图 4-11　函数信号发生器设置

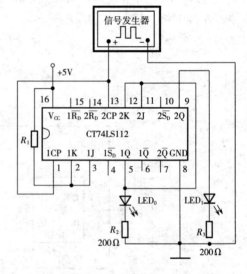

图 4-12　CT74LS112 构成的四进制同步加法计数器接线

调整信号发生器的频率为 1Hz，观察在 CP 下降沿时刻发光二极管的工作情况，发光二极管亮表示输出 Q 为高电平（即 $Q^{n+1}=1$），发光二极管灭表示输出 Q 为低电平（即 $Q^{n+1}=0$），并将观察到的结果填入表 4-4 中。

表 4-4　四进制加法计数器状态表

CP	理　论		实　际	
	LED_1	LED_0	LED_1	LED_0
0	灭（0）	灭（0）		
1	灭（0）	亮（1）		
2	亮（1）	灭（0）		

续表

CP	理　　论		实　　际	
	LED$_1$	LED$_0$	LED$_1$	LED$_0$
3	亮（1）	亮（1）		
4	灭（0）	灭（0）		

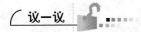

如果将 3 个 JK 触发器按如图 4-8 所示方式连接，可以构成八进制同步加法计数器吗？为什么？

同步计数器电路的设计方法

前面直接根据给定的逻辑图制作了同步计数器，下面介绍一下这样的逻辑图是怎样设计出来的。

所谓同步计数器电路的设计是指根据给定的要求（可以是一段文字描述或状态转换图），用触发器设计出满足要求的电路。

同步计数器电路设计的一般步骤如下。

1）选择触发器。

2）求状态方程。

3）求驱动方程。

4）画逻辑图，检查电路能否自启动。

下面通过例题来详细介绍同步计数器的设计。

例 4-3　用触发器设计一个四进制同步计数器电路，图 4-13 所示为其状态转换图。

解　1）选择触发器。

本例中选择下降沿触发的 JK 触发器

2）求状态方程。

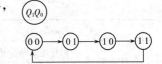

图 4-13　四进制同步加法计数器状态转换图

首先，根据状态图画出状态转换表如表 4-5 所列。

表 4-5　四进制同步加法计数器状态转换表

计数脉冲	计数器现态		计数器次态	
CP	Q_1^n	Q_0^n	Q_1^{n+1}	Q_0^{n+1}
↓	0	0	0	1
↓	0	1	1	0
↓	1	0	1	1
↓	1	1	0	0

其次，根据状态转换表写状态方程，就是写出次态为 1 时现态的组合，再化简。

由表可知，使得 $Q_1^{n+1}=1$ 时，Q_1^n、Q_0^n 的取值分别为 0、1 和 1、0，使得 $Q_0^{n+1}=1$ 时，Q_1^n、Q_0^n 的取值分别为 0、0 和 1、0。写状态方程时，若变量的取值为 0 时，就用反变量表示，若变量的取值为 1 时，就用原变量表示。于是得到状态方程如下：

$$Q_1^{n+1}=Q_1^n\,\overline{Q_0^n}+\overline{Q_1^n}\,Q_0^n=Q_1^n\oplus Q_0^n,\ Q_0^{n+1}=\overline{Q_1^n}\,\overline{Q_0^n}+Q_1^n\,\overline{Q_0^n}=(\overline{Q_1^n}+Q_1^n)\,\overline{Q_0^n}=\overline{Q_0^n}$$

3）求驱动方程。JK 触发器的特征方程为

$$Q^{n+1}=J\,\overline{Q^n}+\overline{K}Q^n$$

比较状态方程和特征方程：

$$\begin{cases}Q_1^{n+1}=J_1\,\overline{Q_1^n}+\overline{K_1}Q_1^n\\ Q_1^{n+1}=Q_1^n\,\overline{Q_0^n}+\overline{Q_1^n}Q_0^n\end{cases}\qquad\begin{cases}Q_0^{n+1}=J_0\,\overline{Q_0^n}+\overline{K_0}Q_0^n\\ Q_0^{n+1}=\overline{Q_0^n}=1\,\overline{Q_0^n}+\overline{1}\,\overline{Q_0^n}\end{cases}$$

可得到驱动方程为

$$\begin{cases}J_1=K_1=Q_0^n\\ J_0=K_0=1\end{cases}$$

4）按驱动方程画出四进制同步加法计数器的逻辑电路，如图 4-14 所示。

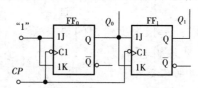

图 4-14　四进制同步加法计数器的逻辑电路

填写如表 4-6 所列的内容。

表 4-6　任务检测与评估

	检测项目	评分标准	分　值	学生自评	教师评估
任务知识内容	时序电路的分析方法	能分析简单的时序电路	15		
	计数器的原理与分析	能对计数器进行简单分析	25		
任务操作技能	能用 74LS112 构成的同步计数器进行仿真	能熟练使用仿真软件完成仿真操作，步骤清晰并获得正确参数	20		
	能用数字逻辑箱完成简单计数器的制作	能按照工艺要求完成元器件的安装，制作产品功能正常，相关参数正确	30		
	安全操作	安全用电，安装操作，遵守实训室管理制度	5		
	现场管理	按 6S 企业管理体系要求进行现场管理	5		

任务二　任意进制计数器的制作

任务目标

- 能描述集成计数器的功能，会使用集成计数器。
- 能用复位法构成任意进制计数器。
- 能用置数法构成任意进制计数器。
- 用集成计数器 CC4518 构成二十四进制、六十进制计数器。

任务教学方式

教学步骤	时间安排	教学方式及手段
阅读教材	课余	学生自学、查资料、相互讨论
知识点讲授	4 课时	1. 运用比较法讲解二进制计数器制作任意进制计数器的方法，并结合仿真课件进行讲解 2. 运用比较法讲解十进制计数器制作任意进制计数器的方法，并结合仿真课件进行讲解
实践操作	2 课时	分别对集成二进制计数器和十进制计数器构成的任意进制计数器进行仿真，并利用数字实验箱完成任意进制计数器的制作
评估检测	与课堂同时进行	教师与学生共同完成任务的检测与评估，并能对出现的问题进行分析与处理

读一读

集成计数器的分类

集成计数器的分类如下。

（1）按数的进制分类

二进制计数器是指按二进制数的运算规律进行计数的电路。例如，74LS161 为集成 4 位二进制同步加法计数器，其计数长度为 16。

十进制计数器是指按十进制数的运算规律进行计数的电路。例如，CC4518 为集成十进制同步加法计数器，其计数长度为 10。

任意进制计数器是指二进制计数器和十进制计数器以外的其他进制计数器统称为任意进制计数器，如十二进制计数器和六十进制计数器等。

（2）按计数时触发器的状态是递增还是递减分类

可分为加法计数器、减法计数器和可逆计数器。图 4-15 和图 4-16 所示分别为十进制加法、减法计数器的状态转换图。

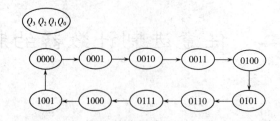

图 4-15　十进制加法计数器状态转换图

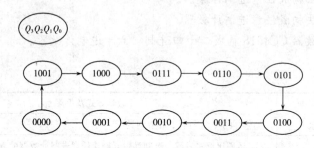

图 4-16　十进制减法计数器状态转换图

（3）按计数器中触发器的翻转是否同步分类

可分为同步计数器和异步计数器。

（4）按计数器中使用的元件类型分类

可分为 TTL 计数器和 CMOS 计数器。TTL 计数器中电路元件均为晶体管，而 CMOS 计数器中电路元件均为场效应管。

集成计数器的分类有哪些？

74LS161 的逻辑功能

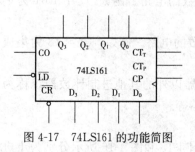

图 4-17　74LS161 的功能简图

二进制加法计数器符合二进制数的加法规则；二进制减法计数器符合二进制数的减法规则。常用的同步 4 位二进制加法计数器的集成芯片 74LS161，它的功能简图如图 4-17 所示，它的功能表如表 4-7 所示。

表4-7　74LS161功能表

$\overline{CR}$	$\overline{LD}$	CT_T	CT_P	CP	D_3	D_2	D_1	D_0	Q_3	Q_2	Q_1	Q_0
0	×	×	×	×	×	×	×	×	0	0	0	0
1	0	×	×	↑	d_3	d_2	d_1	d_0	d_3	d_2	d_1	d_0
1	1	1	1	↑	×	×	×	×	计数			
1	1	0	×	×	×	×	×	×	保持			
1	1	×	0	×	×	×	×	×	保持			

从表4-6可见：

1）$\overline{CR}$是异步清零端，当$\overline{CR}=0$时，无论74LS161的其他各端信号如何，输出均为零。

2）同步并行置数端$\overline{LD}$，当$\overline{CR}=1$，CP有上升沿，且$\overline{LD}=0$时，计数器输入端D_3、D_2、D_1、D_0各状态置到输出端Q_3、Q_2、Q_1、Q_0。

3）CT_T、CT_P为计数控制端，当$\overline{LD}=\overline{CR}=1$，且$CT_T=CT_P=1$时，计数器才处于计数状态。当$\overline{LD}=\overline{CR}=1$，$CT_P=0$或$CT_T=0$时，不管其他输入端状态如何，计数器的输出端均保持不变。

4）CO是进位端，并且$CO=CT_T \cdot Q_3''Q_2''Q_1''Q_0''$。

74LS160是典型同步十进制加法计数器；74LS163是同步二进制加法计数器，且CP上升沿到来时与$\overline{CR}=0$共同完成清零任务。

1．讲述74LS161的逻辑功能及各控制管脚的功能是什么？

2．查资料了解74LS160、74LS163的逻辑功能及各控制管脚的功能。

读一读

获得任意进制计数器

集成4位二进制同步计数器是功能较完善的计数器，用它可组成任意进制的计数器，组成的方法有两种，一种方法叫反馈归零法，也叫复位法，另一种方法叫置位法。

1．复位法

所谓复位法，就是利用集成计数器的置0功能来构成任意进制的计数器。当计数器从0开始计数时，如果到第N个CP脉冲后，通过反馈电路控制计数器的异步置零端，使之强制回零，则即可构成N进制计数器。

例4-4　用同步4位二进制计数器74LS161组成八进制计数器。

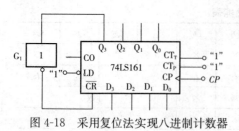

图 4-18　采用复位法实现八进制计数器

解　所谓八进制计数器，就是当 4 位二进制计数器计到 8 个脉冲时，设法归零，其组成原理如图 4-18 所示，当 $Q_3Q_2Q_1Q_0=1000$ 时，G_1 产生脉冲，使计数器回零。

如果实现五进制加法计数器，可将 G_1 换成与非门，将与非门的输入端分别与 Q_2 和 Q_0 连接。

2. 置位法

置位法是利用集成计数器的置数控制端 $\overline{LD}$ 的置位作用来改变计数器回零周期的，由前所述 $\overline{LD}=0$，且有 CP 时钟脉冲上升沿时，74LS161 可将输入端的数据并行置入到输出端。

如果要想用 74LS161 构成 N 进制计数器，当 $N-1$ 个脉冲到来时，可通过门电路使 $\overline{LD}=0$，当第 N 个时钟脉冲到来时，计数器会将输入端的 $D_3D_2D_1D_0=0000$ 置到输出端。这种方法叫置全零法。

图 4-19 所示为由 74LS161 构成的采用同步置数归零法实现的十二进制计数器。其归零逻辑 $\overline{LD}=\overline{Q_3Q_1Q_0}$。

图 4-20 是图 4-19 所示十二进制电路的状态转换图。

当第 11 个计数脉冲上升沿到来时，计数器的状态为 $Q_3Q_2Q_1Q_0=1011$，此时归零信号形成，$\overline{LD}=\overline{Q_3Q_1Q_0}=0$，等待第 12 个计数脉冲上升沿到来时，计数器立即归零，不需要过渡状态。

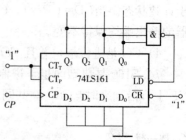

图 4-19　采用同步置数归零法构成的十二进制计数器

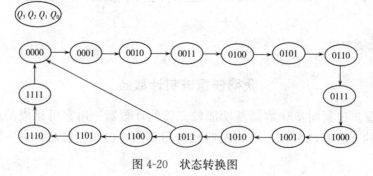

图 4-20　状态转换图

3. 级联法

上述所列各种方法，计数器的模都小于或等于 16，最大为十六进制，如果想获得大于十六进制的 N 进制计数器，必需用两片集成 74LS161 组成，并采用级联方法。一般要把低值片的进位直接作为高位片的时钟脉冲即可。

如用异步置零法构成六十进制计数器，如图 4-21 所示。

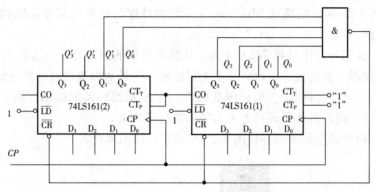

图 4-21　用异步置 0 法构成六十进制计数器

用同步置数功能构成六十进制计数器的例子，如图 4-22 所示。

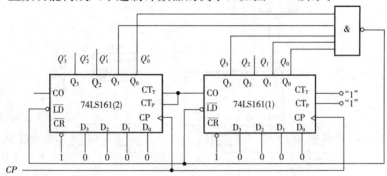

图 4-22　同步置数功能构成六十进制计数器

想一想

1）复位法和置位法有什么不同？

2）分别用复位法和置位法完成十三进制计数器的电路。

做一做

任意制计数器的功能仿真

1. 仿真目的

1）进一步了解任意进制计数器的实现方法。

2）通过仿真检验复位法和置位法构成任意进制计数器方法。

2. 仿真步骤及操作

（1）创建复位法的八进制计数器仿真测试电路实验电路

1）进入 Multisim 9.0 用户操作界面。

2）按图 4-23 所示电路从 Multisim 9.0 元器件库、仪器仪表库选取相应器件和仪器，连接电路。

从 TTL 元器件库中选择 74LS 系列，从弹出窗口的器件列表中选取 74LS161。

从仪表仪器工具栏拽出函数信号发生器图标，为计数器提供时钟控制信号。

单击指示器件库按钮，选取译码数码管用来显示编码器的输出代码。该译码数码管自动将 4 位二进制数代码转换为十六进制数显示出来。

3）给电路中的全部元器件按图 4-23 所示进行标识和设置。

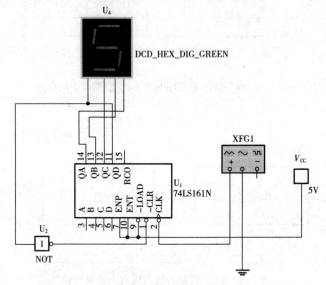

图 4-23　复位法实现八进制计数器仿真测试电路

双击函数信号发生器的图标，打开其参数设置面板，按图 4-24 所示完成各项设置。

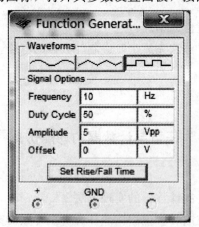

图 4-24　函数信号发生器面板参数设置

单击仿真运行按钮，启动运行电路。完成电路逻辑功能分析。

核对译码数码管显示的数值与输出代码是否一致。

（2）创建同步置数归零法构成的十二进制计数器仿真测试实验电路

1）按图 4-25 所示电路从 Multisim 9.0 元器件库、仪器仪表库选取相应器件和仪器，连接电路。

2）给电路中的全部元器件按图 4-25 所示进行标识和设置。

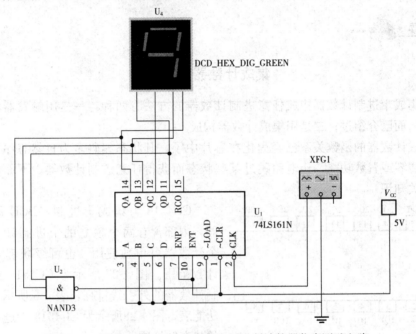

图 4-25　同步置数归零法构成的十二进制计数器仿真测试电路

双击函数信号发生器的图标，打开其参数设置面板，按图 4-26 所示完成各项设置。

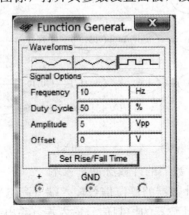

图 4-26　函数信号发生器面板参数设置

单击仿真运行按钮，启动运行电路。完成电路逻辑功能分析。

核对译码数码管显示的数值与输出代码是否一致。

注意：当数码译管显示不停闪动时，应检查时钟的频率是否为 10Hz 或再次予以确认。

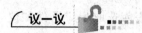

如何利用仿真软件的复位法和置位法完成十三进制计数器的电路仿真呢？

集成计数器 CC4518

用集成十进制计数器构成任意进制计数器的方法有两种：一是用触发器和门电路构成，前面已介绍过；二是用集成计数器构成。

集成计数器的函数关系已经固化在芯片中了，其状态编码多为自然态序码，可以利用其清零或置数功能，让电路跳过某些状态而获得任意进制计数器。下面就开始学习其相关知识。

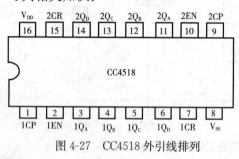

图 4-27　CC4518 外引线排列

CC4518 为集成十进制（BCD 码）计数器，内部含有两个独立的十进制计数器，两个计数器可单独使用，也可级联起来扩大其计数范围。图 4-27 所示为 CC4518 集成十进制计数器的外引线排列，表 4-8 所示为其逻辑功能表，图 4-28 所示为 CC4518 十进制计数器的状态转换图。

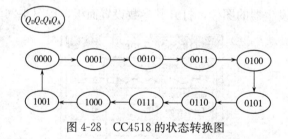

图 4-28　CC4518 的状态转换图

引脚说明：

1）V_{DD}——电源端（+5V），V_{SS}——接地端。

2）1CP、2CP——两计数器的计数脉冲输入端。

3）1CR、2CR——两计数器的复位信号输入端（高电平有效）。

4）1EN、2EN——两计数器的控制信号输入端（高电平有效）。

5）$1Q_A \sim 1Q_D$，$2Q_A \sim 2Q_D$——两计数器的状态输出端。

功能说明：

1）$CR=1$ 时，无论 CP、EN 情况如何，计数器都将置零。

2）$CR=0$，$EN=1$ 时，CP 上升沿计数；$CR=0$，$CP=0$ 时，EN 下降沿计数。

表 4-8 CC4518 的逻辑功能表

CR	CP	EN	功 能
1	×	×	复位
0	↑	1	加计数
0	0	↓	加计数
0	↓	×	保持
0	×	↑	保持
0	↑	0	保持
0	1	↓	保持

1）从 CC4518 的逻辑功能表可以看出 CC4518 的清零信号是什么？

2）从 CC4518 的逻辑功能表可以看出要使计数器处于计数状态，必须满足什么条件？

读一读

CC4518 构成二十四进制计数器

CC4518 内部含有两个独立十进制（BCD 码）计数器，要实现二十四进制计数，可以将两片独立的十进制计数器分别构成二进制计数器和四进制计数器，分别称为十位片和个位片。状态转换分别如图 4-29 和图 4-30 所示。

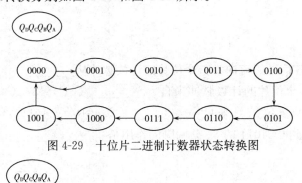

图 4-29 十位片二进制计数器状态转换图

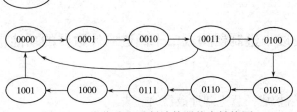

图 4-30 个位片四进制计数器状态转换图

图 4-29 所示为十位片二进制计数器状态转换图中复位信号的形成。当计数器的状态变成 0010，即一旦 $Q_B=1$ 时，将 Q_B 的高电平信号作为复位信号，使计数器立即归零。由于该状态出现的时间极短，所以它是过渡状态，电路的有效状态只有 0000 和 0001 两个，这就构成了二进制计数器，所以复位信号 $CR=Q_B$。

图 4-30 所示为个位片四进制计数器状态转换图中复位信号的形成。当计数器的状态变成 0100，即一旦 $Q_C=1$ 时，将 Q_C 的高电平信号作为复位信号，使计数器立即归零。由于该状态出现的时间极短，所以它是过渡状态，电路的有效状态分别为 0000、0001、0010、0011，这就构成了四进制计数器，所以复位信号 $CR=Q_C$。

根据前面介绍的二进制和四进制计数器的构成原理画出如图 4-31 所示用 CC4518 实现二十四进制计数器的逻辑图。

图 4-31 中 $1EN=1$，计数脉冲从 $1CP$ 输入，每来一个 CP 上升沿，个位片计数一次；$2CP=0$，$2EN=1Q_D$，每来一个 $1Q_D$ 下降沿，十位片计数一次。

图 4-31 所示为二十四进制计数器的计数原理。计数脉冲输入到个位片的 $1CP$ 端，

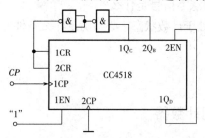

图 4-31 用 CC4518 集成计数器构成的二十四进制计数器逻辑电路

当第 10 个计数脉冲上升沿到来时，$1Q_D$ 由 1 变 0，作为下降沿送到 $2EN$，使十位片计数一次，$2Q_A$ 由 0 变 1；当第 20 个计数脉冲上升沿到来时，$1Q_D$ 又由 1 变 0，作为下降沿送到 $2EN$，使十位片又计数一次，$2Q_A$ 由 1 变为 0，而 $2Q_B$ 由 0 变为 1；当 24 个计数脉冲上升沿到来时，$1Q_C$ 由 0 变 1，此时 $1Q_C$、$2Q_B$ 同时为 1，经与非门送到 $1CR$、$2CR$，使十位片、个位片同时复位，即使其个位片和十位片的输出全部为 0，从而完成一个计数循环。

 想一想

图 4-31 中，各信号的流向为：个位片的计数脉冲从_____（CC4518/CC4011）的第____脚输入，十位片的计数脉冲来自_____（CC4518/CC4011）的第____脚，个位片和十位片的复位信号来自_____（CC4518/CC4011）的第____脚，$1Q_C$、$2Q_B$ 的信号分别送到 CC4011 的 8、9 两脚的作用是_____。

做一做

集成十进制器构成二十四进制计数器的功能仿真

1. 仿真目的
1）进一步了解构成任意进制计数器的方法。
2）通过仿真实现 CC4518 十进制计数器完成二十四进制计数器的功能。

2. 仿真步骤及操作

（1）创建两片 CC4518 集成计数器构成的二十四进制计数器仿真测试电路

1）进入 Multisim 9.0 用户操作界面。

2）按图 4-32 所示电路从 Multisim 9.0 元器件库、仪器仪表库选取相应器件和仪器，连接电路。

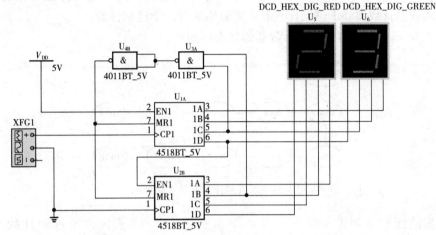

图 4-32　由两片 CC4518 集成计数器构成的二十四进制计数器仿真测试电路

从 CMOS 元器件库中选择 CMOS_5V 系列，从弹出窗口的器件列表中选取 CC4518。

从仪表仪器工具栏中拽出函数信号发生器图标，为计数器提供时钟控制信号。

单击指示器件库按钮，选取译码数码管用来显示编码器的输出代码。该译码数码管自动将 4 位二进制数代码转换为十六进制数显示出来。

3）给电路中的全部元器件按图 4-32 所示进行标识和设置。

双击函数信号发生器图标，打开其参数设置面板，按图 4-33 所示完成各项设置。

（2）运行电路，完成电路逻辑功能分析

单击工具栏中的仿真运行按钮，运行电路。核对译码数码管显示的数值与输出代码是否一致。

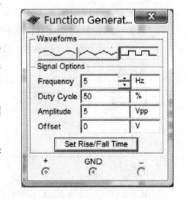

图 4-33　函数信号发生器面板参数设置

注意：当数码显示译码不停闪动时，应检查时钟的频率是否为 5Hz 或再次予以确认。

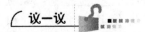 议一议

二十四进制计数器的构成原理是什么？

 读一读

CC4518 构成六十进制计数器

与二十四进制计数器的构成原理一样，用 CC4518 中两个独立的十进制计数器可分别构成六进制计数器和十进制计数器，则就能实现六十进制计数。

图 4-34 所示为六进制加法计数器的状态转换图。

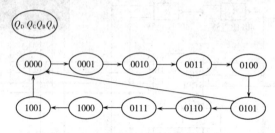

图 4-34　六进制计数器状态转换图

根据前面所学知识，画出如图 4-35 所示用 CC4518 实现六十进制计数器的逻辑图。

想一想

1) 与二十四进制计数器复位信号的形成相似，在图 4-35 中当计数器的状态变成_____，即一旦 Q_C 和 Q_B 同时为_____时，将形成复位信号，使计数器立即归零。由于该状态出现的时间极短，所以它是过渡状态，电路的有效状态为_____、_____、_____、_____、_____、_____，这就构成了六进制计数器，所以复位信号 $CR=$_____。

图 4-35　CC4518 构成的六十进制
计数器逻辑电路

2) 与图 4-31 所示的二十四进制计数器的计数原理相似，图 4-35 所示的六十进制计数器的计数原理是计数脉冲输入到_____（个位片/十位片）的 CP 端，个位片本来就是十进制计数器，当每输入 10 个计数脉冲的上升沿到来时，$1Q_D$ 都由_____变_____，作为下降沿送到 $2EN$，使_____（个位片/十位片）计数一次。当第 60 个计数脉冲上升沿到来时，$2Q_C$、$2Q_B$ 同时为_____，经与非门送到 $1CR$、$2CR$，使十位片、个位片同时_____，即使其_____和_____的输出全部为 0，完成一个计数循环。

集成十进制计数器构成六十进制计数器的功能仿真

1. 仿真目的

1）进一步了解构成任意进制计数器的方法。

2）通过仿真实现 CC4518 十进制计数器完成六十进制计数器的功能。

2. 仿真步骤及操作

（1）创建两片 CC4518 集成计数器构成的六十进制计数器仿真测试电路

1）进入 Multisim 9.0 用户操作界面。

2）按如图 4-36 所示电路从 Multisim 9.0 元器件库、仪器仪表库选取相应器件和仪器，连接电路。

从 CMOS 元器件库中选择 CMOS5V 系列，从弹出窗口的器件列表中选取 CC4518。

从仪表仪器工具栏拽出函数信号发生器图标，为计数器提供时钟控制信号。

单击指示器件库按钮，选取译码数码管用来显示编码器的输出代码。该译码数码管自动将 4 位二进制数代码转换为十六进制数显示出来。

3）给电路中的全部元器件按如图 4-36 所示进行标识和设置。

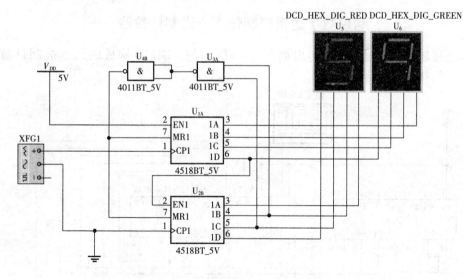

图 4-36　由两片 CC4518 构成的六十进制计数器仿真测试电路

双击函数信号发生器图标，打开其参数设置面板，按如图 4-37 所示完成各项设置。

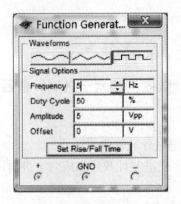

图 4-37 函数信号发生器面板参数设置

（2）运行电路，完成电路逻辑功能分析

单击工具栏中的仿真运行按钮，运行电路。核对译码数码管显示的数值与输出代码是否一致。

注意： 当数码显示译码不停闪动时，应检查时钟的频率是否为 5Hz 或再次予以确认。

利用数字逻辑箱制作六十进制计数器

1）根据逻辑电路图 4-35 画出如图 4-38 所示的 CC4518 构成的六十进制计数器接线。

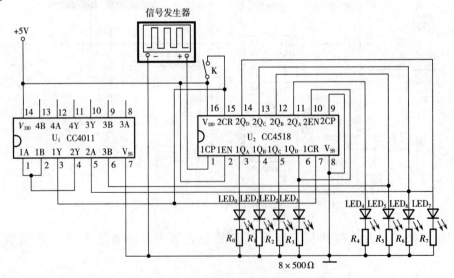

图 4-38 CC4518 构成的六十进制计数器接线

2）根据图 4-38 所示用 CC4518 搭建六十进制计数器的实验电路，并验证其逻辑功能。

3）计数脉冲由信号发生器提供，稳压电源提供＋5V 电压，计数器的输出状态用 8 个发光二极管表示。调整信号发生器，使其输出频率为 1Hz 的方波，观察发光二极管的工作情况是否符合六十进制的计数规律。

4）表 4-9 所列为其元件清单。

表 4-9　CC4518 构成的二十四进制计数器电路元件清单

序　号	品　名	型号/规格	数　量	配件图号
1	数字集成电路	CC4518	1	U_1
2	数字集成电路	CC4011	1	U_2
3	发光二极管	2EF10	8	$LED_0 \sim LED_7$
4	碳膜电阻	$RTX-0.5W-500\Omega-II$	1	$R_0 \sim R_7$

5）自画计数器状态表。

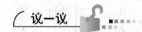

1）开关 K 的作用是什么？

2）各信号的流向：个位片的计数脉冲从＿＿＿＿＿＿（CC4518/CC4011）的第＿＿＿脚输入，十位片的计数脉冲来自＿＿＿＿＿（CC4518/CC4011）的第＿＿＿＿＿脚；个位片和十位片的复位信号来自＿＿＿＿＿（CC4518/CC4011）的第＿＿＿＿＿脚；$2Q_B$、$2Q_C$ 的信号分别送到 CC4011 的 1、2 两脚的作用是＿＿＿＿＿＿＿＿＿＿。

3）指示个位片的计数的发光二极管有＿＿＿＿＿＿，指示十位片的计数的发光二极管有＿＿＿＿＿＿＿。

4）二十四进制计数器与六十进制计数器的构成原理一样吗？还可用什么方法实现它？

寄存器分类及工作原理

寄存器是用于存放二进制代码的逻辑电路，由前面所学知识可知，一个触发器只能存放一位二进制代码（0 或 1），则几个二进制代码须对应由几个触发器组成，同时，寄存器还有控制电路去控制数据接收和数据消除的功能。寄存器包括数码寄存器和移位寄存器两大类。

1. 数码寄存器

数码寄存器是由若干个触发器组成的，图 4-39 是由 4 个 D 触发器组成的寄存器，

196

它能接收、存放 4 位二进制代码。

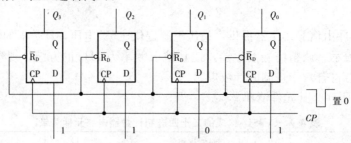

图 4-39　4 位数码寄存器

假设在 D 触发器的输入端输入 $D_3D_2D_1D_0=1101$ 数码，当时钟脉冲 CP 的上升沿到来时，可将这 4 个数码存到触发器中，即 $Q_3Q_2Q_1Q_0=1101$，所以也称 CP 脉冲为"接收命令"脉冲；4 个触发器的 $\overline{R}_D$ 端连在一起，当给 $\overline{R}_D$ 负脉冲时，可将 4 个触发器全部清零，所以数码寄存器具有清零、接收、保存和输出的功能。常用在缓冲寄存器、存储寄存器、暂存器、累加器等中。74LS175 是一个常用的 4 位数码寄存器。

2. 单向移位寄存器

移位寄存器不但具备数码寄存器所有功能，还具有移位功能，即在 CP 脉冲作用下，实现寄存器中的数码向左或向右或双向移位的功能，右移寄存器是指寄存器中数码自左向右移；左移寄存器是指寄存器中数码自右向左移。移位寄存器主要用于二进制的乘、除法运算。图 4-40 是 4 位左移移位寄存器。

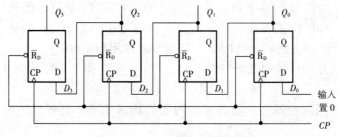

图 4-40　4 位左移移位寄存器

$\overline{R}_D$ 输入负脉冲，将各触发器清零。输入信号从 D_0 端输入。假设要输入的信号为 1101，并且当第一个 CP 脉冲到来前，4 个触发器的输入端分别是：$D_0=1$，$D_1=Q_0=0$，$D_2=Q_1=0$，$D_3=Q_2=0$。所以在第一个 CP 脉冲上升沿到来时，分别将 4 个触发器置为 $Q_0=1$，$Q_1=0$，$Q_2=0$，$Q_3=0$；在第二个时钟脉冲到来前，$D_0=1$，$D_1=Q_0=1$，$D_2=Q_1=0$，$D_3=Q_2=0$，所以在第二个 CP 脉冲上升沿到来时，$Q_0=1$，$Q_1=1$，$Q_2=0$，$Q_3=0$。以此类推，当第 4 个 CP 脉冲上升沿到来时，$Q_0=1$，$Q_1=0$，$Q_2=1$，$Q_3=1$，将数码 1101 左移到了触发器中。

由于输入数码 1101 经过 4 个时钟脉冲依次左移，所以称之为串行输入，而各触发器的输出端是并行输出。称这种移位寄存器为串行输入—并行输出；当然还有并行输入—串行输出、并行输入—并行输出的工作方式。

3. 双向移位寄存器

双向移位寄存器是功能齐全且常用的移位寄存器，在控制电路的作用下，有左移、右移、清零、保持、并行输入等功能。图 4-41 是 74LS194 的逻辑功能框图，它是常用的 4 位双向寄存器。在图 4-41 中，M_1 和 M_0 组成了工作方式控制端。

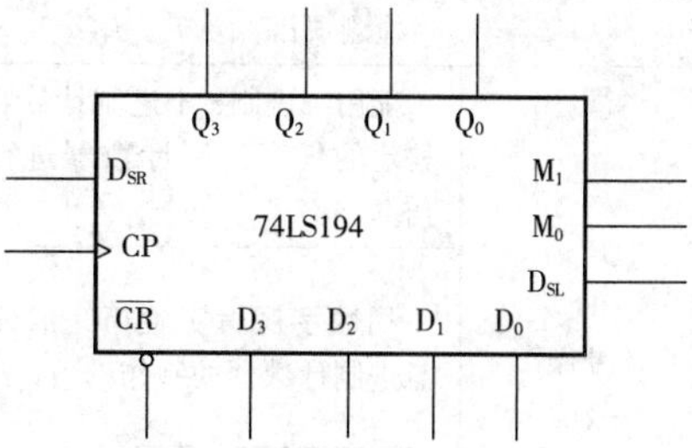

图 4-41 74LS194 功能框图

$M_1 M_0 = 00$，保持；

$M_1 M_0 = 01$，右移；

$M_1 M_0 = 10$，左移；

$M_1 M_0 = 11$，并行置数，数据从 $D_3 \sim D_0$ 输入。

$\overline{CR}$ 是异步清零端，所以 $M_1 M_0$ 只有在 $\overline{CR} = 1$，CP 脉冲上升沿到来时有效。

D_{SR} 为右移串行数据输入端，数据从低位开始输入。

D_{SL} 为左移串行数据输入端，数据从高位开始输入。

其功能表如表 4-10 所示。

表 4-10 74LS194 功能表

$\overline{CR}$	M_1	M_0	CP	D_{SL}	D_{SR}	D_0	D_1	D_2	D_3	Q_0	Q_1	Q_2	Q_3	说　明
0	×	×	×	×	×	×	×	×	×	0	0	0	0	置 0
1	×	×	0	×	×	×	×	×	×	保持				保持
1	1	1	↑	×	×	d_0	d_1	d_2	d_3	d_0	d_1	d_2	d_3	并行置数
1	0	1	↑	×	1	×	×	×	×	1	Q_0	Q_1	Q_2	右移输入 1
1	0	1	↑	×	0	×	×	×	×	0	Q_0	Q_1	Q_2	右移输入 0
1	1	0	↑	1	×	×	×	×	×	Q_1	Q_2	Q_3	1	左移输入 1
1	1	0	↑	0	×	×	×	×	×	Q_1	Q_2	Q_3	0	左移输入 0
1	0	0	×	×	×	×	×	×	×	保持				保持

评一评

填写表 4-11 所列内容。

表 4-11 任务检测与评估

检测项目		评分标准	分　值	学生自评	教师评估
任务知识内容	集成二进制计数器构建任意进制计数器的原理	能用二进制计数器构建任意进制计数器	15		
	集成十进制计数器构建任意进制计数器的原理	能用十进制计数器构建任意进制计数器	25		

续表

检测项目		评分标准	分 值	学生自评	教师评估
任务操作技能	能用二进制、十进制计数器构建的任意进制计数器进行仿真	能熟练使用仿真软件完成仿真操作，步骤清晰并获得正确参数	20		
	用数字逻辑实验箱完成任意进制计数器的制作	能按照工艺要求完成元器件的安装，制作产品功能正常，相关参数正确	30		
	安全操作	安全用电，安装操作，遵守实训室管理制度	5		
	现场管理	按 6S 企业管理体系要求进行现场管理	5		

任务三　555 定时器构成振荡器的应用

任务目标

- 能叙述 555 定时器逻辑功能、管脚功能，并能正确使用 555 定时器。
- 会用 555 定时器构成振荡器。
- 用 555 定时器制作出 1kHz 方波信号的振荡电路。
- 理解单稳态、双稳态、无稳态的概念及特点，并掌握判断电路类型的方法。

任务教学方式

教学步骤	时间安排	教学方式（供参考）
阅读教材	课余	自学、查资料、相互讨论
任务知识点讲授	6 课时	结合触发器讲解 555 的工作原理，并利用仿真与制作提高 555 的运用能力
实践操作	2 课时	上机仿真验证 555 电路的功能及常用电路
	3 课时	实训制作调试 555 实用电路
评估检测	与课堂同时进行	教师与学生共同完成任务的检测与评估，并能对出现的问题进行分析与处理

读一读

555 定时器的外观及内部结构

在数字电路中，经常要用到各种频率的矩形信号，如前面所讲到的时钟信号。这些矩形脉冲的获得常采用两类方法，一是利用方波振荡电路直接产生所需要的矩形脉冲；二是利用整形电路将其他类型的信号转变为矩形脉冲。

前一类方法采用的电路称为多谐振荡电路或多谐振荡器。习惯上又把矩形波振荡器叫做多谐振荡器。多谐振荡器一旦振荡起来后，电路没有稳态，只有两个暂稳态，它们在作交替变化，输出矩形波脉冲信号，因此它又被称为无稳态电路。

后一类方法是利用整形电路。这一类电路包括单稳态触发器和施密特触发器。这些电路可以由集成逻辑门构成，也可以用集成定时器构成。由于现在集成定时器运用得很多，因此将重点介绍集成定时器即 555 集成定时器。

555 电路于 1972 问世，由美国 SIGNETICS 公司首度研发并命名为 NE555。由于其成本低、易使用、适应性广和稳定性高，于是成为人们常用的集成定时器。其常见名称有 555 定时器、555 时基电路、三五集成电路等。其外形如图 4-42 所示。

图 4-42　555 定时器实物外形

555 定时器是一种数字模拟混合型的中规模集成电路，可产生精确的时间延迟和振荡，由于内部有 3 个 $5k\Omega$ 的电阻分压器，故称"555"。它可以提供与 TTL 及 CMOS 数字电路兼容的接口电平。

555 定时器的集成电路外形、引脚、内部结构如图 4-43 所示。

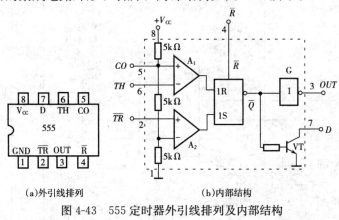

(a)外引线排列　　　　　(b)内部结构

图 4-43　555 定时器外引线排列及内部结构

GND—接地端　$\overline{TR}$—低触发端　OUT—输出端　$\overline{R}$—复位端
CO—控制电压端　TH—高触发端　D—放电端　V_{CC}—电源端

TTL 单定时器型号的最后 3 位数字为 555，双定时器的为 556；CMOS 单定时器的最后 4 位数为 7555，双定时器的为 7556。它们的逻辑功能和外部引线排列完全相同。

555 定时器的各功能脚的功能是什么？555 定时器的作用是什么？

555 集成电路的逻辑功能测试

1. 仿真目的

1）进一步了解 555 集成电路的基本结构。

2）通过仿真测试 555 集成电路的逻辑功能。

2. 仿真步骤及操作

（1）创建 555 逻辑功能仿真测试电路

1）进入 Multisim 9.0 用户操作界面。

2）按图 4-44 所示电路从 Multisim 9.0 元器件库、仪器仪表库选取相应器件和仪器，连接电路。

单击模数混合芯片元器件库图示按钮，拽出在 555TIMER 器件列表中选取定时器集成电路图形，从中选出 LM555CN。

单击虚拟仪表库按钮，选取数字电压表。

3）给电路中的全部元器件按图 4-45 所示进行标识和设置。

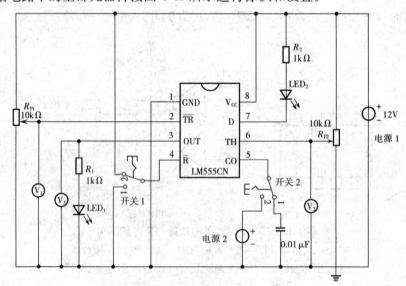

图 4-44　555 定时器仿真测试电路

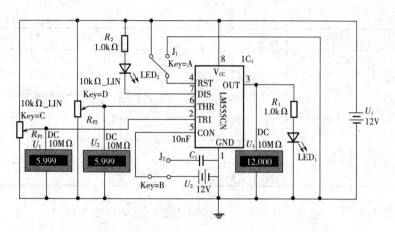

图 4-45 555 定时器的输入、输出关系测试电路

（2）运行电路

单击工具栏仿真按钮，启动运行电路，完成电路逻辑功能分析。

注意：连接 LM555CN 的接线端子时，合理布线，以使电路简捷清楚，并注意空余接线端子的处理。

（3）测试电路说明

1）开关 1 打到 2 端时，4 脚复位端 $\overline{R}$ 接电源，也就是接高电平。在表 4-12 和表 4-13中用 1 表示；开关 1 打到 1 端时，4 脚复位端 $\overline{R}$ 接地，也就是接低电平。在表 4-12 和表 4-13 中用 0 表示。

2）开关 2 打到 2 端时，5 脚控制电压端 CO 接电源 2，也就是接高电平。在表 4-12 和表 4-13 中用 1 表示；开关 2 打到 1 端时，5 脚控制电压端 CO 悬空。在 4-12 和表4-13 中用 0 表示。

3）调整可调电阻 R_{P1}，控制 2 脚低触发端 U_{TR} 的电压，其值可由电压表 V_1 读取；调整可调电阻 R_{P2}，控制 5 脚高触发端 U_{TH} 的电压，其值可由电压表 V_2 读取。

4）发光二极管 LED_1 亮说明输出端 3 脚 U_{OUT} 输出高电平，用 U_{OH} 表示；发光二极管 LED_1 灭说明输出端 3 脚 U_{OUT} 输出低电平，用 U_{OL} 表示。

5）发光二极管 LED_2 亮说明 555 定时器内部三极管 VT 饱和，放电端 7 脚对地近似短路。用导通表示；发光二极管 LED_2 灭说明 555 定时器内部三极管 VT 截止，放电端 7 脚对地近似断路，用截止表示。

参照上述条件，当电源 1、电源 2 均为 12V 时，将测试结果记录到表 4-12 中。

表 4-12 555 定时器性能测试记录 1

$\overline{R}$	CO	U_{TH}	U_{TR}	U_{OUT}	VT 的状态
0					

续表

$\overline{R}$	CO	U_{TH}	U_{TR}	U_{OUT}	VT 的状态
1	0				
	1				

当电源 1 为 9V、电源 2 为 6V 时，将测试结果记录到表 4-13 中。

表 4-13　555 定时器性能测试记录 2

$\overline{R}$	CO	U_{TH}	U_{TR}	U_{OUT}	VT 的状态
0					
1	0				
	1				

VT 的状态与 $\overline{R}$、CO、U_{TH}、U_{TR} 的关系是什么?

555 定时器输入输出关系

经过测试，可以得出 555 定时器的输入、输出关系如表 4-14 所示。

表 4-14　555 定时器的输入、输出关系

$\overline{R}$	CO	U_{TH}	U_{TR}	U_{OUT}	VT 的状态
0	0	$\times$	$\times$	U_{OL}	导通
1	0	$>\frac{2}{3}V_{CC}$	$>\frac{1}{3}V_{CC}$	U_{OL}	导通
		$<\frac{2}{3}V_{CC}$	$>\frac{1}{3}V_{CC}$	不变	不变
		$<\frac{2}{3}V_{CC}$	$<\frac{1}{3}V_{CC}$	U_{OH}	截止

续表

$\overline{R}$	CO	U_{TH}	U_{TR}	U_{OUT}	VT 的状态
0	0	×	×	U_{OL}	导通
1	1	$>V_{\text{CO}}$	$>\frac{1}{2}V_{\text{CO}}$	U_{OL}	导通
		$<V_{\text{CO}}$	$>\frac{1}{2}V_{\text{CO}}$	U_{OL}	不变
		$<V_{\text{CO}}$	$<\frac{1}{2}V_{\text{CO}}$	不变	截止

想一想

将前面 555 定时器的输入、输出关系测试记录表 4-12 和表 4-13 与表 4-14 进行比较，可以看出 555 定时器 5 脚的功能是什么？

做一做

555 集成电路构成 1kHz 振荡器的功能仿真

1. 仿真目的

1）进一步了解 555 集成电路的基本结构。

2）通过仿真实现 555 集成电路构成 1kHz 振荡器的功能。

2. 仿真使用器材

选用的元器件如图 4-46 所示。

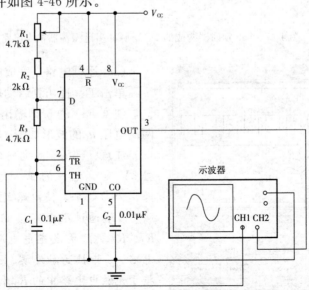

图 4-46　由 555 构成的 1kHz 多谐振荡器实验连接

3. 仿真步骤及操作

（1）创建 1kHz 多谐振荡器仿真测试电路

1）进入 Multisim 9.0 用户操作界面。

2）按图 4-46 所示电路从 Multisim 9.0 元器件库、仪器仪表库选取相应器件和仪器，连接电路。

单击模数混合芯片元器件库图示按钮，拽出在 555TIMER 器件列表中选取定时器集成电路图形，从中选出 LM555CN。

从仪器仪表库中选取示波器，用于观察 555 输出波形及测出波形的频率。

3）给电路中的全部元器件按图 4-47 所示进行标识和设置。

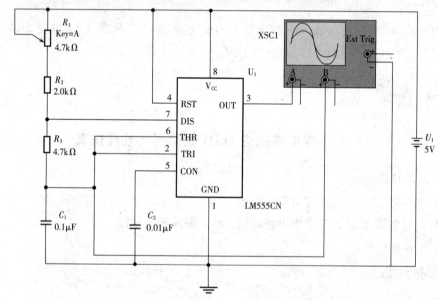

图 4-47　555 定时器构成的 1kHz 脉冲多谐振荡器仿真电路

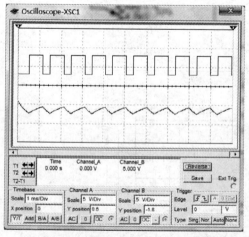

图 4-48　通过示波器观察的输出波形

（2）运行电路，完成电路逻辑功能分析

单击工具栏仿真启动按钮，运行电路。

观察 555 的 3 脚输出电压 u_o 和电容 C_1 两端电压 u_C 的波形如图 4-48 所示。

注意： 555 集成电路的 8 脚、1 脚分别接 5V 直流电源的正、负端。复位端接电源，为高电平，使电路处于非复位状态。5 脚 CO 端通过小电容接地而不起作用。R_1、R_2、R_3、C_1 构成充电电路。7 脚构成放电电路。6 脚接高触发端、2 脚接低触发端并接于充放电电路中的 R_3 和 C_1 之间，控制输出端 3 脚的状态。

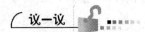

调整 R_1，同时用频率计观察输出信号 u_o 的频率变化规律，并使 u_o 的频率固定为 1kHz。测出电阻 R_1 的阻值为＿＿＿＿＿＿。

555 定时器工作原理

前面通过实验（或仿真）观察了 555 定时器构成的多谐振荡器的波形。该振荡器的工作原理是：接通 V_{CC} 后，V_{CC} 经 R_1、R_2 和 R_3 对 C_1 充电。当 u_C 上升到 $\frac{2}{3}V_{CC}$ 时，$u_o=0$，T 导通，C_1 通过 R_3 和 T 放电，u_C 下降。当 u_C 下降到 $\frac{1}{3}V_{CC}$ 时，u_o 又由 0 变为 1，T 截止，V_{CC} 又经 R_1、R_2 和 R_3 对 C_1 充电。如此重复上述过程，在输出端 u_o 产生了连续的矩形脉冲。

振荡频率和占空比的估算：

1）电容 C 充电时间：$t_{w1}=0.7(R_1+R_2+R_3)C_1$

2）电容 C 放电时间：$t_{w2}=0.7R_3C_1$

3）电路谐振频率 f 的估算：

振荡周期为 $\qquad T=t_{w1}+t_{w2}=0.7(R_1+R_2+2R_3)C_1$

振荡频率为 $\qquad f=\dfrac{1}{T}=\dfrac{1}{0.7(R_1+R_2+2R_3)C_1}$

4）占空比为 $\qquad q=\dfrac{t_{w1}}{t_{w1}+t_{w2}}>50\%$

1）在图 4-47 所示的多谐振荡器中，$R_1=15k\Omega$，$R_3=10k\Omega$，$C_1=0.05\mu F$，$V_{CC}=9V$，估算振荡频率 f 和占空比 q。

2）在图 4-47 所示的多谐振荡器中，输出频率 f 为 1kHz 和占空比 q 为 67% 的方波，则必须选 $R_1=$＿＿＿＿ $k\Omega$，$R_3=$＿＿＿＿ $k\Omega$，$C_1=0.1\mu F$ 的元件。

知识拓展

555 应用电路

图 4-49 所示为 555 定时器构成叮咚门铃原理。可以看出，该电路就是前面 555 振荡电路的应用，就是由 555 振荡电路改进得来的。按钮 S、R_4、C_1 构成充放电路。4 脚

的电压是充放电路中 C_1 的电压。当按下 S，电源经 VD_2 对 C_1 充电，当集成电路 4 脚（复位端）电压大于 1V 时，电路振荡，扬声器中发出"叮"声。松开按钮 S，C_1 电容储存的电能经 R_4 电阻放电，但集成电路 4 脚继续维持高电平而保持振荡，这时因 R_1 电阻也接入振荡电路，振荡频率变低，使扬声器发出"咚"声。当 C_1 电容器上的电能释放一定时间后，集成电路 4 脚电压低于 1V，此时电路将停止振荡。再按一次按钮，电路将重复上述过程。

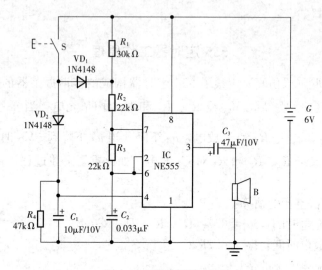

图 4-49　叮咚门铃原理

1）断开 S 后要改变余音的长短，可调整电路中元件_____的数值。

2）试估算扬声器发出"叮咚"声时，555 定时器组成的振荡器的振荡频率分别是_____、_____。

3）如果 R_1 开路，当按下 S 时，电路出现的现象是_____；当松下开关 S 时，电路出现的现象是_____。

做一做

制作叮咚门铃

利用数字逻辑箱，根据图 4-49 所示的叮咚门铃原理图，画出如图 4-50 所示的 555 定时器构成的叮咚门铃接线，按表 4-15 所示元件清单选元件，并细心装配。完成后，必须再仔细检查焊点和连线是否符合要求，元器件到位是否准确，电解电容器的极性是否与图纸一致，经检查无误后，将集成电路的 4 脚与电源直接相连。

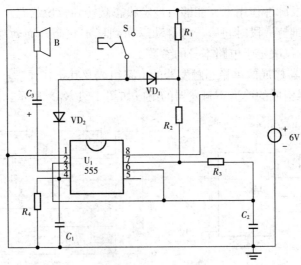

图 4-50 叮咚门铃接线

表 4-15 叮咚门铃电路制作元件清单

序　号	品　名	型号/规格	数　量	配件图号	实测情况
1	集成电路	NE555	1	U_1	
2	1/4W 电阻	30kΩ	1	R_1	
3	1/4W 电阻	22kΩ	1	R_2、R_3	
4	1/4W 电阻	47kΩ	1	R_4	
5	电解电容	10μF/10V	1	C_1	
6	涤纶电容	0.033μF	1	C_2	
7	按钮		1	S	
8	二极管	1N4148	2	VD_1、VD_2	

议一议

将集成电路的 4 脚与电源直接相连可听出扬声器中发出＿＿＿＿＿＿＿的声音。按下 S，并调整 R_2、R_3 和 C_2 的数值可改变声音的频率，可以听出 C_2 越小频率声音的频率越＿＿＿＿＿＿。断开 S，调整电阻 R_1 的阻值，此时扬声器中发出＿＿＿＿＿＿＿的声音。

读一读

单稳态施密特触发器的工作原理

1. 单稳态触发器

（1）单稳态触发器的特点

1）它有一个稳定状态和一个暂稳状态。

2）在外来触发脉冲作用下，能够由稳定状态翻转到暂稳状态。

3）暂稳状态维持一段时间后，将自动返回到稳定状态，而暂稳状态时间的长短，与触发脉冲无关，仅决定于电路本身的参数。

（2）555 定时器构成的单稳态触发器的电路组成及其工作原理

由 555 定时器构成的单稳态触发器的组成如图 4-51（a）所示。

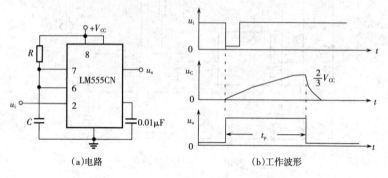

(a)电路　　　　　　　(b)工作波形

图 4-51　555 定时器构成的单稳态触发器

接通 V_{CC} 后瞬间，V_{CC} 通过 R 对 C 充电，当 u_C 上升到 $\frac{2}{3}V_{CC}$ 时，比较器 A_1 输出为 0，将触发器置 0，$u_o=0$。这时 $Q=1$，放电管 VT 导通，C 通过 VT 放电，电路进入稳态。

u_i 到来时，因为 $u_i<\frac{1}{3}V_{CC}$，使比较器 $A_2=0$，触发器置 1，u_o 又由 0 变为 1，电路进入暂稳态。由于此时 $Q=0$，放电管 VT 截止，V_{CC} 经 R 对 C 充电。虽然此时触发脉冲已消失，比较器 A_2 的输出变为 1，但充电继续进行，直到 u_C 上升到 $\frac{2}{3}V_{CC}$ 时，比较器 A_1 输出为 0，将触发器置 0，电路输出 $u_o=0$，VT 导通，C 放电，电路恢复到稳定状态。其工作波形如图 4-51（b）所示。

（3）主要参数的估算

1）输出脉冲宽度：$t_P=1.1RC$

2）恢复时间：$t_{re}=3\sim5R_{CES}\cdot C$

3）最高工作频率：$f_{max}=\dfrac{1}{t_p+t_{re}}$

2．施密特触发器

施密特触发器是一种双稳态触发电路，输出有两个稳定的状态，但与一般触发器不同的是：施密特触发器属于电平触发；对于正向增加和减小的输入信号，电路有不同的阈值电压 U_{T+} 和 U_{T-}，也就是引起输出电平两次翻转（1→0 和 0→1）的输入电压不同，具有如图 4-52（a）、（c）所示的滞后电压传输特性，此特性又称回差特性。所以，凡输出和输入信号电压具有滞后电压传输特性的电路均称为施密特触发器。施密特触发器有同相输出和反相输出两种类型。同相输出的施密特触发器是当输入信号正

向增加到 U_{T+} 时，输出由 0 态翻转到 1 态，而当输入信号正向减小到 U_{T-} 时，输出由 1 态翻转到 0 态；反相输出只是输出状态转换时与上述相反。它们的回差特性和逻辑符号如图 4-52（b）、（d）所示。

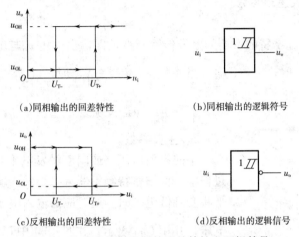

（a）同相输出的回差特性　　　　（b）同相输出的逻辑符号

（c）反相输出的回差特性　　　　（d）反相输出的逻辑信号

图 4-52　施密特触发器的回差特性和逻辑符号

施密特触发器具有很强的抗干扰性，广泛用于波形的变换与整形。

（1）555 定时器

由 555 定时器组成的施密特触发器的电路如图 4-53（a）所示，工作波形如（b）所示。只要将 555 定时器的 2 号脚和 6 号脚接在一起，就可以构成施密特触发器。通常简记为"二六一搭"。

（2）施密特触发器的工作原理

1）当 $u_i=0$ 时，由于比较器 $A_1=1$，$A_2=0$，触发器置 1，即 $Q=1$、$\overline{Q}=0$，$u_{o1}=u_o=1$。u_i 升高时，在未到达 $\frac{2}{3}V_{CC}$ 以前，$u_{o1}=u_o=1$ 的状态不会改变。

2）u_i 升高到 $\frac{2}{3}V_{CC}$ 时，比较器 A_1 输出为 0，A_2 输出为 1，触发器置 0，即 $Q=0$、$\overline{Q}=1$，$u_{o1}=u_o=0$。此后，u_i 上升到 V_{CC}，然后再降低，但在未到达 $\frac{1}{3}V_{CC}$ 前，$u_{o1}=u_o=0$ 的状态不会改变。

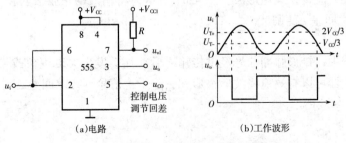

（a）电路　　　　　　　（b）工作波形

图 4-53　555 定时器构成的施密特触发器

3）u_i下降到$\frac{1}{3}V_{CC}$时，比较器A_1输出为1、A_2输出为0，触发器置1，即$Q=1$、$\overline{Q}=0$，$u_{o1}=u_o=1$。此后，u_i继续下降到0，但$u_{o1}=u_o=1$的状态不会改变。

（3）滞回特性及主要参数

1）滞回特性。

图4-54所示是施密特触发器的电压传输特性，即输出电压u_o与输入电压u_i的关系曲线。当$u_i<\frac{1}{3}V_{CC}$时，$u_o=U_{OH}$；当$\frac{1}{3}V_{CC}<u_i<\frac{2}{3}V_{CC}$时，$u_o$保持原状态不变；当

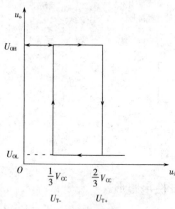

图4-54　施密特触发器
滞回特性曲线

$u_i>\frac{2}{3}V_{CC}$时，$u_o=U_{OL}$。

2）主要参数。

正向阈值电压（或叫上触发电平）U_{T+}是指u_i上升过程中，使施密特触发器状态翻转，输出电压u_o由高电平跳变到低电平时，所对应的输入电压值叫做正向阈值电压，并用U_{T+}表示，在图4-54中$U_{T+}=\frac{2}{3}V_{CC}$。

负向阈值电压（或叫下触发电平）U_{T-}是指u_i下降过程中，使施密特触发器状态翻转，输出电压u_o由低电平跳变到高电平时，所对应的输入电压u_i值叫做负向阈值电压，并用U_{T-}表示，在图4-54中，$U_{T-}=\frac{1}{3}V_{CC}$。

回差电压ΔU_T又叫滞回电压，是正向阈值电压U_{T+}与负向阈值电压U_{T-}之差，即$\Delta U_T=U_{T+}-U_{T-}$。在图4-54中，$\Delta U_T=U_{T+}-U_{T-}=\frac{2}{3}V_{CC}-\frac{1}{3}V_{CC}=\frac{1}{3}V_{CC}$。

（4）施密特触发器的应用

施密特触发器的应用十分广泛，不仅可以应用于波形的变换、整形、展宽，还可应用于鉴别脉冲幅度、构成多谐振荡器、单稳态触发器等。

1）波形的变换。

施密特触发器能够将变化平缓的信号波形变换为较理想的矩形脉冲信号波形，即可将正弦波或三角波变换成矩形波。图4-55所示为将输入的正弦波转换为矩形波，其输出脉宽t_W可由回差ΔU调节。

2）波形的整形。

在数字系统中，矩形脉冲信号经过传输之后往往会发生失真现象或带有干扰信号。利用施密特触发器可以有效地将波形整形和去除干扰信号（要求回差ΔU大于干扰信号的幅度），如图4-56所示。

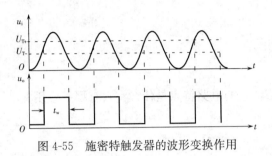

图 4-55　施密特触发器的波形变换作用

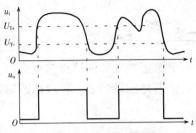

图 4-56　施密特触发器的波形整形作用

3）幅度鉴别。

如果有一串幅度不相等的脉冲信号，要剔除其中幅度不够大的脉冲，可利用施密特触发器构成脉冲幅度鉴别器，如图 4-57 所示，可以鉴别幅度大于 U_{T+} 的脉冲信号。

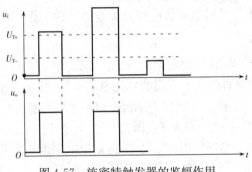

图 4-57　施密特触发器的鉴幅作用

4）构成多谐振荡器。

施密特触发器的特点是电压传输具有滞后特性。如果能使它的输入电压在 U_{T+} 与 U_{T-} 之间不停地往复变化，在输出端即可得到矩形脉冲，因此，利用施密特触发器外接 RC 电路就可以构成多谐振荡器，电路如图 4-58（a）所示。

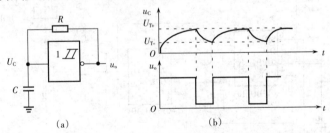

图 4-58　反相输出的施密特触发器构成多谐振荡器及其工作波形

工作过程：接通电源后，电容 C 上的电压为 0，输出 u_o 为高电平，u_o 的高电平通过电阻 R 对 C 充电，使 u_C 上升，当 u_C 到达 U_{T+} 时，触发器翻转，输出 u_o 由高电平变为低电平。然后 C 经 R 到 u_o 放电，使 u_C 下降，当 u_C 下降到 U_{T-} 时，电路又发生翻转，输出 u_o 变为高电平，u_o 再次通过 R 对 C 充电，如此反复，形成振荡。工作波形如图 4-58（b）所示。

想一想

1) 单稳态触发器的特点是什么？

2) 施密特触发器是一种双稳态触发电路，它的电路特点是什么？它有哪些应用？

做一做

单键触摸式电灯开关电路的仿真测试

1. 仿真目的

1) 通过仿真，检测 D 触发器的逻辑功能。

2) 通过仿真，熟悉"单键触摸式电灯开关电路"的工作原理。

2. 仿真步骤及内容

单键触摸式开关电路应用 D 触发器的特性，如图 4-59 所示。在单键触摸式电灯开关的电路里，两个 D 触发器接成了不同的单元电路。U_{1A} 接成了单稳态触发器，数据输入端 D_1 接高电平 V_{DD}，即 $D_1 = 1$，当 J_1 闭合（模拟人手触摸）时，相当于给时钟端 CP_1 输入一个时钟脉冲，使 $Q_1 = D_1 = 1$，即 Q_1 端为高电平，它通过 R_3 向 C_2 充电，"置 0 端" R_D（即 CD_1 端）的电位随之升高，上升到复位电平时，单稳态触发器 U_{1A} 的输出 Q_1 又返回低电平 0。这样，每触摸一次开关 J_1，Q_1 端就输出一个固定宽度的正脉冲，作为 U_{1B} 的时钟信号。D 触发器 U_{1B} 接成了双稳态触发器。

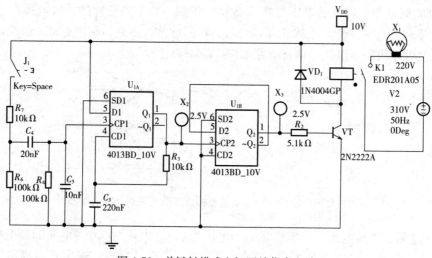

图 4-59 单键触摸式电灯开关仿真电路

双稳态电路 U_{1B} 的数据输入端 $D_2 = \overline{Q_2}$，假定时钟脉冲没有到来之前（$CP_2 = 0$），U_{1B} 的输出状态是 $Q_2 = 0$（$\overline{Q_2} = 1$），那么在时钟脉冲 CP_2 到来后，$Q_2 = D_2 = 1$，$\overline{Q_2}$ 就变成了 0，也就是 D_2 端变成了 0，再来一个时钟脉冲，Q_2 将翻转为 0。这就说明，双稳态

触发器的功能是每来一个时钟脉冲，Q_2 端的状态就改变一次。

单键触摸式开关实现电灯开关的过程：

开关 J_1 每闭合和断开一次，U_{1A} 就发出一个正脉冲，继而作为 U_{1B} 的 CP_2，使 CP_2 的 Q_2 端由 0 变 1，又由 1 变 0。当 Q_2 为高电平 "1" 时，三极管 VT 导通灯 X_1 点亮，当 Q_2 为低电平 "0" 时，三极管 VT 截止，灯 X_1 熄灭。

3. 仿真步骤及操作要领

1）参照图 4-59 所示在 EWB 仿真软件环境下创建单键触摸式开关电路，并连接测试探针。

2）仿真时将开关 J_1（控制键 Space）闭合，观察灯 X_1，逻辑探头 X_2、X_3 的变化。

3）将开关 J_1 断开，观察灯 X_1，逻辑探头 X_2、X_3 的变化。

4）继续表 4-16 中步骤，将观察结果记录下来。

5）更换 R_3、C_3 的参数，重复表 4-16 中步骤。

4. 仿真结果及分析

根据实验步骤，并观察逻辑探头和灯的变化，将结果填入表 4-16 中。

表 4-16　单键触摸式电灯开关仿真记录表

序号	仿真内容	仿真结果			D 触发器的状态					
		X_1	X_2	X_3	CP_1	D_1	Q_1	CP_2	D_2	Q_2
1	闭合开关 J_1 一次									
2	断开开关 J_1 一次									
3	闭合开关 J_1 一次									
4	断开开关 J_1 一次									
5	闭合开关 J_1 一次									
6	断开开关 J_1 一次									
7	闭合开关 J_1 一次									
8	断开开关 J_1 一次									

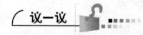

1）为什么仿真开始，闭合开关 J_1 需等待几秒钟后，灯 X_1 才会亮？

2）为什么每次断开 J_1，灯 X_1 的状态不会改变？

3）两个 D 触发器 U_{1A} 和 U_{1B} 在电路中各起什么作用？

CMOS 门电路构成振荡器和触发器

1. CMOS 门电路构成的多谐振荡器

由于 CMOS 门电路的输入阻抗高（$>10^8 \Omega$），对电阻 R 的选择基本上没有限制，不需要大容量电容就能获得较大的时间常数，而且 CMOS 门电路的阈值电压 U_{TH} 比较稳定，因此常用来构成振荡电路，尤其适用于频率稳定度和准确度要求不太严格的低频时钟振荡电路。

（1）电路组成及工作原理

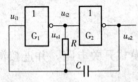

图 4-60 CMOS 多谐振荡器

图 4-60 所示为一个由 CMOS 反相器与 R、C 元件构成的多谐振荡器。接通电源 V_{DD} 后，电路中将产生自激振荡，因 RC 串联电路中电容 C 上的电压随电容充放电过程不断变化，从而使两个反相器的状态不断发生翻转。

接通电源后，假设电路初始状态 $u_{i1}=0$，门 G_1 截止，$u_{o1}=1$，门 G_2 导通，$u_{o2}=0$，这一状态称为第 1 暂稳态。此时，电阻 R 两端的电位不相等，于是电源经门 G_1、电阻 R 和门 G_2 对电容 C 充电，使得 u_{i1} 的电位按指数规律上升，当 u_{i1} 达到门 G_1 的阀值电压 U_{TH} 时，门 G_1 由截止变为导通，电路发生以下正反馈过程：

$$u_{i1}\uparrow \longrightarrow u_{o1}\downarrow \longrightarrow u_{o2}\uparrow$$

即门 G_1 导通，门 G_2 截止，$u_{o1}=0$，$u_{o2}=1$，这称为电路的第 2 暂稳态。这个暂稳态也不能稳定保持下去。电路进入该状态的瞬间，门 G_2 的输出电位 u_{o2} 由 0 上跳至 1，幅度约为 V_{DD}。由于电容两极间电位不能突变，使得 u_{i1} 的电压值也上跳 V_{DD}。由于 CMOS 门电路的输入电路中二极管的钳位作用，使 u_{i1} 略高于 V_{DD}。此时电阻两端电位不等，电容通过电阻 R、门 G_1 及门 G_2 放电，使得 u_{i1} 电位不断下降，当 u_{i1} 下降到 U_{TH} 时，电路发生以下正反馈过程：

$$u_{i1}\downarrow \longrightarrow u_{o1}\uparrow \longrightarrow u_{o2}\downarrow$$

使得门 G_1 截止，门 G_2 导通，即 $u_{o1}=1$，$u_{o2}=0$，电路发生翻转，又回到第 1 暂稳态。

此后，电容 C 重复充电、放电，在输出端即获得矩形波输出。

（2）振荡周期 T 和振荡频率 f 的计算

在 CMOS 电路中，若 $V_F\approx0V$，且 $U_{TH}=\dfrac{1}{2}V_{DD}$，则第 1 暂稳态时间和第 2 暂稳态时间相等为 t，门 G_2 的输出 u_{o2} 为方波。

振荡周期为 $T\approx1.4RC$，则振荡频率 $f=\dfrac{1}{T}=\dfrac{1}{1.4RC}$。

（3）用 TTL 门电路构成振荡器

如图 4-61 所示，由 TTL 门构成的振荡器的工作频率可比 CMOS 提高一个数量级。在图 4-61（a）中，R_1、R_2 一般为 $1k\Omega$ 左右，C_1、C_2 取 $100pF\sim100\mu F$，输出频率为几赫至几十兆赫。图 4-61（b）中增加了调频电位器，R_1、R_2 取值为 $300\sim800\Omega$，R_3 取 $0\sim600\Omega$。若取 C_1、C_2 为 $0.22\mu F$，R_1、R_2 为 300Ω，则输出为几千赫至几十千赫，用 R_3 进行调节。由 TTL 门构成的振荡器适合于在几兆赫到几十兆赫的中频段工作。由于 TTL 门电路功耗大于 CMOS 门电路，并且最低频率因受输入阻抗的影响，很难做到几赫，一般不适合低频段工作。

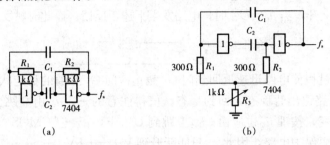

图 4-61　TTL 门电路构成的振荡器

2. CMOS 门电路构成的单稳态触发器

单稳态触发器可以由 TTL 或 CMOS 门电路与外接 RC 电路组成，其中 RC 电路称为定时电路。根据 RC 电路的不同接法，可以将单稳态触发器分为微分型和积分型两种。

（1）CMOS 或非门微分型单稳态触发器

1）电路如图 4-62 所示。

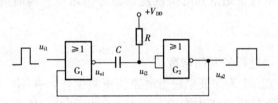

图 4-62　CMOS 或非门微分型单稳态触发器

2）工作原理。假定 CMOS 或非门的电压传输特性曲线为理想化折线，即开门电平 V_{ON} 和关门电平 V_{OFF} 相等，这个理想化的开门电平或关门电平称为阈值电压 U_{TH}（一般 $U_{TH} = \frac{1}{2}V_{DD}$），当输入 $u_i \geqslant U_{TH}$ 时，输出 $u_o = 0$；当 $u_i < U_{TH}$ 时，$u_o = V_{DD} = 1$。

①稳态。接通电源，无触发信号（$u_{i1} = 0$），电路处于稳态，电源 V_{DD} 通过电阻 R 对 C 充电达到稳态值，故 $u_{i2} = V_{DD} = 1$，门 G_2 导通，输出 $u_{o2} = 0$，门 G_1 截止，输出 $u_{o1} = V_{DD} = 1$，电容 C 上的电压为 0。

②外加触发信号到来，电路由稳态翻转到暂稳态。

当外加触发信号 u_{i1} 正跳变，使 u_{o1} 由 1 跳到 0 时，由于 RC 电路中电容 C 上电压不能突变，因此，u_{i2} 也由 1 跳变到 0，使门 G_2 输出由 0 变 1，并返送到门 G_1 的输入。这时输入信号 u_{i1} 高电平撤消后，u_{o1} 仍维持为低电平，这一过程可描述为：

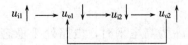

然而，这种状态是不能长久保持的，故称为暂稳态。

③由暂稳态自动返回稳态。

在暂稳态期间，电源 V_{DD} 通过电阻 R 和门 G_1 的导通工作管对电容 C 充电。随着充电的进行，u_{i2} 逐渐上升，当 $u_{i2}=U_{TH}$ 时，电路发生下述正反馈（设此时触发脉冲已消失）：

$$C\ 充电 \longrightarrow u_{i2}\uparrow \longrightarrow u_{o2}\downarrow \longrightarrow u_{o1}\uparrow$$

这一正反馈过程使电路迅速返回到门 G_1 截止、门 G_2 导通的稳定状态。最后 $u_{o1}=V_{DD}$，$u_{o2}=0$，电路退出暂稳态，回到稳态。值得注意的是，u_{o1} 由 0 跳变到 V_{DD}，由于电容电压不能突变，按理 u_{i2} 也应由 U_{TH} 上跳到 $U_{TH}+V_{DD}$，但 CMOS 门电路的内部输入端有二极管限幅保护电路，因此 u_{i2} 只能跃升到 $V_{DD}+0.8V$。

暂稳态结束后，电容 C 通过电阻 R 经门 G_1 的输出端和门 G_2 的输入端保护二极管放电，使 u_{i2} 恢复到稳态时的初始值 V_{DD}。

3）主要参数计算。

①输出脉冲宽度 t_W。从电路的工作过程可知，输出脉宽 t_W 是电容器 C 的充电时间。可得

$$t_W \approx 0.7RC$$

②恢复时间 t_{re}。从暂态结束到电路恢复到稳态初始值所需时间，即电容 C 放电所需要的时间

$$t_{re} \approx 3\tau_d$$

式中　τ_d 为电容 C 放电过程的时间常数。

③最高工作频率 f_{max}。为保证单稳态电路能正常工作，在第一个触发脉冲作用后，必须等待电路恢复到稳态初始值才能输入第二个触发脉冲。因此，触发脉冲工作最小周期 $T_{min}>t_W+t_{re}$，则电路的最高工作频率为

$$f_{max} = \frac{1}{T_{min}} < \frac{1}{t_W+t_{re}}$$

（2）CMOS 门电路构成的积分型单稳态触发器

1）电路组成。

积分型单稳态触发器如图 4-63 所示，是由两个 CMOS 或非门组成。门 G_1 和门 G_2 采用 RC 积分电路耦合，u_{i1} 加至门 G_1 和门 G_2 输入端。

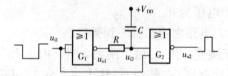

图 4-63　CMOS 或非门积分型单稳态触发器

2）工作原理。

①稳态。当电路的输入 u_{i1} 为高电平时，电路处于稳态，门 G_1、G_2 均导通，u_{o1}、u_{i2}、u_{o2} 均为低电平。

②暂稳态。当输入信号 u_{i1} 下跳为低电平时，门 G_1 截止，u_{o1} 则跳变为高电平，但由于电容 C 上电压不能突变，u_{i2} 仍为低电平，故门 G_2 亦截止，u_{o2} 正跳变到高电平，电路进入暂稳态。

③暂稳态自动恢复到稳态。在门 G_1、门 G_2 截止时，由于电阻 R 两端电位不等，电容 C 通过 R。（门 G_1 的输出电阻）和 R 放电，u_{i2} 逐渐上升，当升高到该门的阈值电压 U_{TH} 时（假定 u_{i1} 仍为低电平），门 G_2 导通，u_{o2} 变为低电平。

当 u_{i1} 回到高电平后，门 G_1 导通，u_{o1} 为低电平，此时电容充电，电路恢复到原来的稳定状态。

3）参数计算。

①脉冲宽度 t_W。t_W 的估算公式和微分型电路相同，即

$$t_W = RC\ln \frac{V_{OD}}{V_{DD} - U_{TH}} \approx 0.7RC$$

这种电路要求输入信号 u_{i1} 的脉冲宽度（低电平时间）应大于输出脉宽 t_W。

②恢复时间 t_{re}：

$$t_{re} \approx 3RC$$

微分型单稳态触发器要求窄脉冲触发，具有展宽脉冲宽度的作用；而积分型单稳态触发器则相反，需要宽脉冲触发、输出窄脉冲，故有压缩脉冲宽度的作用。

在积分型单稳态触发电路中，由于电容 C 对高频干扰信号有旁路滤波作用，故与微分型电路相比，抗干扰能力较强。

由于单稳态触发器在数字系统中的应用日益广泛，所以有集成单稳态触发器产品，同上面介绍的 CMOS 单稳态电路一样，其正常工作时，需外接阻容元件。在此不再详细介绍。

填写如表 4-17 所示内容。

表 4-17 任务检测与评估

	检测项目	评分标准	分值	学生自评	教师评估
任务知识内容	555 构成的多谐振荡器及应用	能用 555 构成多谐振荡器	15		
	555 构成的单稳态电路及应用	能用 555 构成单稳态电路	15		
	555 构成的施密特触发器及应用	能用 555 构成施密特触发器	15		
任务操作技能	能用 555 制作多谐振荡器并能进行计算机仿真	能熟练使用仿真软件完成仿真操作，步骤清晰并获得正确参数	20		
	能制作门铃	能用数字逻辑箱完成门铃的制作	25		
	安全操作	安全用电，安装操作，遵守实训室管理制度	5		
	现场管理	按 6S 企业管理体系要求进行现场管理	5		

任务四　流水彩灯的制作与调试

任务目标

- 熟悉集成电路 CD4017 的基本功能。
- 掌握流水彩灯的工作原理。
- 能对流水彩灯进行制作与调试。

任务教学方式

教学步骤	时间安排	教学手段及方式
阅读教材	课余	学生自学、查资料、相互讨论
知识点讲授	4 课时	1. 利用仿真课件讲解 CD4017 的逻辑功能 2. 利用实物来讲解流水彩灯的功能和原理
实践操作	6 课时	1. 仿真流水彩灯的原理和功能 2. 对流水彩灯进行制作
评估检测	与课堂同时进行	教师与学生共同完成任务的检测与评估，并能对出现的问题进行分析与处理

CD4017 的工作原理

图 4-64 是同步十进制约翰逊码计数器/脉冲分配器 CD4017 芯片。内部是由 5 个触发器和一些门电路构成的译码器组成。

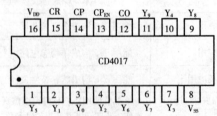

图 4-64　CD4017 同步十进制约翰逊码计数器/脉冲分配器

CR 为异步清零端，高电平有效，$CR=1$ 时计数被清零为 0000 状态，强制译码器输出 $Y_1 \sim Y_9$ 全为低电平，而 Y_0 和进位输出 CO 为高电平。CP 为时钟端。$\overline{CP_{EN}}$ 为时钟允许控制端，低电平有效，$CP_{EN}=0$ 时，在 CP 上升沿进行计数。当 $CP=1$ 时，在

$\overline{CP_{EN}}$的下降沿也能进行计数。$Y_0\sim Y_9$是 10 个译码输出端，高电平有效，其中的每一个输出仅在 10 个 CP 计数脉冲周期的一个周期内能有序地变为高电平。CO 为进位输出端，当计数到 5～9 时 CO 输出为低电平，当计数到 0～4 或者在 $CR=1$ 时，CO 输出高电平，进位输出 CO 可以作为十分频输出，也可以用级联输出，以扩展其功能。CD4017 的时序如图 4-65 所示。

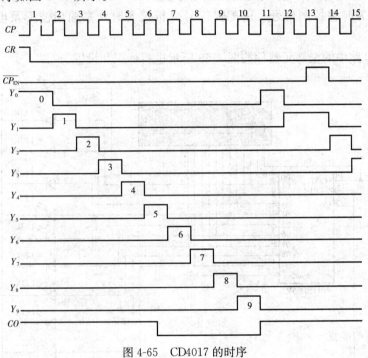

图 4-65　CD4017 的时序

当 $CP=1$ 时，在$\overline{CP_{EN}}$接时钟信号则 CD4017 的 $Y_0\sim Y_9$ 输出怎样的波形？

CD4017 集成电路的逻辑功能测试

1. 仿真目的

1) 进一步了解 CD4017 集成电路的基本结构和功能。

2) 通过仿真进一步了解 CD4017 的逻辑功能。

2. 仿真步骤及操作

(1) 创建 CD4017 的逻辑功能测试实验电路

1) 进入 Multisim 9.0 用户操作界面。

2）按图 4-66 所示电路从 Multisim 9.0 元器件库、仪器仪表库选取相应器件和仪器，连接电路。

①单击 CMOS 集成电路库图示，选出 CMOS＋5V 集成电路图形，从它们的器件列表中选出 CD4017。在基本元器件库中选出发不同光的二极管，作为指示灯。

②在仪器库图标中，分别选出函数信号发生器和逻辑信号分析仪。其中，用函数信号发生器为时钟控制信号；用逻辑信号分析仪实时观察输出波形及电路逻辑功能分析。

3）给电路中的全部元器件按图 4-66 所示进行标识和设置。

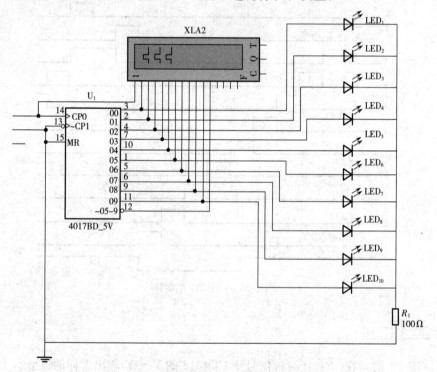

图 4-66　CD4017 的逻辑功能测试实验电路

双击函数信号发生器的图标，打开其参数设置面板，按图 4-67 所示完成各项设置。

双击逻辑信号分析仪图标，打开其参数设置面板，按图 4-68 所示完成各项设置。

4）将有关导线设置成适当颜色，以便观察波形。

（2）运行电路，完成电路逻辑功能分析，并观察波形

单击工具栏仿真启动按钮，运行电路。

注意： 当 LED 不停闪动时，应检查时钟的频率是否为 10Hz 或再次予以确认。

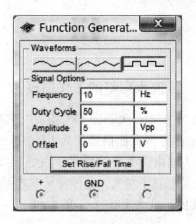

图 4-67 函数信号发生器参数设置面板

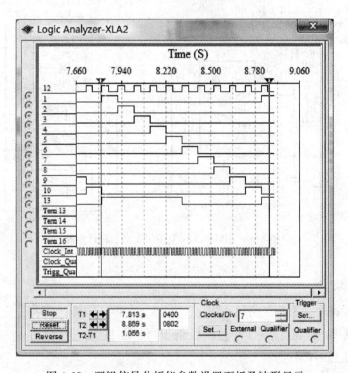

图 4-68 逻辑信号分析仪参数设置面板及波形显示

 议一议

1) 根据图 4-68 所示画出 CD4017 的功能表。

2) 当 $CP_0 = 1$，在 $\overline{CP_{EN}}$ 加时钟脉冲信号时进行仿真。画出此时的功能表。

 读一读

流水彩灯的工作原理

流水彩灯的原理如图 4-69 所示。电路由 555 构成时基振荡电路，产生输出时基脉冲，振荡频率在 $6 \sim 50\,\text{Hz}$ 范围可调，此信号作为 CD4017 计数输入信号，进行十进制计数后再译码输出，CD4017 输出高电平的顺序分别是 3、2、4、7、10、1、5、6、9、11 脚，依次使 10 串彩灯按排列顺序发光。各种发光方式可按自己的需要进行具体的组合，若要改变彩灯的闪光速度，可改变电容 C_1 的大小。

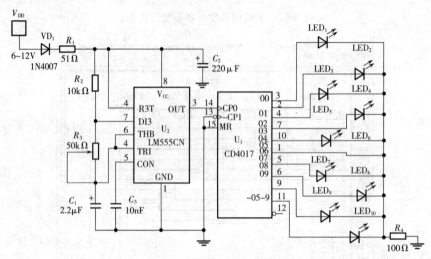

图 4-69　LM555CN/CD4017 流水彩灯电路

想一想

电位器 R_3 减小，555 振荡频率将_____，彩灯闪烁速度将_____。C_1 减小，555 振荡频率将_____，彩灯闪烁速度将_____。彩灯亮度与_____有关。

做一做

流水彩灯的功能仿真

1. 仿真目的

1）进一步了解 CD4017 集成电路的基本结构和功能。

2）进一步了解 555 集成电路构成多谐振荡器的原理。

3）掌握流水彩灯的工作原理。

2. 仿真步骤及操作

（1）创建流水彩灯测试实验电路

1）进入 Multisim 9.0 用户操作界面。

2）按图 4-69 所示电路从 Multisim 9.0 元器件库、仪器仪表库选取相应器件和仪器，连接电路。

① 单击 CMOS 集成电路库图示，选出 CMOS＋5V 集成电路图形，从它们的器件列表中选出 CD4017。在基本元器件库中选出发不同光的二极管，作为指示灯。

② 单击模数混合元器件芯片库按钮图示，拽出定时器集成电路图形，从它们的器件列表中选出 LM555CN。

③ 在二极管器件库中选出各色发光二极管作为指示。

3）给电路中的全部元器件按图 4-70 所示进行标识和设置。

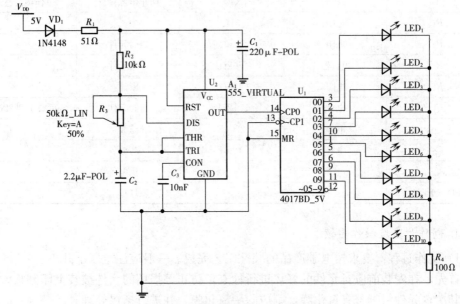

图 4-70　流水彩灯的仿真测试电路

（2）运行电路并完成电路逻辑功能分析

单击工具栏仿真启动按钮，运行电路。

注意： 当 LED 不停闪动时，应检查 555 的振荡频率是否正常。

做一做

流水彩灯的制作与调试

1. 制作目的

1）加深对计数器电路的理解，熟悉 CD4017 电路功能。

2) 结合实际元件及制作做到理论联系实际。

3) 掌握产品的布局设计、制作及调试。

2. 制作所需器材

万用表、电烙铁、尖嘴钳、斜口钳、万能板、配套元件等。

3. 制作内容

元件清单如表 4-18 所示。

表 4-18　流水彩灯的元件清单

元件序号	名　称	规　格	作　用	备　注
U_1	计数/译码	CD4017	计数/译码	
U_2	时基集成	LM555	时基集成电路	LM555
VD_1	二极管	1N4007	防止电源接反	也作半波整流
R_1	电阻	51Ω	限流	
R_2	电阻	$10k\Omega$	定时元件	
R_3	电位器	$50k\Omega$	定时元件	
R_4	电阻	100Ω	限流	
C_1	电容	$2.2\mu F$	定时元件	可减小到 22nF
C_2	电容	$220\mu F$	滤波	
C_3	电容	10nF	防振	
V_{DD}	电源	$5\sim12V$	供电	
$LED_1\sim LED_{10}$	发光二极管		彩灯指示	

4. 制作步骤及操作要领

1) 制作过程：要求按电子产品的装配工艺完成。一般应注意以下几点。

首先，在安装前应对元件的好坏进行检查，防止已损坏的元件被装上印制板。

其次，元件引脚若有氧化膜，则应除去氧化膜，并进行搪锡处理。

再次，安装时，要确保元件的极性正确，如二极管和的正、负极，电解电容的正、负极，集成电路的引脚顺序。

最后，安装时，应先安装小型元件（如电阻），然后安装中型元件，最后安装大型元件，同一种元件的高度应当尽量一致，这样便于安装操作。

流水灯的 PCB 的接线如图 4-71 所示，其中 a 与 a′之间为一跳线。

图 4-72 和图 4-73 所示为循环流水彩灯元件排布和焊接参考图。

2) 电路调试方法：通电后发光二极管应该能顺序循环点亮，调节电位器，循环速度可变。如发光二极管不能点亮，检查 CD4017 供电是否正常及本身是否良好，R_4 是否开路，发光二极管是否接反；如发光二极管能点亮但不能循环变化，重点查 LM555 电路是否起振。

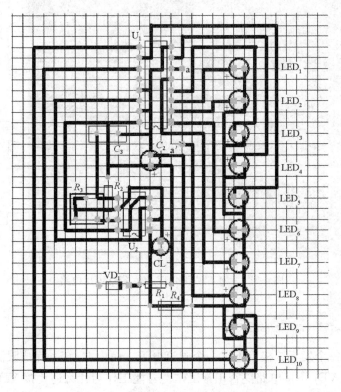

图 4-71 流水彩灯电路板（PCB）接线

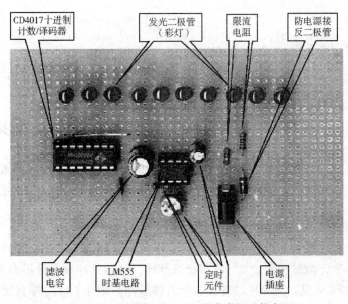

图 4-72 LM555/CD4017 流水彩灯元件布局

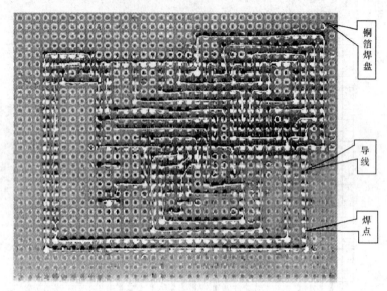

图 4-73　LM555/CD4017 流水彩灯焊接电路

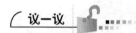

1）为什么每个发光二极管不加一个限流电阻，而由 R_4 统一完成限流？

2）二极管 VD_1 不接电路能否正常工作？若能工作为什么还要接 VD_1？

3）你能将发光二极管排出哪些闪烁花样？

分 频 电 路

1. 分频器的原理与制作

数字钟若用 555 振荡电路来获得很低频率的时基脉冲信号，需要对振荡器输出的较高频率的信号进行分频。

在数字电路中，分频器是一种可以进行频率变换的电路，其输入、输出信号是频率不同的脉冲序列。输入、输出信号频率的比值称为分频比。例如，二分频器的输出信号频率是输入信号频率的 $\frac{1}{2}$，八分频器的输出信号频率是输入信号频率的 $\frac{1}{8}$。

二分频信号有计数器的最低位输出，其工作波形如图 4-74 所示。由计数器工作原理可知，每来一个计数脉冲该位加 1，即状态翻转。计数脉冲在上升沿有效，下降沿无效。由波形图 4-74 可见，从 CP 端输入 2 个时钟脉冲，则在 OUT_1 端只输出 1 个脉冲，实现了二分频。即 $f_{o1} = \frac{1}{2} f_i$。

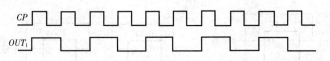

图 4-74　二分频器输入、输出波形

1000 分频信号由计数器的最高位输出，其工作波形如图 4-75 所示。由计数器工作原理可知，每计数 998 时该位由 0 翻转为 1，直到在计数 999 后再来计数脉冲时计数器清零复位，该位转 0。由波形图 4-75 可见，从 CP 端输入 1000 个时钟脉冲，则在 OUT_2 端只输出 1 个脉冲，实现了 1000 分频，即 $f_{o2} = \dfrac{1}{1000} f_i$。

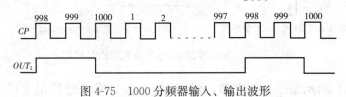

图 4-75　1000 分频器输入、输出波形

将 1000Hz 脉冲信号，经二分频获得 500Hz 脉冲信号，再经 1000 分频获得 1Hz 脉冲信号。电路有两个 CC4518 集成电路中的 3 个十进制计数单元组成。由前面所学知识可知，实际上就是一个 1000Hz 计数器。图 4-76 所示为 1000 分频器的原理图。

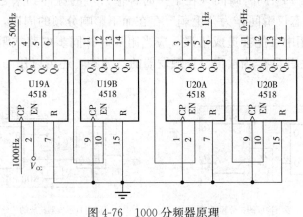

图 4-76　1000 分频器原理

2. 其他分频电路介绍

用于 $N = 2 \sim 4$ 分频比的电路，常用双 D 触发器或双 JK 触发器器件来构成，如图 4-77 所示。分频比 $N > 4$ 的电路，则常采用计数器来实现更为方便，一般无需再用单个触发器来组合。

图 4-77 所示为用 D 触发器和 JK 触发器来组成分频电路，输出占空比均为 50%。用 JK 触发器构成分频电路容易实现并行式同步工作，因而适合于频率较高的应用场合。而触发器中的引脚 R、S（P）等如果不使用，则必须按其功能要求连接到非有效电平的电源或地线上。

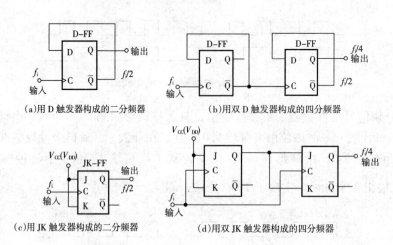

(a)用 D 触发器构成的二分频器　　　　(b)用双 D 触发器构成的四分频器

(c)用 JK 触发器构成的二分频器　　　(d)用双 JK 触发器构成的四分频器

图 4-77　D 触发器和 JK 触发器构成的分频器

图 4-78（a）所示是三分频电路，用 JK 触发器实现三分频很方便，不需要附加任何逻辑电路就能实现同步计数分频。但用 D 触发器实现三分频时，必须附加译码反馈电路，如图 4-78（b）所示的译码复位电路，强制计数状态返回到初始全零状态，就是用或非门电路把 $Q_2Q_1 =$ "11B" 的状态译码产生高电平复位脉冲，强迫触发器 FF_1 和触发器 FF_2 同时瞬间（在下一时钟输入 f_i 的脉冲到来之前）复零，于是 $Q_2Q_1 =$ "11B" 状态仅瞬间作为"毛刺"存在而不影响分频的周期，这种"毛刺"仅在 Q_1 中存在，实用中可能会造成错误，应当附加时钟同步电路或阻容低通滤波电路来滤除，或者仅使用 Q_2 作为输出。D 触发器的三分频，还可以用与门对 Q_2、Q_1 译码来实现返回复零。

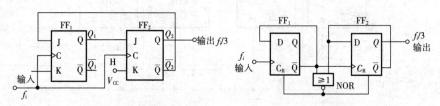

(a)用 JK 触发器构成的三分频器　　　　(b)用 D 触发器构成的三分频器

图 4-78　用 JK 触发器和 D 触发器构成的三分频器

如何用计数器构成 100 分频器？试画出其电路图。

填写如表 4-19 所列的内容。

表 4-19　任务检测与评估

	检测项目	评分标准	分值	学生自评	教师评估
任务知识内容	CD4017 的逻辑功能	能讲述 CD4017 的逻辑功能	20		
	掌握流水彩灯的原理	能讲述流水彩灯的工作原理	20		
任务操作技能	CD4017 的逻辑功能测试	能用仿真软件进行 CD4017 的逻辑功能测试	20		
	NE555/CD4017 流水彩灯电路的制作	能按照工艺要求完成元器件的安装，制作产品功能正常，相关参数正确	30		
	安全操作	安全用电，安装操作，遵守实训室管理制度	5		
	现场管理	按 6S 企业管理体系要求进行现场管理	5		

项 目 小 结

1）时序逻辑电路的特点是在任一时刻的输出不仅与输入各变量的状态组合有关，还与电路原来的输出状态有关，它具有记忆功能。

2）时序逻辑电路的分析方法：写出驱动方程、输出方程、状态方程；列出状态转换表（真值表）；画出时序图或状态转换图；写出逻辑功能说明。

3）计数器：计数器是用以统计输入时钟脉冲 CP 个数的电路。计数器不仅可以用来计数，也可以用来作脉冲信号的分频、程序控制、逻辑控制等。计数器的种类很多，按触发器翻转次序来划分有同步计数器和异步计数器，按计数的进制不同可分为二进制、十进制及 N 进制计数器。

4）寄存器：寄存器是用于存放二进制代码的逻辑电路，有数码寄存器和移位寄存器之分。

5）LM555/LM555C 系列是使用极为广泛的一种通用集成电路。由于内部电压标准使用了 3 个 5kΩ 电阻，故取名 555 电路。555 含有两个电压比较器，一个基本 RS 触发器，一个放电开关管 VT，比较器的参考电压由 3 只 5kΩ 的电阻器构成的分压器提供。它们分别使高电平比较器 A_1 的反相输入端和低电平比较器 A_2 的同相输入端的参考电平为 $\frac{2}{3}V_{CC}$ 和 $\frac{1}{3}V_{CC}$。A_1 与 A_2 的输出端控制 RS 触发器状态和放电管开关状态。

555 定时器可构成单稳态触发器：单稳态包括一个稳态和一个暂态，由于只有一个稳态，故称为单稳态。

555 构成多谐振荡器（又称无稳态电路）：无稳态电路包括两个暂稳态，而没有一个稳态，称为无稳态。

555 组成施密特触发器（也叫双稳态电路）：双稳态包括两个稳态，两个稳态之间触发后可相互转换，称为双稳态。

6）CD4017 采用双列直插式封装。其内部由计数器及译码器两部分组成，由译码输出实现对脉冲信号的分配，整个输出时序就是 00，01，02，…，09 依次出现与时钟同步的高电平，宽度等于时钟周期。

思考与练习

一、判断题

1. 555 电路是一种数字和模拟混合的中规模集成电路。 （　　）

2. 双极型和 CMOS 555 电路内部结构基本相同，使用时可以互换。 （　　）

3. CD4017 内部由计数器及译码器两部分组成。 （　　）

4. 二进制计数器和十进制计数器电路结构相同，但复位方式不同。 （　　）

5. 555 是时基电路，只能做成与定时相关的应用电路。 （　　）

二、填空题

1. 555 电路由＿＿＿＿＿＿、＿＿＿＿＿＿和＿＿＿＿＿＿3 个主要部分所组成，其功能是＿＿＿＿＿＿＿＿＿＿＿＿＿＿＿＿。

2. 555 的比较电压由＿＿＿＿＿＿个＿＿＿＿＿＿ kΩ 的电阻分压提供，555 因此得名。

3. 555 集成时基电路的 3 种基本应用电路分别为＿＿＿＿＿＿＿＿、＿＿＿＿＿＿＿＿、＿＿＿＿＿＿＿＿。

4. 多谐振荡器是一种能输出矩形脉冲信号的＿＿＿＿＿＿器，电路的输出不停地在＿＿＿＿＿＿和＿＿＿＿＿＿间翻转，没有＿＿＿＿＿＿状态，所以又称为＿＿＿＿＿＿。

5. 用来累计输入脉冲数目的部件称为＿＿＿＿＿＿＿＿。

6. 单稳态触发器的暂稳态持续时间 t_W 取决于电路中的＿＿＿＿＿＿＿，即 t_W ＝＿＿＿＿＿＿＿；多谐振荡器的周期 T＝＿＿＿＿＿＿＿。

三、选择题

1. CD4017 有（　　）个时钟输入端（　　）个输出端。

A. 3、10　　　　　　B. 2、10　　　　　　C. 3、11　　　　　　D. 2、11

2. 施密特触发器一般不适用于（　　）电路。

A. 延时　　　　　　B. 波形变换　　　　　C. 波形整形　　　　D. 幅度鉴别

3. 多谐振荡器是一种自激振荡器，能产生（　　）。

A. 矩形脉冲波　　　B. 三角波　　　　　　C. 正弦波　　　　　　D. 尖脉冲

4. 单稳态触发器的暂稳态维持时间由（　　）所决定。

A. 外加信号　　　　B. 电容器　　　　　　C. 充电速度　　　　　D. 电容器

E. 放电速度　　　　F. 晶体三极管开关时间

四、计算题和作图题

1. 用 JK 触发器接成 3 位二进制异步加法器。

2. 一个 10 路流水彩灯，R_2 为 $10k\Omega$，C_1 为 $2.2\mu F$，要使循环周期为 5s，R_3 约为多大？

五、简答与分析

1. 用 CT74LS112 双 JK 触发器制作一个二分频器。

2. 用时序电路的分析方法分析图 4-79 所示电路构成了几进制计数器。

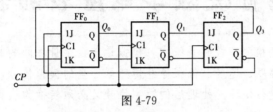

图 4-79

3. 计数器的功能是什么？举例说明计数器在现实生活中的应用。

4. 用集成同步 4 位二进制加法计数器 74LS161 实现二十四进制计数器。要求写出设计过程，并画出逻辑图。

5. 用一块 CC4518 最大可实现几进制计数器？画出其逻辑图。

6. 简述时序逻辑电路的特点。

7. 简述时序逻辑电路的分析方法。

8. 简述时序逻辑电路的设计方法。

9. 试用 4 位同步二进制加法计数器 74LS161 分别构成三十三进制、六十六进制加法计数器。

10. 分析图 4-80 由 CC4518 构成的时序电路为几进制计数器？

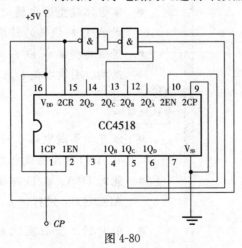

图 4-80

11. 如何改变 CD4017 的输出端接线方式来实现发光二极管交替闪烁和逐个累积点亮等花样？

项目五

$3\dfrac{1}{2}$ 位直流数字电压表的制作

在电子电气设备的检测、控制系统中，模拟量与数字量之间的相互转换应用十分广泛，如压力、流量、温度、速度、位移等经传感器产生的模拟信号，必须转换成数字信号后才能送入计算机进行处理。处理后的数字信号又必须转换为模拟量才能实现对执行机构的自动控制。本项目以 $3\dfrac{1}{2}$ 位直流数字电压表的制作为例，详细讲解了 A/D 转换器（模/数转换器）的基本工作原理及其应用电路的仿真与制作，同时也详细分析了 D/A 转换器（数/模转换器）的工作原理及其典型芯片的仿真和应用电路的功能测试。

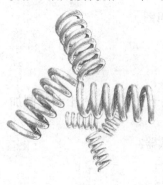

知识目标

- 掌握 D/A 转换、A/D 转换电路的基本概念和功能。
- 掌握倒 T 型电阻网络 D/A 转换器的电路工作原理，并能进行简单的 D/A 转换计算。
- 掌握比较型逐次逼近 A/D 转换器和双积分式 A/D 转换器的转换工作原理及电路框图。
- 了解典型集成 D/A、A/D 转换电路的内部结构、引脚功能和应用方法。

技能目标

- 能查阅集成电路手册，识读典型 D/A 转换及 A/D 转换集成电路的引脚及功能。
- 能对 D/A、A/D 转换典型芯片（DAC0832、ADC0809）进行仿真与应用电路的功能测试。
- 能分析 $3\dfrac{1}{2}$ 位直流数字电压表的电路组成和工作原理，并能用万能板进行该电路的装配和调试。

任务一 D/A 转换电路的功能测试

任务目标

- 掌握 D/A 转换器的基本概念、功能和工作原理。
- 掌握倒 T 型电阻网络 D/A 转换器的工作原理和转换结果的计算方法。
- 了解 D/A 转换器的主要参数指标和 DAC0832 的内部结构与引脚功能。
- 掌握 DAC0832 仿真电路功能测试和应用电路功能测试的方法。

任务教学方式

教学步骤	时间安排	教学手段及方式
阅读教材	课余	自学、查资料、相互讨论
知识点讲授	3 课时	讲解 4 位倒 T 型电阻网络 D/A 转换器的工作原理时可以使用课件进行动态演示，同时还要复习运算放大器"虚地"概念及加法器的工作原理
任务操作	3 课时	运用仿真软件对 DAC0832 转换器进行仿真功能测试；运用数字电路实验箱对其进行转换电路功能测试
评估检测	与课堂教学同步进行	教师与学生共同完成任务的检测与评估，并能对出现的问题进行分析与处理

读一读

D/A 转换器的工作原理

能够把有限位数的数字量转换为相应模拟量的电路称为数字—模拟转换电路，简称数/模（D/A）转换器或 DAC（Digital to Analog Converter）。

1. D/A 转换器的功能

D/A 转换器的功能是将数字量转换为模拟量，并使输出模拟电压的大小与输入数字量的数值成正比。

2. D/A 转换原理

D/A 转换器可将数字量（二进制数码）转换成与其数值成正比的模拟量（模拟电压），其内部有一个解码网络。按照转换方式的不同，D/A 转换器可分为并行 D/A 转换器和串行 D/A 转换器两大类。并行 D/A 转换器的解码网络常由权电阻或 T 型电阻网络及模拟开关、运算放大器等组成。输入数字量的各位代码同时送到解码网络的输入端，由该网络解码后得到相应的模拟电压。D/A 转换器组成方框图如图 5-1 所示。

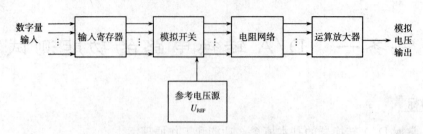

图 5-1　n 位 D/A 转换器方框图

3. 4 位倒 T 型电阻网络 D/A 转换器的工作原理

D/A 转换的方法很多,有正 T 型和倒 T 型电阻网络 D/A 转换器等,这里只讨论 4 位倒 T 型电阻网络 D/A 转换器的工作原理。

(1) 电路组成

4 位倒 T 型电阻网络 D/A 转换器的工作原理如图 5-2 所示。它由输入寄存器、模拟电子开关、基准电压、T 型电阻网络和运算放大器等组成。

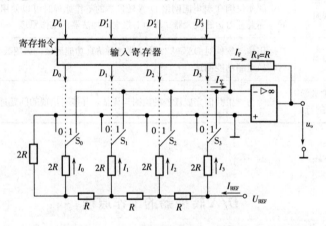

图 5-2　4 位倒 T 型电阻网络 D/A 转换器的工作原理

输入寄存器是并行输入、并行输出的缓冲寄存器,它用来暂存 4 位二进制数码。由于该缓冲寄存器是具有 CP 缓冲门的寄存器,故其能减少交、直流噪声干扰,有利于数据的传送和保持。当发出寄存指令后,4 位数据线上送来一组二进制代码,如 $D'_3 D'_2 D'_1 D'_0 = 1101$,被存入寄存器中。同时,寄存器的输出线上出现该组二进制代码 $D_3 D_2 D_1 D_0 = 1101$。

4 个模拟电子开关 S_3、S_2、S_1、S_0 分别受相应数位的二进制代码所控制,当某位代码 $D_i = 1$ 时,对应位的电子开关 S_i 将该位阻值为 $2R$ 的电阻接到运算放大器的反相输入端;当 $D_i = 0$ 时,对应位的电子开关 S_i 将该位阻值为 $2R$ 的电阻接到运算放大器的同相输入端。由于同相输入端接地,因而运算放大器的反相输入端为"虚地",它们的电压大小均为 0。

T 型电阻网络由 R 和 $2R$ 电阻构成,由于只用 R 和 $2R$ 两种电阻元件,因而电路在进行转换时容易保证精度。

运算放大器的作用是对各位代码所对应的电流进行求和，并将其转换成相应的模拟电压输出。

（2）工作原理

在倒 T 型电阻网络 D/A 转换器中，模拟电子开关不是接地（接同相输入端），就是接虚地（接反相输入端），所以无论输入的代码 $D_3D_2D_1D_0$ 是何种情况，T 型电阻网络的等效电路均如图 5-3 所示。因为该电路等效电阻值是 R，所以由基准电压 U_{REF} 向倒 T 型电阻网络提供的总电流 I_{REF} 是固定不变的，其值为 $I_{REF} = \dfrac{U_{REF}}{R}$。

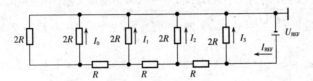

图 5-3　倒 T 型电阻网络的等效电路

根据分流原理，电流每流过一个节点，都相等地分成两股电流，故倒 T 型电阻网络内各支路电流分别为 $I_3 = \dfrac{1}{2}I_{REF}$，$I_2 = \dfrac{1}{4}I_{REF}$，$I_1 = \dfrac{1}{8}I_{REF}$，$I_0 = \dfrac{1}{16}I_{REF}$。

当输入代码为 $D_3D_2D_1D_0 = 1111$ 时，所有电子开关都将通过阻值为 2R 的电阻接到运算放大器反相输入端，则流入反相输入端的总电流为 $I_\Sigma = I_3 + I_2 + I_1 + I_0 = I_{REF}\left(\dfrac{1}{2} + \dfrac{1}{4} + \dfrac{1}{8} + \dfrac{1}{16}\right)$。

当输入代码为任意值时，I_Σ 的一般表达式为

$$I_\Sigma = I_3D_3 + I_2D_2 + I_1D_1 + I_0D_0$$
$$= \frac{1}{2^4} \cdot I_{REF}\ (D_3 \cdot 2^3 + D_2 \cdot 2^2 + D_1 \cdot 2^1 + D_0 \cdot 2^0)$$
$$= \frac{1}{2^4} \cdot \frac{U_{REF}}{R}\ (D_3 \cdot 2^3 + D_2 \cdot 2^2 + D_1 \cdot 2^1 + D_0 \cdot 2^0)$$

由于图 5-2 所示电路中，$R_F = R$，则 I_Σ 经运算放大器运算后，输出电压 u_o 为

$$u_o \approx -I_\Sigma R_F$$
$$= -\frac{U_{REF}}{2^4} \cdot \frac{R_F}{R}\ (D_3 \cdot 2^3 + D_2 \cdot 2^2 + D_1 \cdot 2^1 + D_0 \cdot 2^0)$$
$$= -\frac{U_{REF}}{2^4}\ (D_3 \cdot 2^3 + D_2 \cdot 2^2 + D_1 \cdot 2^1 + D_0 \cdot 2^0)$$

推广到一般情况（即输入代码为 n 位二进制代码，且 $R_F = R$），输出电压为

$$u_o = -\frac{U_{REF}}{2^n}(D_{n-1} \cdot 2^{n-1} + D_{n-2} \cdot 2^{n-2} + \cdots + D_0 \cdot 2^0)$$

上式括号内为 n 位二进制数的十进制数值，常用 N_B 表示，此时 D/A 转换器输出的模拟电压又可写为

$$u_{o} = -\frac{U_{REF}}{2^{n}} \cdot N_{B}$$

由该式可见，输出的模拟电压 u_{o} 与输入的数字量成正比，比例系数为 $\frac{U_{REF}}{2^{n}}$，也即完成了 D/A 转换。

由于倒 T 型电阻网络 D/A 转换器具有动态性能好、转换速度快等优点，因此得到广泛使用。

例 5-1　有一个 5 位倒 T 型电阻 D/A 转换器，$U_{REF}=10V$，$R_F=R$，5 位数据线上传送来的二进制代码分别为 $D_4 D_3 D_2 D_1 D_0 = 11010$，试求输出电压 u_{o}。

解　由公式 $u_{o}=-\dfrac{U_{REF}}{2^{n}}(D_{n-1} \cdot 2^{n-1} + D_{n-2} \cdot 2^{n-2} + \cdots + D_0 \cdot 2^0)$ 可知，

$$u_{o} = -\frac{10}{2^5}(2^4 \times 1 + 2^3 \times 1 + 2^2 \times 0 + 2^1 \times 1 + 2^0 \times 0)$$

$$= -\frac{10}{32}(16 + 8 + 0 + 2 + 0)$$

$$= -8.125 \ (V)$$

1）D/A 转换电路功能是什么？我们身边常见的 D/A 转换电路有哪些？

2）倒 T 型电阻网络 D/A 转换器电路中运算放大器的作用是什么？

3）4 位倒 T 型电阻网络 D/A 转换器，若 $U_{REF}=5V$，$R_F=R$，输入数字信号为 1100 时，输出模拟电压 u_{o} 为多少？

读一读

D/A 转换器主要性能指标

1. 分辨率

D/A 转换器的转换精度与它的分辨率有关。分辨率是指 D/A 转换器对最小输出电压的分辨能力，可定义为输入数码只有最低有效位为 1 时的输出电压与输入数码所有有效位全为 1 时的满度输出电压之比。对于 n 位 D/A 转换器，其分辨率为 $\dfrac{1}{2^{n}-1}$。随着输入数字信号位数的增多，D/A 转换器的分辨率也相应提高。例如，一个 10 位的 D/A 转换器，其分辨率为

$$\frac{1}{2^{n}-1} = \frac{1}{2^{10}-1} = \frac{1}{1023} \approx 0.1\%$$

2. 转换误差

在 D/A 转换过程中，由于某些原因的影响，会导致转换过程中出现误差，这就是

转换误差。它实际上是输出实际值与理论计算值的差。转换误差通常包括以下几种。

1）比例系数误差：输入数字信号一定时，参考电压 U_{REF} 的偏差 ΔU_{REF} 可引起输出电压的变化，二者成正比，称为比例系数误差。

2）漂移误差或平移误差：这种误差多是由于运算放大器的零点漂移而使输出电压偏移造成的。其产生与输入数字量的大小无关，结果会使输出电压特性曲线向上或向下平移。

3）非线性误差：由于模拟电子开关存在一定的导通内阻和导通压降，而且不同开关的导通压降不同，开关接地和接参考电源的压降也不同，故它们的存在均会导致输出电压产生误差；同时，电阻网络中电阻值的积累误差，不同位置上电阻值受温度等影响的积累偏差对输出电压的影响程度是不一样的。以上这些性质的误差，均属于非线性误差。

3. 转换时间

转换时间也称为输出建立时间，是从输入数字信号时开始，到输出电压或电流达到稳态值时所需要的时间。

4. 温度系数

在满刻度输出的条件下，温度变化1℃引起输出信号（电压或电流）变化的百分数，就是温度系数。

5. 电源抑制比

在 D/A 转换电路中，要求开关电路和运算放大器在使用的电源电压变化时，输出电压不应受到影响。通常将输出电压的变化量与相应电源电压的变化量之比，称为电源抑制比。

想一想

1）D/A 转换器的分辨率与什么参数有关？如何用电路测试的方法计算出其分辨率？

2）D/A 转换器的转换误差与分辨率有什么关系？如何减少转换误差？

做一做

D/A 转换器仿真电路的功能测试

1. 仿真目的

1）熟悉在 Multisim 9.0 仿真软件中进行 D/A 转换器仿真电路的组建和功能测试的方法。

2）通过仿真测试，熟悉 D/A 转换器数字输入量与模拟输出量之间的关系，并对模拟输出量的测量值和计算值进行对比和误差分析。

3）掌握用测量方式计算 D/A 转换器分辨率的方法。

2. 仿真步骤及操作

1）在 Multisim 9.0 仿真软件中，按图 5-4 所示电路图组建好仿真电路。

2）＋5V 电源经过开关 $K_0 \sim K_7$ 连接到集成 D/A 转换器的 $D_0 \sim D_7$ 数字信号输入端，改变开关的状态即可改变 D/A 转换器的数字信号输入量。经数/模转换后，VDAC 集成块输出端的电压表所显示的数值就是转换后的模拟量。

3）＋10V 电源接在 D/A 转换器的 V_{ref} 正端，作为转换器的基准电压，V_{ref} 负端接地。

4）共阴数码管 U_1、U_2 所显示的数值为十六进制数，它说明了 VDAC 集成块 $D_0 \sim D_7$ 数字输入端的数值大小。

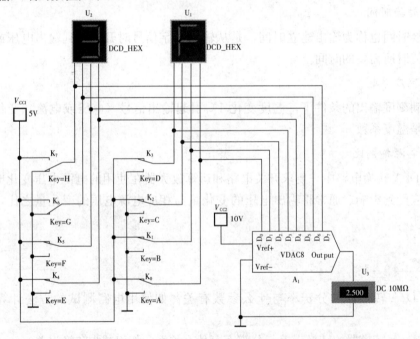

图 5-4　D/A 转换器仿真功能测试

3. 仿真结果及分析

改变开关 $K_0 \sim K_7$ 的状态，观察数字直流电压表的读数，将测量结果记录在表 5-1 中。由于 VDAC8 为 D/A 转换虚拟器件，其输出端得到的是经运算放大器和反相器处理后的正电压，即数字直流电压表测量值（简称 $u_{\text{测}}$）。为了验证和分析 D/A 转换后结果的准确性，可以根据 D/A 转换输出模拟电压值的计算公式，计算出 D/A 转换器输出的理论计算值（简称 $u_{\text{计}}$）。为了便于与 D/A 转换器的仿真结果进行比较和分析，故在表 5-1 中将 $u_{\text{计}}$ 取绝对值。

表 5-1 数字记录表

输入数字量								数码管显示值	输出模拟量/V	
D_7	D_6	D_5	D_4	D_3	D_2	D_1	D_0		$u_{测}$	$\lvert u_{计} \rvert$
0	0	0	0	0	0	0	0			
0	0	0	0	0	0	0	1			
0	0	0	0	0	0	1	0			
0	0	0	0	0	1	0	0			
0	0	0	0	1	0	0	0			
0	0	0	1	0	0	0	0			
0	0	1	0	0	0	0	0			
0	1	0	0	0	0	0	0			
1	0	0	0	0	0	0	0			
1	1	1	1	1	1	1	1			

根据上面数据分析可知:

1) 当 $D_0 \sim D_7$ 数字信号输入端全为 0 时,D/A 转换器输出模拟量 $u_。$ 为_____ V; $D_0 \sim D_7$ 数字信号输入端全为 1 时,D/A 转换器输出模拟量 $u_。$ 为_____ V。说明该 D/A 转换电路的满度输出电压为_____ V。

2) 将表 5-1 中的 $u_{测}$ 和 $\lvert u_{计} \rvert$ 进行对比,分析转换误差产生的原因。

议一议

1) 如要改变该 D/A 转换器电路的满度输出电压值,则应如何调整电路?

2) 该 D/A 转换器分辨率的计算值$\left(即 \dfrac{1}{2^n - 1}\right)$与电路测量值相比较有何区别?

读一读

集成 D/A 转换器典型芯片 DAC0832 的结构及应用

DAC0832 是与微机兼容的 8 位 D/A 转换器,内部结构和引脚功能如图 5-5 所示。它的内部主要由 8 位 R-2R 倒 T 型译码网络及两个缓冲寄存器(输入寄存器和 D/A 转换寄存器)组成,外接运算放大器。

1. DAC0832 的引脚功能介绍

$\overline{\mathrm{WR}_1}$:写信号 1,低电平有效。低电平时将输入数据写入输入寄存器。高电平时,信号锁存于输入寄存器。

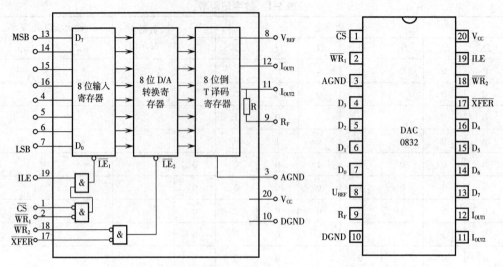

图 5-5　8 位 D/A 转换器 DAC0832 内部结构和引脚功能

$\overline{WR_2}$：写信号 2，低电平有效，与$\overline{XFER}$组合，使输入寄存器信号传输到 D/A 寄存器。

ILE：允许输入，高电平有效。

$\overline{CS}$：片选，低电平有效，与 ILE 配合选通$\overline{WR_1}$。

$\overline{XFER}$：传输控制信号，低电平有效。低电平时选通$\overline{WR_2}$。

$D_7 \sim D_0$：8 位待转换的数码输入端。

I_{OUT1}、I_{OUT2}：电流输出端，接运放的两个输入端。

R_F：反馈电阻端，一般直接接运放输出，若串入外接反馈电阻，可使输出量程大于 5V。

U_{REF}：参考电压端，取 +5V 或 −5V。

V_{CC}：电源端，取 +5V。

AGND：模拟量接地端。

DGND：数字量接地端，可和 GND 并接。

2. D/A 转换器 DAC0832 的内部结构

DAC0832 内部含有两级缓冲数字寄存器，即输入寄存器和 D/A 转换寄存器，它们均采用标准 CMOS 数字电路设计。8 位待转换的输入数据由 13～16 端及 4～7 端送入第一级缓冲寄存器，其输出数据送 D/A 转换寄存器。

输入寄存器由$\overline{CS}$、ILE 及$\overline{WR_1}$这 3 个信号控制，当$\overline{CS}=0$，$ILE=1$，$\overline{WR_1}=0$ 时，数据进入寄存器。当 $ILE=0$ 或$\overline{WR_1}=1$ 时，数据锁存在输入寄存器中。

D/A 转换寄存器由$\overline{XFER}$、$\overline{WR_2}$两信号控制。当$\overline{XFER}=0$，$\overline{WR_2}=0$ 时，输入寄存器的数据送入 D/A 转换寄存器，并送 D/A 转换译码网络进行 D/A 转换。当$\overline{XFER}$由"0"跳到"1"，或$\overline{WR_2}$由"0"跳到"1"时，D/A 寄存器中的数据被锁存，转换结果也保持在 D/A 转换器模拟输出端。

由此可见，数据在进入译码网络之前，必须经过两个独立控制的锁存器进行传输，因此，又有以下 3 个特点：

第一，在一个系统中，任何一个 D/A 转换器都可以同时保存两组数据，即 D/A 寄存器中保存马上要转换的数据，而在输入寄存器中保存下一组数据。

第二，允许在系统中使用多个 D/A 转换器。在微机系统中，$\overline{CS}$ 和 $\overline{XFER}$ 可与微机地址总线连接，作为转换地址入口。$\overline{WR_1}$、$\overline{WR_2}$、ILE 可以与微机控制总线连接，以执行微机发出的转换和数据输入的信息和指令。

第三，通过输入寄存器的 D/A 转换寄存器逻辑控制，可实现同时更新多个 D/A 转换器输出。

3. DAC0832 与 CPU 的连接有 3 种方式

DAC0832 与 CPU 的连接有 3 种方式，分别是双缓冲工作方式、单缓冲工作方式、直通工作方式。其工作方式通过控制逻辑来实现，具体 DAC0832 与 CPU 的 3 种连接方式如图 5-6 所示。

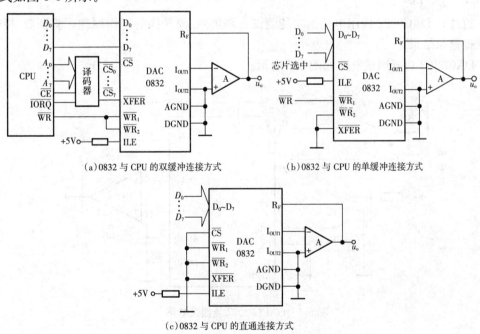

(a) 0832 与 CPU 的双缓冲连接方式　　(b) 0832 与 CPU 的单缓冲连接方式

(c) 0832 与 CPU 的直通连接方式

图 5-6　DAC0832 与 CPU 的 3 种连接方式

　想一想

1) DAC0832 是如何实现工作逻辑控制的？

2) DAC0832 与 CPU 的 3 种连接方式有何异同（重点分析 $\overline{WR_1}$、$\overline{WR_2}$、$\overline{CS}$、$\overline{XFER}$ 的连接方式对电路的影响）？

DAC0832 D/A 转换器应用电路的功能测试

1. 实训目的

1) 进一步了解 8 位 D/A 转换器 DAC0832 的内部结构和引脚功能。

2) 熟悉 DAC0832 的 D/A 转换功能，并能对其转换功能进行测试。

3) 掌握 D/A 转换器应用电路的组成和工作原理。

2. 测试所需器材

数字万用表 1 只、数字电路实验箱 1 台、DAC0832 芯片 1 块、LM324 芯片 1 块、1kΩ 电阻 9 只（部分数字电路实验箱已内置）。

3. 测试内容

通过对 DAC0832 应用电路的功能测试，理解数/模转换的工作原理，验证数/模转换的过程和结果。

DAC0832 功能测试电路如图 5-7 所示。

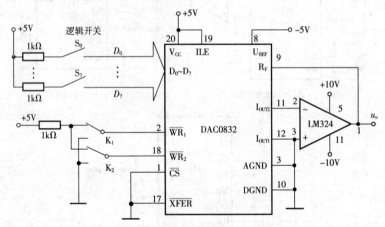

图 5-7 DAC0832 功能测试电路

4. 测试步骤

1) 根据图 5-7 所介绍的 DAC0832 连接方式，将 DAC0832 和 LM324 芯片插入数字电路实验箱的 IC 座中，并分别引入正、负工作电源。利用实验箱中＋5V 电源和逻辑开关，按图 5-7 所示给 DAC0832 的 $D_0 \sim D_7$ 数字信号输入端送入高、低电平（即待转换的数码），其中 1kΩ 电阻为限流电阻（部分数字电路实验箱已内置并与逻辑开关串联）。电路输出端 u_o 接数字万用表（或数字直流电压表），测量转换后的电压值。

2) 接线完毕，检查无误后，接通电源。拨动逻辑开关 K_1 和 K_2，置 $\overline{WR_1} = \overline{WR_2} =$

0。拨动逻辑开关 $S_0 \sim S_7$，分别置 $D_7 \sim D_0$ 为表5-2所示的高、低电平，用数字万用表测量输出电压的大小，并将测量结果记录在表5-2中。

3）置 $\overline{WR_1} = \overline{WR_2} = 0$、$D_7 \sim D_0$ 为 00000100，将 $\overline{WR_1}$ 置 1 后改 $D_7 \sim D_0$ 为 00100000，观测前、后输出电压值有无变化并说明原因。

4）置 $\overline{WR_1} = \overline{WR_2} = 0$、$D_7 \sim D_0$ 为 00010000，将 $\overline{WR_2}$ 置 1 后改 $D_7 \sim D_0$ 为 01000000，观测前、后输出电压值有无变化并说明原因。

5）在步骤4）后，将 $\overline{WR_2}$ 置为 0，观测输出电压值有无变化并说明原因。

5. 测试结果与分析

1）计算 D/A 转换输出模拟量的理论值，并将计算结果填入表5-2中。然后将测试步骤2）的测量值和理论计算值进行对比，分析转换误差产生的原因。

在进行理论值计算时应注意：此测试电路中电阻 R_F 内置于 DAC0832 内部 I_{O2} 与 R_F 脚之间，并且 $R_F = R$。

表5-2　数据记录表

输入数字量								输出模拟量/V	
D_7	D_6	D_5	D_4	D_3	D_2	D_1	D_0	测量值	计算值
0	0	0	0	0	0	0	0		
0	0	0	0	0	0	0	1		
0	0	0	0	0	0	1	0		
0	0	0	0	0	1	0	0		
0	0	0	0	1	0	0	0		
0	0	0	1	0	0	0	0		
0	0	1	0	0	0	0	0		
0	1	0	0	0	0	0	0		
1	0	0	0	0	0	0	0		
1	1	1	1	1	1	1			

2）分析上述测试结果可以看到：当 $\overline{WR_1} = 1$ 或 $\overline{WR_2} = 1$ 时，D/A 转换寄存器被锁存，D/A 转换结果保持在模拟输出端，新的 $D_7 \sim D_0$ 值无法输入到 D/A 转换寄存器；当 $\overline{WR_1} = 0$ 或 $\overline{WR_2} = 0$ 时，D/A 转换寄存器打开，允许新的 $D_7 \sim D_0$ 值输入到 D/A 转换寄存器中，并在模拟输出端输出 D/A 转换结果。

议一议

1）如果要数据输入不锁存，实时输出转换结果，控制逻辑端（$\overline{WR_1}$、$\overline{WR_2}$、$\overline{CS}$、$\overline{XFER}$、ILE）应如何连接？

2）根据表5-2所示的测量值和理论计算值，讨论上述转换误差产生的原因及如何减小该误差？

评一评

填写如表 5-3 所列的内容。

表 5-3 任务检测与评估

	检测项目	评分标准	分　值	学生自评	教师评估
任务知识内容	D/A 转换工作原理及主要参数指标	掌握 D/A 转换工作原理及其框图，了解其主要参数指标	10		
	倒 T 型电阻网络 DAC 分析	能进行 4 位倒 T 型电阻网络 D/A 转换电路转换方法的分析和转换计算	20		
	DAC0832 内部结构和功能	了解 DAC0832 内部结构和引脚功能，掌握其与 CPU 的 3 种连接方式	10		
任务操作技能	DAC0832 仿真电路功能测试	能运用 Multisim 9.0 仿真软件对 DAC0832 转换器进行仿真功能测试	20		
	DAC0832 应用电路功能测试	能使用数字电路实验箱对 DAC0832 转换器应用电路进行功能测试	30		
	安全操作	安全用电，按章操作，遵守实训室管理制度	5		
	现场管理	按 6S 企业管理体系要求进行现场管理	5		

任务二　A/D 转换电路的功能测试

任务目标

- 掌握 A/D 转换器的基本概念、功能和工作原理。
- 掌握逐次逼近式 A/D 转换器的工作原理和方框图。
- 了解 A/D 转换器的主要参数和 ADC0809 的内部结构与引脚功能。
- 掌握 ADC0809 仿真电路功能测试和应用电路功能测试的方法。

任务教学方式

教学步骤	时间安排	教学手段及方式
阅读教材	课余	自学、查资料、相互讨论
知识点讲授	3 课时	讲解 A/D 转换器的工作过程（4 个步骤）和逐次逼近式 A/D 转换器工作原理（类似天平称物过程）时，可以自制多媒体课件进行演示，并组织学生讨论
任务操作	3 课时	运用仿真软件对 ADC0809 转换器进行仿真功能测试；运用数字电路实验箱对其进行转换电路功能测试
评估检测	与课堂教学同步进行	教师与学生共同完成任务的检测与评估，并能对出现的问题进行分析与处理

A/D 转换器的种类和工作原理

1. A/D 转换器的种类

根据 A/D 转换器的工作方式，可将其分为比较式和积分式两大类。比较式 A/D 转换器的工作过程是将被转换的模拟量与转换器内部产生的基准电压逐次进行比较，从而将模拟信号转换成数字量；积分式 A/D 转换器是将被转换的模拟量进行积分，转换成中间变量，然后再将中间变量转换成数字量。目前广泛应用的 A/D 转换器有比较型逐次逼近式 A/D 转换器和双积分式 A/D 转换器。

2. A/D 转换的基本原理

A/D 转换器的功能是把连续变化的模拟信号转换成数字信号，这种转换一般要通过采样、保持、量化、编码这 4 个步骤，其转换过程如图 5-8 所示。

图 5-8　A/D 转换器工作过程示意图

（1）采样和保持

采样就是对连续变化的模拟信号定时进行测量，抽取样值。通过采样，一个在时间上连续变化的模拟信号就转换为随时间断续变化的脉冲信号。

采样过程如图 5-9 所示。采样开关 S 是一个受控的模拟开关，构成所谓的采样器。当采样脉冲 u_s 到来时，开关 S 接通，采样器工作（其工作时间受 u_s 脉冲宽度 T_C 控制），这时 $u_o = u_i$；当采样脉冲 u_s 一结束，开关 S 就断开（断开时间受 u_s 脉冲宽度 T_H 控制），此时 $u_o = 0$。采样器在 u_s 的控制下，把输入的模拟信号 u_i 变换成为脉冲信号 u_o。为了便于量化和编码，需要将每次采样取得的样值暂存并保持不变，直到下一个采样脉冲的到来。所以在采样电路之后，都要接一个保持电路，通常可以利用电容器的存储作用来完成这一功能。

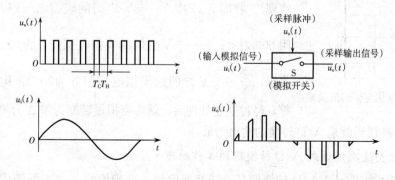

图 5-9　采样过程示意图

实际上，采样和保持是一次完成的，统称为采样保持电路。图 5-10（a）是采样保持示意图，图 5-10（b）是一个简单的采样保持电路。该电路由采样开关管 V（该管属增强型绝缘栅场效应管）、存储电容 C 和缓冲电压跟随器 A 组成。在采样脉冲 u_s 的作用下，模拟信号 u_i 变成了脉冲信号 u_o'，经过电容器 C 的存储作用，从电压跟随器 A 输出的是阶梯形电压 u_o。

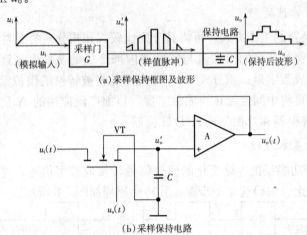

图 5-10　采样保持电路及波形

（2）量化和编码

采样保持电路的输出信号虽然已成为阶梯形，但阶梯形的幅值仍然是连续变化的，为此，要把采样保持后的阶梯信号按指定要求划分成某个最小量化单位的整数倍，这一过程称为量化。例如，把 0～1V 的电压转换为 3 位二进制代码的数字信号，由于 3 位二进制代码只有 8（即 2^3）个数值，因此必须把模拟电压分成 8 个等级，每个等级就是一个最小量化单位 Δ，即 $\Delta = \dfrac{1}{2^3} = \dfrac{1}{8}$（V），如图 5-11 所示。

用二进制代码表示量化位的数值称为编码（用编码器来实现）。将图 5-11 中 $0\sim\dfrac{1}{8}$V 之间的模拟电压归并为 $0\cdot\Delta$，用 000 表示；$\dfrac{1}{8}\sim\dfrac{2}{8}$V 之间的模拟电压归并为 $1\cdot\Delta$，用 001 表示；$\dfrac{2}{8}\sim\dfrac{3}{8}$V 之间的模拟电压归并为 $2\cdot\Delta$，用 010 表示等，经过上述处理后，就将模拟量转变为以 Δ 为单位的数字量了，而这些代码就是 A/D 转换的输出结果。

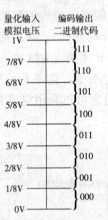

图 5-11　量化与编码的关系

3. 比较型逐次逼近式 A/D 转换器的工作原理

比较型逐次逼近式 A/D 转换器具有转换速度快、准确度高、成本低等优点，是使用最广泛的一种 A/D 转换器。比较型逐次逼近式 A/D 转换器工作原理如下。

为了便于理解这种转换器的工作过程，先来看一个用天平称物体质量的例子作为类比。如图 5-12 所示，假设被称物件的质量为 10g，将 8g、4g、2g、1g（正好是 8421 的关系）的标准砝码从大到小依次加到托盘上。

当砝码质量 m_0 小于物体质量 m_X（$m_X = 10g$），即 $\Delta = m_X - m_0 > 0$ 时，则保留该砝码；当 $\Delta < 0$ 时，则要取下该砝码，更换下一个砝码进行测量，直到 $\Delta = 0$。测量过程中，将天平托盘上保留的砝码称为"1"，没保留的砝码称为"0"，则称得该物体质量为 1（8g 砝码）、0（4g 砝码）、1（2g 砝码）、0（1g 砝码），即 1010（二进制表示）。

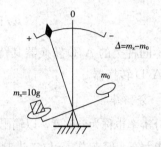

图 5-12　用天平测量质量的示意图

比较型逐次逼近式 A/D 转换器就是根据上述思想设计的。利用一种"二进制搜索"技术来确定对被转换电压 u_X 的最佳逼近值，其原理框图如图 5-13 所示。这种 A/D 转换器由 D/A 转换器、比较器、逻辑控制及时钟等构成，其转换过程如下：转换开始时，先将数码寄存器清零。当向 A/D 转换器发出一个启动信号脉冲后，在时钟信号作用下，逻辑控制首先将 n 位逐次逼近寄存器（SAR）最高位 D_{n-1} 置高电平 1，D_{n-1} 以下位均为低电平 0。这个数码经 D/A 转换器转换成模拟量 u_C 后，与输入的模拟信号 u_X 在比较器中进行比较，由比较器给出比较结果。当 $u_X \geq u_C$，则将最高位的 1 保留，否则将该位置 0。接着逻辑控制器将逐次逼近寄存器次高位 D_{n-2} 置 1，并与最高位 D_{n-1}（D_{n-2} 以下位仍为低电平 0）一起进入 D/A 转换器，经 D/A 转换后的模拟量 u_C 再与模拟量 u_X 比较，以同样的方法确定这个 1 是否要保留。如此下去，直到最后一位 D_0 比较完毕为止。此时 n 位寄存器中的数字量，即为模拟量 u_X 所对应的数字量。当 A/D 转换结束后，由逻辑控制发出一个转换结束信号，表明本次 A/D 转换结束，可以读出数据。

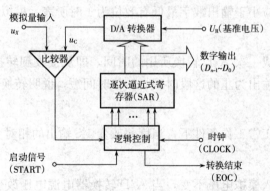

图 5-13　逐次逼近式 A/D 转换器原理

想一想

1）A/D 转换一般要经过哪些步骤？各部分的功能是什么？

2）逐次逼近式 A/D 转换器的工作原理是什么？它有何特点？

读一读

A/D 转换器主要性能指标

不同种类的 A/D 转换器其特性指标也不相同，选用时应根据具体电路的需要合理选择 A/D 转换器。

1. 分辨率

分辨率也称为分解度，以输出二进制数码的位数来表示 A/D 转换器对输入模拟信号的分辨能力。一般来说，n 位二进制输出的 A/D 转换器能够区分输入模拟电压的 2^n 个等级，能够区分输入电压的最小差异为满量程输入的 $\frac{1}{2^n}$。输出二进制数的位数越多，说明误差越小，转换精度越高。例如，输入的模拟电压满量程为 5V，8 位 A/D 转换器可以分辨的最小模拟电压为 $\frac{5}{2^8} = 19.53$ (mV)；而 10 位 A/D 转换器可以分辨的最小电压为 $\frac{5}{2^{10}} = 4.88$ (mV)。

2. 输入模拟电压范围

A/D 转换器输入的模拟电压是可以改变的，但必须有一个范围，在这一范围内，A/D 转换器可以正常工作，否则将不能正常工作，如 AD57/JD 转换器的输入模拟电压范围为：单极性为 0~10V，双极性为 -5~+5V。

3. 转换误差

它是指在整个转换范围内，输出数字量所表示的模拟电压值与实际输入模拟电压值之间的偏差。其值应小于输出数字最低有效位为 1 时所表示模拟电压值的一半。

4. 转换时间

转换时间是指完成一次 A/D 转换所用的时间，即从接收到转换信号起，到输出端得到稳定的数字信号输出为止的这段时间。转换时间短，说明转换速度快。

5. 温度系数

温度系数是指在正常工作条件下，温度每改变 1℃ 输出的相对变化。

6. 电源抑制

电源抑制是指输入模拟电压不变，当 A/D 转换器电源电压改变时，对输出的数字量的影响。电源抑制用输出数字信号的绝对变化量来表示。

想一想

1）A/D 转换器的分辨率与什么参数有关？如何计算其分辨率？

2）A/D 转换器的转换误差与分辨率有什么关系？如何减少转换误差？

A/D 转换器仿真电路的功能测试

1. 仿真目的

1) 熟悉在 Multisim 9.0 仿真软件中进行 A/D 转换器仿真电路的组建和功能测试的方法。

2) 通过仿真测试，熟悉 A/D 转换器模拟输入量与数字输出量之间的关系，并能计算和分析转换误差。

2. 仿真步骤及操作

1) 在 Multisim 9.0 仿真软件中，按图 5-14 所示组建好仿真电路。

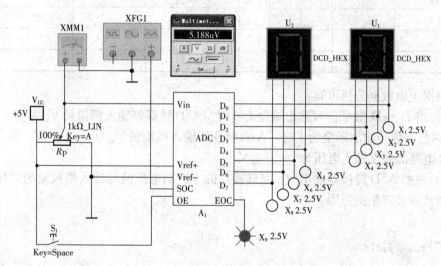

图 5-14 A/D 转换器仿真功能测试

2) 将 +5V 电源分别接在 A/D 转换器 V_{ref} 正端，作为转换器的基准电压，V_{ref} 负端接地。同时 +5V 电源经电位器 R_P 分压后作为模拟量送入 A/D 转换器的 V_{in} 输入端。

3) 将脉冲信号发生器输出的 100kHz 信号接入 A/D 转换器的 SOC 端，调整电位器，改变模拟输入量，然后按下开关 S_1，将 +5V 电压接入 A/D 转换器的 OE 使能端，作为输出控制信号（高电平有效），A/D 转换器开始工作。转换结束后，EOC 端输出高电平，同时在 $D_0 \sim D_7$ 端有数字信号输出。

4) 共阴数码管 U_1、U_2 所显示的数值为十六进制数，它说明了 A/D 转换器 $D_0 \sim D_7$ 数字输出端的数值大小，同时指示灯泡即逻辑探针也能显示出 A/D 转换器 $D_0 \sim D_7$ 数字输出端的状态（高电平或低电平）。

3. 仿真结果及分析

调整电位器 R_P 的大小，即改变 A/D 转换器的模拟输入量，观察 A/D 转换器 $D_0 \sim$ D_7 端数字信号输出的状态（灯亮为"1"，灯灭为"0"），并将结果记录在表 5-4 中。同时为了分析 A/D 转换过程的误差情况，将输出二进制数码转换成十进制电压值（即将 $D_7 \sim D_0$ 数码转为十进制数后乘以该转换器可以分辨的最小模拟电压值），并将其填入表 5-4 中。

表 5-4　数据记录表

输　入	输出数字量									
模拟量 V_{in}/V	D_7	D_6	D_5	D_4	D_3	D_2	D_1	D_0	数码管显示值	十进制电压值/V
5.0										
4.0										
3.0										
2.0										
1.0										
0										

根据上面数据分析可知：

1）当 $D_0 \sim D_7$ 数字信号输出端全为 0 时，A/D 转换器输入模拟量 V_{in} 为＿＿＿＿ V；$D_0 \sim D_7$ 数字信号输出端全为 1 时，A/D 转换器输入模拟量 V_{in} 为＿＿＿＿ V。说明该 A/D 转换电路的满度输入电压为＿＿＿＿ V。

2）根据 A/D 转换器输出数字量转换后的十进制电压值与输入模拟量的对比情况，分析转换误差产生的原因。

在 A/D 转换器仿真功能测试电路中，脉冲信号发生器的作用是什么？如果 OE 端不用开关控制，直接连接到＋5V 电源端（高电平），仿真电路能否正常工作？

读一读

集成 A/D 转换器典型芯片 ADC0809 的结构及应用

ADC0809 是采用 CMOS 工艺制成的单片 8 位 8 通道逐次逼近式 A/D 转换器，它可同时接受 8 路模拟信号输入，共用一个 A/D 转换器，并由一个选通电路决定哪一路信号进行转换。

1. ADC0809 内部结构组成

ADC0809 器件的核心部分是 8 位 A/D 转换器，其内部逻辑结构框图如图 5-15 所示，它由以下 4 个部分组成：

1）逻辑控制与时序部分，包含控制信号及内部时钟。

2）逐次逼近式寄存器。

3）电阻网络与树状电子开关（相当于 D/A 转换器）。

4）比较器。

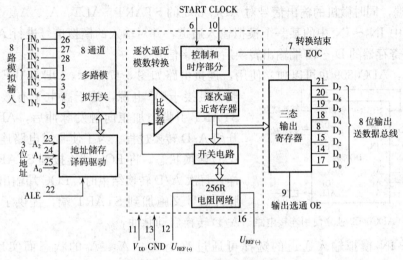

图 5-15 ADC0809 结构框图

2. ADC0809 的引脚说明

ADC0809 外引线功能如图 5-16 所示，各管脚的功能说明如下。

$IN_0 \sim IN_7$：8 路模拟输入端。

START：启动信号输入端，应在此脚施加正脉冲，当上升沿到达时，内部逐次逼近寄存器复位，在下降沿到达后，开始 A/D 转换过程。

EOC：转换结束输出信号（转换结束标志），当完成 A/D 转换时发出一个高电平信号，表示转换结束。

A_2、A_1、A_0：模拟通道选择器地址输入端，根据其值选择 8 路模拟信号中的一路进行 A/D 转换。

ALE：地址锁存信号，高电平有效，当 ALE＝1时，选中 $A_2A_1A_0$ 选择的一路，并将其代表的模拟信号接入 A/D 转换器之中。

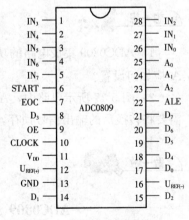

图 5-16 ADC0809 引脚排列

$D_0 \sim D_7$：8 路数字信号输出端。

$U_{REF(+)}$、$U_{REF(-)}$：基准电压端，提供 D/A 转换器权电阻的标准电平，一般 $V_{REF(+)}$ 端接＋5V 电源，$V_{REF(-)}$ 端接地。

OE：允许输出控制端，高电平有效。

CLOCK：时钟信号输入端，外接时钟频率一般为 100kHz。

V_{DD}：+5V 电源。

GND：地端。

3. ADC0809 的典型应用

ADC0809 广泛用于单片微型计算机应用系统，可利用微机提供的 CP 脉冲接到 CLOCK 端，同时微机的输出信号对 ADC0809 的 START、ALE、A_2、A_1、A_0 端进行控制，选中 $IN_0 \sim IN_7$ 中的某一个模拟输入通道，并对输入的模拟信号进行 A/D 转换，通过三态寄存器的 $D_0 \sim D_7$ 端输出转换后的数字信号。

当然，ADC0809 也可以独立使用，连接电路如图 5-17 所示，OE、ALE 通过一限

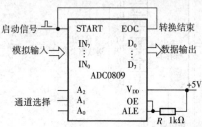

图 5-17 ADC0809 独立使用连接电路

流电阻接+5V 电源，处于高电平有效状态。当 START 引脚施加正向触发脉冲后，ADC0809 便开始 A/D 转换过程。为了使集成电路连续工作在 A/D 转换状态，将 EOC 端连接到 START 端，这样，每次 A/D 转换结束时，EOC 端输出的高电平脉冲信号又施加到 START 端，提供了下一轮的 A/D 转换启动脉冲。

$IN_0 \sim IN_7$ 模拟输入通道的选择可通过改变 A_2、A_1、A_0 的状态而实现。例如，$A_2 A_1 A_0 = 000$，则模拟信号通过 IN_0 通道送入后进行 A/D 转换；$A_2 A_1 A_0 = 001$，则模拟信号通过 IN_1 通道送入后进行 A/D 转换；以此类推，$A_2 A_1 A_0 = 111$ 时，模拟信号通过 IN_7 通道送入后进行 A/D 转换。

想一想

1）ADC0809 集成电路的功能是什么？模拟信号如要从 IN_5 通道送入，则 A_0、A_1、A_2 应如何设置？

2）图 5-17 所示电路中，ADC0809 为什么会处于一种连续转换的工作状态？如果需要将转换后的输出信号锁存，则应如何改动电路？

 **做一做**

ADC0809 A/D 转换器应用电路的功能测试

1. 测试目的

1）进一步了解 8 位 A/D 转换器 ADC0809 内部结构和引脚功能。

2）熟悉 ADC0809 的 A/D 转换功能，并能对其转换功能进行测试。

3）掌握 A/D 转换器应用电路的组成和工作原理。

2. 测试所需器材

数字万用表1只、数字电路实验箱1台、ADC0809芯片1块、脉冲信号发生器1台、1kΩ电阻和1kΩ电位器各1只（部分数字电路实验箱已内置）。

3. 测试内容

通过对 ADC0809 应用电路的功能测试，理解 A/D 转换的工作原理，验证 A/D 转换的过程和结果。

ADC0809 功能测试电路如图 5-18 所示。

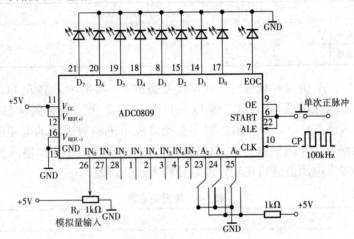

图 5-18   ADC0809 功能测试电路

4. 测试步骤

1）根据图 5-18 所介绍的 ADC0809 功能测试电路的连接方式，将 ADC0809 芯片插入数字电路实验箱的 IC 座中，并在对应引脚上接入正、负工作电源；$D_7 \sim D_0$ 端分别接数字电路实验箱上的 LED；脉冲信号发生器输出 100kHz 的 CP 脉冲接 CLK 端；地址信号线 A_0、A_1、A_2 接数字电路实验箱上的逻辑开关（也可以直接根据 A_0、A_1、A_2 状态需要分别接入 +5V 电源或地线）；数字电路实验箱上的单次正脉冲接 START 端；电位器将 0~5V 模拟量送入 IN_0 端。

2）接线完毕，检查无误，接通电源。调节 CP 脉冲约为 100kHz，再置 $A_2A_1A_0$ 为 000，用数字万用表测量模拟量输入端 IN_0 的值，调节 R_P，使模拟量输入电压为 5V，按下接 START 端的按键开关（高电平触发有效），观察 $D_7 \sim D_0$ 输出端发光二极管的状态输出端为 "1"，对应的发光二极管就点亮；输出端为 "0" 对应的发光二极管就不亮），并将结果记录在表 5-6 中。

3）再调节 R_P，使 IN_0 的输入电压为 4.0V，按一下 START 端的按键开关，观察 $D_7 \sim D_0$ 输出端的状态，并记录在表 5-6 中。

4）按上述方法，分别调 IN_0 的输入电压为 3.0V、2.0V、1.0V、0V 进行实验，观察并记录每一次 $D_7 \sim D_0$ 输出端的状态。

5）调整逻辑开关状态并置 $A_2A_1A_0=001$，这时将输入模拟量从 IN_0 端改接到 IN_1 端，重复上述的实验操作。

6）按实验步骤5）的方法，再任意选取其余6路输入端的一路进行测试。

5. 测试结果及分析

1）模拟输入通道（$IN_0 \sim IN_7$）的选择可以通过 A_0、A_1、A_2 端状态决定，请在表5-5中列出其对应关系。

表5-5　数据记录表

状　态	$A_0A_1A_2$状态							
	000	111	011	001	100	110	101	010
被选中模拟输入通道								

2）A_0、A_1、A_2 为 000 状态时，模拟输入通道 IN_0 被选中，将 R_P 可调端接入 IN_0，调节 R_P 阻值，改变模拟量输入值，将 $D_7 \sim D_0$ 输出端发光二极管的状态（"1"表亮，"0"表灭）填入表 5-6 中，再将输出数字量换算成十进制数表示的电压值（即将 $D_7 \sim D_0$ 端输出的数码转为十进制数后乘以该转换器可以分辨的最小模拟电压值），并与数字万用表实测的输入电压值进行比较，同时计算出转换误差。

表5-6　数据记录表

输入模拟量 V_{IN0}/V	输出数字量								十进制电压值/V
	D_7	D_6	D_5	D_4	D_3	D_2	D_1	D_0	
5									
4.0									
3.0									
2.0									
1.0									
0									

议一议

1）在 ADC0809 转换器功能测试电路中，R_P 阻值变化为什么会影响输出端数字信号状态的变化？

2）当 R_P 阻值调至最大和最小，输出端发光二极管的状态分别如何？

3）根据表 5-6 所示的测量结果，讨论上述转换误差产生的原因及如何减小该误差？

评一评

填写如表 5-7 所列的内容。

表 5-7 任务检测与评估

	检测项目	评分标准	分 值	学生自评	教师评估
任务知识内容	A/D 转换工作原理及主要参数指标	掌握 A/D 转换器的分类和 4 个转换步骤的工作过程,了解其主要参数指标	20		
	逐次逼近式 A/D 转换器工作原理	掌握逐次逼近式 A/D 转换器的原理框图和工作原理	20		
	ADC0809 内部结构和功能	了解 ADC08909 内部结构和引脚功能	5		
任务操作技能	ADC0809 仿真电路功能测试	能运用 Multisim 9.0 仿真软件对 ADC0809 转换器进行仿真功能测试	20		
	ADC0809 应用电路功能测试	能使用数字电路实验箱对 ADC0809 转换器应用电路进行功能测试	25		
	安全操作	安全用电、按章操作、遵守实训室管理制度	5		
	现场管理	按 6S 企业管理体系要求进行现场管理	5		

任务三 $3\frac{1}{2}$位直流数字电压表的制作

任务目标

- 进一步掌握 A/D 转换器的功能和工作原理。
- 掌握双积分式 A/D 转换器的方框图和工作原理。
- 掌握 $3\frac{1}{2}$ 位直流数字电压表的工作原理和制作调试方法。

任务教学方式

教学步骤	时间安排	教学手段及方式
阅读教材	课余	自学、查资料、相互讨论
知识点讲授	3 课时	讲解双积分式 A/D 转换器原理框图和 MC14433 原理框图时可以使用多媒体课件进行演示;同时组织学生讨论构成直流数字电压表各部分的功能及作用
任务操作	3 课时	在实训室用实物演示讲解 $3\frac{1}{2}$ 位直流数字电压表的制作及调试步骤,然后组织学生按装配工艺要求进行 PCB 板装配与电路调试(如装调时间不够,可用课余时间进行)
评估检测	与课堂教学同步进行	教师与学生共同完成任务的检测与评估,并能对出现的问题进行分析与处理

读一读

双积分式 A/D 转换器的工作原理

双积分式 A/D 转换器的工作过程是先对一段时间内的输入模拟量通过两次积分,

变换为与输入电压平均值成正比的时间间隔，然后用固定频率的时钟脉冲进行计数，计数结果就是正比于输入模拟信号的数字信号。下面以 U-T 变换型双积分 A/D 转换器为例讲解双积分式 A/D 转换器的工作原理。

图 5-19 所示是双积分式 A/D 转换器的控制逻辑框图。它由积分器（包括运算放大器 A_1 和 RC 积分网络）、过零比较器 A_2、N 位二进制计数器、开关控制电路、门控电路、参考电压 U_{REF} 与时钟脉冲源 CP 组成。

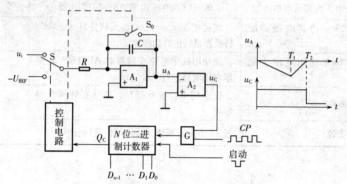

图 5-19　双积分式 A/D 转换器原理框图

A/D 转换开始前，先将计数器清零，并通过控制电路使开关 S_0 接通，使电容 C 充分放电。由于计数器进位输出 $Q_C=0$，控制电路使开关 S 接通 u_i，模拟电压与积分器接通，同时，门 G 被封锁，计数器不工作。积分器输出 u_A 线性下降，经零值比较器 A_2 获得一方波 u_C，打开门 G，计数器开始计数，当输入 2^n 个时钟脉冲后，$t=T_1$，触发器各输出端 $D_{n-1}\sim D_0$ 由 111…1 回到 000…0，其进位输出 $Q_C=1$，作为定时控制信号，通过控制电路将开关 S 转换至基准电压源 U_{REF}，积分器向相反方向积分，u_A 开始线性上升，计数器重新从 0 开始计数，直到 $t=T_2$，u_A 下降到 0，比较器输出的正方波结束，此时计数器中暂存的二进制数字就是 u_i 相对应的二进制数码。

双积分式 A/D 转换器有以下特点。

1）工作性质稳定。数字量的输出与积分时间常数 RC 无关，时钟脉冲较长时间里发生的缓慢变化不会影响转换的结果。

2）抗干扰能力强。A/D 转换器的输入为积分器，能有效抑制电网的工频干扰。

3）工作速度低。完成一次转换需 T_1+T_2 时间，加上准备时间及转换结果输出时间，则所需的工作时间就更长。

4）由于工作速度低，只适用于对直流电压或缓慢变化的模拟电压进行 A/D 转换。

想一想

双积分式 A/D 转换器为什么具有抗干扰能力强和工作性能稳定的特点？它与逐次逼近式 A/D 转换器相比，有哪些优点？哪些缺点？

读一读

MC14433 是美国 Motorola 公司推出的 CMOS 双积分式 $3\frac{1}{2}$ 位 A/D 转换器（所谓 $3\frac{1}{2}$ 位是指个位、十位、百位的显示范围为 0～9，而千位只有 0 和 1 两个状态，因此称该位为半位）。其内部积分器部分的模拟电路和控制部分的数字电路被集成在同一芯片上，使用时只需外接两个电阻和两个电容，即可组成具有自动调零和自动极性切换功能的 A/D 转换器系统。

MC14433 主要应用在数字面板表、数字万用表、数字温度计、数字量具、遥测遥控系统及计算机数据采集系统的 A/D 转换接口中。

1. MC14433 的主要功能特性

MC14433 具有外接元件少、输入阻抗高、功耗低、电源电压范围宽、精度高及可测量正负电压值等特点，并且具有自动调零和自动极性转换功能，只要外接少量的阻容件，即可构成一个完整的 A/D 转换器，且调试简便。其主要功能特性如下。

1）精度：读数的 $\pm0.05\%$ V±1 字。

2）模拟电压输入量程：1.999V 和 199.9mV 两挡。

3）转换速率：2～25 次/s。

4）输入阻抗：大于 1000MΩ。

5）电源电压：$\pm4.8～\pm8$V。

6）功耗：8mW（±5V 电源电压时，典型值）。

7）采用字位动态扫描 BCD 码输出方式，即千位、百位、十位、个位 BCD 码分时在 $Q_0～Q_3$ 端轮流输出，同时在 $DS_1～DS_4$ 端输出同步字位选通脉冲，能很方便实现 LED 的动态显示。

2. MC14433 的引脚功能及原理框图

（1）MC14433 引脚功能说明（见图 5-20）

1 脚（V_{AG}）：被测电压 u_x 和基准电压 U_{REF} 的参考地。

2 脚（U_{REF}）：外接基准电压（2V 或 200mV）输入端。

3 脚（V_X）：被测电压输入端。

4 脚（R_1）：外接积分阻容元件端。

5 脚（R_1/C_1）：外接积分阻容元件端。

6 脚（C_1）：外接积分阻容元件端。

7 脚（C_{01}）：外接失调补偿电容端，典型值 0.1μF。

8 脚（C_{02}）：外接失调补偿电容端，典型值 0.1μF。

9 脚（DU）：更新显示控制端，用来控制转换结果的输出。若与 EOC 端（14 脚）连接，则每次 A/D 转换均会显示。

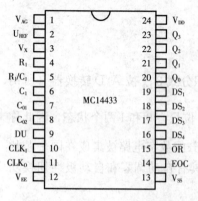

图 5-20 MC14433 的引脚功能

10～11 脚（CLK_I～CLK_O）：时钟脉冲输入、输出端，外接 470kΩ 电阻就可产生时钟信号，也可以从外部输入脉冲（从 CLK_I 端接入）。

12 脚（V_{EE}）：电路的电源最负端，接－5V。

13 脚（V_{SS}）：除 CP 外所有输入端的低电平基准（通常与 1 脚连接）。

14 脚（EOC）：转换周期结束标记输出端，每一次 A/D 转换周期结束，EOC 端输出一个正脉冲。将 EOC 端接到 DU 端，那么输出的将是每次转换后的新结果。

15 脚（$\overline{OR}$）：过量程标志输出端，当 $\mid u_x \mid >$ U_{REF} 时，$\overline{OR}$ 输出为低电平（即溢出时为 0）。

16 脚（DS_4）：多路选通脉冲输入端，DS_4 对应于千位。

17 脚（DS_3）：多路选通脉冲输入端，DS_3 对应于百位。

18 脚（DS_2）：多路选通脉冲输入端，DS_2 对应于十位。

19 脚（DS_1）：多路选通脉冲输入端，DS_1 对应于个位。

20～23 脚（Q_0～Q_3）：BCD 码数据输出端。DS_1、DS_2、DS_3 选通脉冲期间，输出 3 位完整的十进制数，在 DS_4 选通脉冲期间，输出千位 0 或 1 及过量程、欠量程和被测电压极性标志信号。

24 脚（V_{DD}）：正电源电压端。

（2）MC14433 的原理框图

MC14433 的内部原理框图如图 5-21 所示。其主要由 CMOS 线性电路和数字电路两部分组成。CMOS 线性电路即原理框图中模拟电路部分，它由 3 个运算放大器组成，其作用是接受被测信号 u_x 和基准信号 U_{REF}，并对它们进行积分。原理框图中其他部分

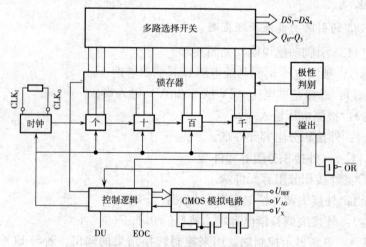

图 5-21 MC14433 的原理框图

为数字电路，其作用是将积分后的被测信号经相应电路转换后以动态扫描形式在 $Q_0\sim$ Q_3 端上输出数字信号（8421 码）和 $DS_1\sim DS_4$ 端上输出位选信号。

3.3 $\frac{1}{2}$位直流数字电压表的原理框图

$3\frac{1}{2}$位直流数字电压表的核心器件是 MC14433，它是一个双积分式 A/D 转换器。它首先将输入的模拟电压信号变换成易于准确测量的时间量，然后在这个时间宽度里用计数器计时，计数结果就是正比于输入模拟电压信号的数字量。其显示时采用动态扫描（工作时 4 个数码管轮流点亮，利用人眼视觉惰性的特性，当扫描频率较高时就能够得到显示的整体效果，当扫描频率过低时显示的数码会有闪烁感）方式，采用这种方式较为省电，但需要字形译码驱动电路和字位驱动电路。这种数字电压表的原理框图如图 5-22 所示。

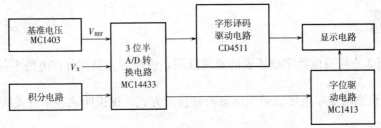

图 5-22 $3\frac{1}{2}$位直流数字电压表原理框图

（1）精密基准电源 MC1403

A/D 转换需要外接标准电压源作参考电压。标准电压源的精度应当高于 A/D 转换器的精度。本电路采用 MC1403 集成精密稳压源作参考电压，MC1403 的输出电压为 2.5V，当输入电压在 4.5～15V 范围内变化时，输出电压的变化不超过 3mV，一般只有 0.6mV 左右。输出最大电流为 10mA。

MC1403 引脚排列如图 5-23 所示。

（2）7 路达林顿晶体管列阵 MC1413

MC1413 采用 NPN 达林顿复合晶体管的结构，因此有很高的电流增益和很高的输入阻抗，可直接接受 MOS 或 CMOS 集成电路的输出信号，并把电压信号转换成足够大的电流信号驱动各种负载。该电路内含有 7 个集电极开路反相器（也称 OC 门）。MC1413 电路结构和引脚排列如图 5-24 所示，它采用 16 引脚的双列直插式封装。每个驱动器输出端均接有一释放电感负载能量的抑制二极管。

（3）7 段译码/显示驱动器 CD4511

该器件具体内容参考本书项目二的 8 路抢答器制作。

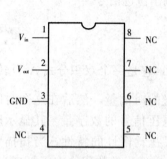

图 5-23 MC1403 引脚排列

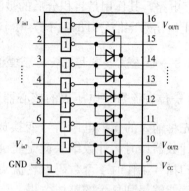

图 5-24 MC1413 引脚排列

想一想

1) 根据 $3\frac{1}{2}$ 位直流数字电压表的原理框图，说明各方框部分在电路中的作用。

2) $3\frac{1}{2}$ 位直流数字电压表采用动态扫描显示方式，试说明该显示方式的优、缺点。

做一做

$3\frac{1}{2}$ 位直流数字电压表的制作

1. 制作目的

1) 掌握双积分式 A/D 转换器的工作原理。

2) 熟悉 $3\frac{1}{2}$ 位 A/D 转换器 MC14433 的工作特点、原理框图及其引脚功能。

3) 掌握由 MC14433 构成的直流数字电压表的电路原理及其制作、调试方法。

2. 制作设备及器件

±5V 直流电源、双踪示波器、标准数字万用表、万能板及制作元器件套件。

3. 制作内容（电路构成）

$3\frac{1}{2}$ 位直流数字电压表的制作电路如图 5-25 所示。

电路特点说明如下。

1) 电路中 +5V 电源经 MC1403 集成精密稳压块稳压后从 2 脚输出，再经 R_7、R_6 和 R_{P1} 分压电路，取出 +2V 电压给 MC14433 作为测量时的基准电压 U_{REF}。被测电压 u_x 由 +5V 和 -5V 经 R_3、R_4 和 R_{P2} 分压取出后送入 MC14433 的 3 脚。被测电压与基准电压有以下关系：输出读数 $=\dfrac{u_x}{U_{REF}}\times 1.999$。因此，满量程时 $u_x = U_{REF}$。当满量程选为 1.999V 时，U_{REF} 可取 2.000V，而当满量程为 199.9mV 时，U_{REF} 取 200.0mV。在实际的应用电路中，U_{REF} 值可根据需要在 200mV～2.000V 之间选取。

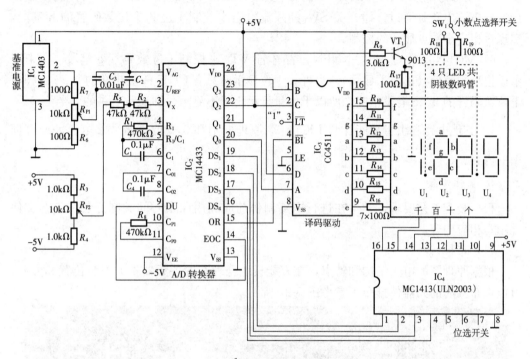

图 5-25 $3\frac{1}{2}$ 位直流数字电压表电路

2）MC14433 的 4 脚、5 脚、6 脚外接积分电阻 R_1 和积分电容 C_1。积分电容一般选 0.1μF 聚酯薄膜电容，电阻 R_1 约为 470kΩ；7 脚、8 脚外接失调补偿电容 C_4，电容一般也选 0.1μF 聚酯薄膜电容即可。

3）MC14433 的 10 脚、11 脚外接时钟元件。MC14433 内置了时钟振荡电路，对时钟频率要求不高的场合，可选择一个电阻来设定时钟频率，一般外接电阻取 470kΩ 即可。若需要较高的时钟频率稳定度，则需采用外接石英晶体或 LC 电路，具体电路可参考图 5-26 所示。

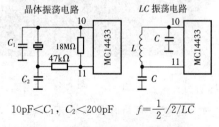

图 5-26 MC14433 外接石英晶体或 LC 元件的振荡电路

4）数字量输出端 $Q_0 \sim Q_3$ 上的数字信号（8421 码）按照时间先后顺序输出。位选信号 $DS_4 \sim DS_1$ 通过位选开关 MC1413 分别控制着千位、百位、十位和个位上的 4 只 LED 数码管的公共阴极。数字信号经 7 段译码器 CD4511 译码后，驱动 4 只 LED 数码管的各段阳极。这样就把 A/D 转换器按时间顺序输出的数据以扫描形式在 4 只数码管上依次显示出来，由于选通重复频率较高，工作时从高位到低位以每位每次约 $300\mu s$ 的速率循环显示，即一个 4 位数的显示周期是 1.2ms，所以人的肉眼就能清晰地看到 4 位数码管同时显示三位半十进制数字量。

5）当参考电压 $U_{REF}=2V$ 时，满量程显示 1.999V；$U_{REF}=200mV$ 时，满量程为 199.9mV。电路是通过选择开关 SW_1 经限流电阻来控制千位和十位数码管的 h 笔段，实现对相应小数点显示的控制。

6）MC14433 的 Q_2 端通过 NPN 型晶体管 VT_1 来控制千位数码管 g 笔段，用来显示模拟量的负值（正值不显示）。另外，千位显示时只有 CD4511 输出端的 b、c 二脚与千位数码管的 b、c 笔段相接，所以千位只显示 1 或不显示（即通常所讲的"半位"）。

7）其他电路和引脚功能详见 MC14433 原理框图和 $3\frac{1}{2}$ 位直流数字电压表原理框图的内容。

4. 制作步骤

根据装配工艺要求，学生在进行电路制作前应利用课余时间编制好装配工艺文件并填写相应内容。

（1）布板

根据原理图的电路结构和特点，在万能板上合理布置各元器件的安装位置和方向。万能板布板时的元器件排布可参考图 5-27 所示。

图 5-27　$3\frac{1}{2}$ 位直流数字电压表万能板元器件排布

注意：布局时要根据万能板的尺寸，充分考虑元器件间的间距，并尽量避免焊点连线间出现相互交叉现象（如不可避免时，可用跳线在元器件面进行连接）；如有发热元器件，则还要考虑发热元器件的散热问题；元器件排布时还应考虑电路调试检测的安全性和方便性。

（2）元件检测

根据表 5-8 所列元器件清单，检查元器件数量，判断元器件极性并检测其质量好坏。

表 5-8　元器件清单

序　号	名　称	型号规格	元件标号	数　量
1	碳膜电阻	100Ω	R_6、R_7、$R_{10} \sim R_{19}$	12
2	可调电位器	10kΩ	R_{P1}、R_{P2}	2
3	碳膜电阻	1kΩ	R_3、R_4	2
4	碳膜电阻	47kΩ	R_2、R_5	2
5	碳膜电阻	470kΩ	R_1、R_8	2
6	碳膜电阻	3kΩ	R_9	1
7	集成电路	MC1403	IC_1	1
8	集成电路	MC14433	IC_2	1
9	集成电路	CD4511	IC_3	1
10	集成电路	MC1413（或 ULN2003）	IC_4	1
11	三极管	9013	VT_1	1
12	拨动开关	SS—12D00	SW_1	1
13	LED 共阴数码管	SM42051K	$U_1 \sim U_4$	4
14	瓷片电容	0.01μF	C_2、C_3	2
15	聚酯薄膜电容	0.1μF	C_1、C_4	2

（3）安装

根据布板方案和装配工艺文件要求，将元器件对应地焊接装配在万能板上，并处理好元器件间的焊点和连线。万能板元器件面的元器件排布及连线如图 5-28 所示，其

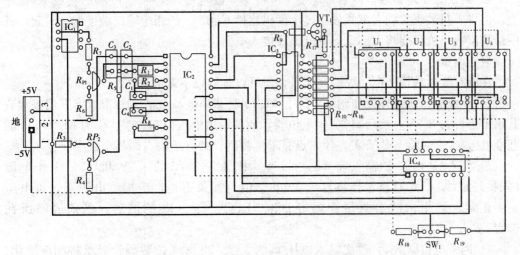

图 5-28　$3\frac{1}{2}$ 位直流数字电压表万能板元器件面的元器件排布及连线

中虚线表示元器件面的跳线；万能板焊接面的元器件连线如图 5-29 所示。

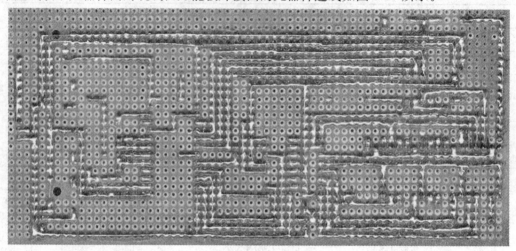

图 5-29　$3\frac{1}{2}$ 位直流数字电压表万能板焊接面的元器件连线

操作要领：

1）注意装配工艺和焊接工艺，防止出现元器件装错或极性装错、假焊或错焊、短路或断路等故障。

2）焊接时宜使用内热式电烙铁，且电烙铁功率不能太大（小于 35W）和焊接时间不宜过长（正常为 2~3s），以防损坏元器件和焊盘。

3）为了防止焊接不当损坏元器件，所有 IC 均需安装插座，焊接时先焊接安装 IC 插座，等所有元器件和连线均焊接完毕后再插入 IC 芯片。

4）为了方便地拆装数码管，焊接时可将 4 只数码管并排插入 40 脚的集成 IC 插座上，再将 4 只数码管同名笔画段与显示译码器件 CD4511 的相应输出端连焊在一起，其中最高位数码管只要将 b、c、g 三笔画段接入电路。

（4）调试

在所有元器件均装配、焊接完成后，便可以进行以下调试工作。

1）标准电压源的连接和调整。插上 MC1403 基准电源 IC，用标准数字万用表检查其输出是否为 2.5V，然后调整 R_{P1} 电位器，使其输出电压为 2.00V（作为 MC14433 的基准电压）。同时将 SW_1 开关左拨，点亮千位数码管的 h 笔段（即其小数点）。

2）将 MC14433 的输入端（u_x）接地，接通各个 IC 的 +5V 和 -5V 工作电源（先接好地线），此时显示器将显示 "000" 值。如果不是，应检测电源正、负电压是否正常，并用示波器测量和观察 $DS_1 \sim DS_4$ 与 $Q_0 \sim Q_3$ 的波形，判别故障所在位置。

3）调节电位器 R_{P2}，改变输入电压 u_x 的大小，此时 4 位数码管显示将相应变化。如正确则进入下一步精调。

4）用标准数字万用表测量输入电压，调节 R_{P2} 电位器，使 $u_X = 1.000V$，这时自制数字直流电压表的电压显示值不一定显示"1.000",调整基准电压源R_{P1}电位器,使显示值与标准数字万用表读数间的误差控制在个位数5之内。

5)改变输入电压u_x极性,使$u_x = -1.000V$,检查"一"是否能显示,并按步骤4)的方法校准显示值。

6)在$+1.999V \sim 0 \sim -1.999V$量程内再一次仔细调整基准电压源$R_{P1}$电位器,使全部量程内的个位数测量误差均控制在5之内。

至此,一个测量范围在± 1.999的$3\frac{1}{2}$位直流数字电压表就调试成功了。

5.制作结果与分析

在自制数字电压表调试成功后,用标准数字万用表监测MC14433的u_x端电压,调节R_{P2},使输入电压分别为$\pm 1.999V$、$\pm 1.500V$、$\pm 1.000V$、$\pm 0.500V$、$0.000V$,将自制数字电压表的显示值记录在表5-9中,并分析测量误差产生的原因。

表5-9 数据记录表

输 入	输入电压u_x值/V								
	1.999	1.500	1.000	0.500	0.000	-0.500	-1.000	-1.500	-1.999
自制电压表显示值/V									

议一议

1)在$3\frac{1}{2}$位直流数字电压表电路中,如参考电压U_{REF}上升,其显示值将增大还是减小?

2)要使$3\frac{1}{2}$位直流数字电压表显示值始终保持某一时刻的读数,电路应如何改动?

3)若积分电容C_4(0.1μF)换用普通金属化纸介电容时,其测量精度有何变化?

4)用自制的数字电压表只能在$+1.999V \sim 0 \sim -1.999V$量程内测量电压,试分析如何在该电路基础上设计扩大100倍量程的测量电路。

提示: 在测量输入端运用LM324运算放大器,通过改变反馈比例系数的方法改变输入电压的大小,使测量输入值符合MC14433的测量范围。同时,通过74LS194和MC4051改变小数点的移动,从而达到设计的目的。

评一评

填写如表5-10所列的内容。

表 5-10　任务检测与评估

检测项目		评分标准	分　值	学生自评	教师评估
任务知识内容	双积分式 A/D 转换器	掌握双积分式 A/D 转换器的工作原理和工作特点	15		
	MC14433 的引脚功能及原理框图	掌握 MC14433 内部原理框图的组成；了解其主要引脚功能	10		
	$3\frac{1}{2}$ 位直流数字电压表的原理框图	掌握 $3\frac{1}{2}$ 位直流数字电压表原理框图的组成和各部分的作用	10		
任务操作技能	$3\frac{1}{2}$ 位直流数字电压表的电路图	能分析 $3\frac{1}{2}$ 位直流数字电压表的电路图和各主要元器件的作用	15		
	$3\frac{1}{2}$ 位直流数字电压表的整机制作	能按照 PCB 板装配工艺要求完成元器件的检测、布局和电路装配	25		
	$3\frac{1}{2}$ 位直流数字电压表的整机调试和检测	能对该产品进行调试，并能对产品出现的故障进行检测和维修	15		
	安全操作	安全用电，按章操作，遵守实训室管理制度	5		
	现场管理	按 6S 企业管理体系要求进行现场管理	5		

项 目 小 结

1）本项目主要讲解 A/D 与 D/A 转换器的功能、工作原理和主要性能指标。

2）D/A 转换的方法很多，由于倒 T 型电阻网络 D/A 转换器只用 R 和 $2R$ 两种电阻，故转换精度容易保证，并且各模拟开关的电流大小相同，给生产制造带来很大方便，所以倒 T 型电阻网络 D/A 转换器得到广泛的应用。掌握倒 T 型电阻网络 D/A 转换器的工作原理和典型计算（模拟信号输出的计算）。

3）了解 DAC0832 内部结构和各引脚功能，掌握其典型应用电路的功能测试方法。

4）A/D 转换器按工作方式可分为比较式和积分式两大类。目前广泛应用的 A/D 转换器有比较型逐次逼近式 A/D 转换器和双积分式 A/D 转换器。掌握这两种 A/D 转换器的结构、工作原理和特点。

5）了解 ADC0809 内部结构和各引脚功能，掌握其典型应用电路的功能测试方法。

6）掌握 $3\frac{1}{2}$ 位直流数字电压表的原理框图，并能理解和分析该电路的组成和工作原理；掌握 $3\frac{1}{2}$ 位直流数字电压表 PCB 板的布局和装配调试方法。

思考与练习

一、判断题

1. A/D转换器的功能是把模拟信号转换成数字信号。　　　　　　　　　　　　（　　）

2. D/A转换器的功能是将数字量转换为模拟量，并使输出模拟电压的大小与输入数字量的数值成正比。　　　　　　　　　　　　　　　　　　　　　　　　　（　　）

3. 4位倒T型电阻网络D/A转换器由输入寄存器、模拟电子开关、基准电压、T型电阻网络和功率放大器等组成。　　　　　　　　　　　　　　　　　　　　（　　）

4. D/A转换器的位数越多，转换精度越高。　　　　　　　　　　　　　　（　　）

5. A/D转换器的二进制数的位数越多，量化误差越大。　　　　　　　　　（　　）

6. 逐次逼近式A/D转换器具有转换速度快、抗干扰能力强、成本低等优点。　（　　）

7. 把模拟信号转换成数字信号，一般要通过采样、整形、量化、编码4个步骤。
　　　　　　　　　　　　　　　　　　　　　　　　　　　　　　　　（　　）

8. 逐次逼近式A/D转换器工作时是从数字的最低位开始逐步比较的。　　（　　）

9. 使用DAC0832芯片时，当$\overline{CS}=0$、$ILE=1$、$\overline{WR_1}=0$时，数据是不能进入寄存器的。　　　　　　　　　　　　　　　　　　　　　　　　　　　　　　（　　）

10. 在D/A转换器和A/D转换器中，其输入和输出数码的位数可用来表示它们的分辨率。　　　　　　　　　　　　　　　　　　　　　　　　　　　　　　（　　）

11. DAC0832芯片为电流输出型D/A转换器，要获得模拟电压输出还需外接运算放大器。　　　　　　　　　　　　　　　　　　　　　　　　　　　　　　（　　）

12. 在集成D/A转换器电路中，为了避免干扰，常设数字和模拟两个地。　（　　）

13. 在$3\frac{1}{2}$位直流数字电压表电路中，如基准电压U_{REF}上升，则其显示值会减小。
　　　　　　　　　　　　　　　　　　　　　　　　　　　　　　　　（　　）

二、选择题

1. D/A转换器电路又叫（　　　）。

　A. 数码寄存器　　　　　　　　　　　B. 电压变换器

　C. 模数转换器　　　　　　　　　　　D. 数模转换器

2. 为了能将模拟电流转换成模拟电压，通常在集成D/A转换器的输出端外加（　　　）。

　A. 译码器　　　　B. 编码器　　　　C. 触发器　　　　D. 运算放大器

3. 8位A/D转换器中，若输入模拟电压满量程为10V，则其可分辨的最小模拟电压为（　　　）V。

　A. $\dfrac{10}{2^8}$　　　　　B. $\dfrac{10}{2\times8}$　　　　　C. $\dfrac{10}{2^8-1}$　　　　　D. $\dfrac{10}{2\times8-1}$

4. DAC0832 与 CPU 的连接方式有（　　）。

A. 双缓冲工作方式、单缓冲工作方式、直通工作方式

B. 双缓冲工作方式、单缓冲工作方式

C. 双缓冲工作方式、直通工作方式

D. 单缓冲工作方式、直通工作方式

5. ADC0809 是一种（　　）的 A/D 集成电路。

A. 并行比较型　　　　　　　　　　B. 逐次逼近型

C. 双积分型　　　　　　　　　　　D. 倒 T 电阻网络型

6. 一个 8 位的 D/A 转换器，其分辨率为（　　）。

A. 0.29%　　　　B. 0.029%　　　　C. 0.039%　　　　D. 0.39%

7. 4 位 D/A 转换器的输入数码为 D_3、D_2、D_1、D_0，输出信号为 u_o。电路其他参数不变，若 D_3、D_2、D_1、D_0＝1000 时，输出为 u_{o1}；D_3、D_2、D_1、D_0 为 0001 时，输出为 u_{o2}，则（　　）。

A. $|u_{o1}| > |u_{o2}|$　　　　　　　B. $|u_{o1}| < |u_{o2}|$

C. $|u_{o1}| = |u_{o2}|$　　　　　　　D. 不确定

8. 一个 4 位 D/A 转换器，如输出电压满量程为 2V，则输出的最小电压值为（　　）V。

A. $\dfrac{2}{15}$　　　　　B. $\dfrac{2}{16}$　　　　　C. $\dfrac{2}{4}$　　　　　D. $\dfrac{2}{2\times4}$

9. 一个 8 位逐次比较型 A/D 转换器的输入满量程为 10V，当输入模拟电压为 4.77V 时，A/D 转换器的输出数字量是（　　）。

A. 00110101　　　　B. 00111010　　　　C. 01111010　　　　D. 01101010

10. 对于 n 位 D/A 转换器，其分辨率表达式为（　　）。

A. $\dfrac{1}{2^n-1}$　　　B. $\dfrac{1}{2^n}$　　　C. $\dfrac{1}{2n-1}$　　　D. $\dfrac{1}{2^{n-1}}$

11. 3 位倒 T 型电阻网络 D/A 转换器，在 $R_F = R$ 时，其输出模拟电压表达式为（　　）。

A. $u_o = -\dfrac{U_{REF}}{2^3}(2^3 \cdot D_3 + 2^2 \cdot D_2 + 2^1 \cdot D_1)$

B. $u_o = \dfrac{U_{REF}}{2^3}(2^2 \cdot D_2 + 2^1 \cdot D_1 + 2^0 \cdot D_0)$

C. $u_o = -\dfrac{U_{REF}}{2^3}(2^2 \cdot D_2 + 2^1 \cdot D_1 + 2^0 \cdot D_0)$

D. $u_o = \dfrac{U_{REF}}{2^3}(2^3 \cdot D_3 + 2^2 \cdot D_2 + 2^1 \cdot D_1)$

12. MC14433 是一种（　　）A/D 转换器。

A. 逐次逼近式　　　　　　　　　　B. 双积分式

C. 并行比较式　　　　　　　　　　D. 倒 T 电阻网络式

附　　录

芯片名称	芯片引线功能
1. 74LS00 四 2 输入与非门	V_{CC} 4B 4A 4Y 3B 3A 3Y 14 13 12 11 10 9 8 **74LS00** 1 2 3 4 5 6 7 1A 1B 1Y 2A 2B 2Y GND
2. 74LS04 六反相器 $Y=\overline{A}$	V_{CC} 6A 6Y 5A 5Y 4A 4Y 14 13 12 11 10 9 8 **74LS04** 1 2 3 4 5 6 7 1A 1Y 2A 2Y 3A 3Y GND
3. 74LS10 三 3 输入正与非门 $Y=\overline{ABC}$	V_{CC} 1C 1Y 3C 3B 3A 3Y 14 13 12 11 10 9 8 **74LS10** 1 2 3 4 5 6 7 1A 1B 2A 2B 2C 2Y GND
4. 74LS20 双 4 输入正与非门 $Y=\overline{ABCD}$	V_{CC} 2D 2C NC 2B 2A 2Y 14 13 12 11 10 9 8 **74LS20** 1 2 3 4 5 6 7 1A 1B NC 1C 1D 1Y GND
5. 74LS27 三 3 输入正或非门 $Y=\overline{A+B+C}$	V_{CC} 1C 1Y 3C 3B 3A 3Y 14 13 12 11 10 9 8 **74LS27** 1 2 3 4 5 6 7 1A 1B 2A 2B 2C 2Y GND
6. 74LS54 四路（2-3-3-2）输入与或非门 $Y=\overline{AB+CDE+FGH+IJ}$	V_{CC} J I H G F NC 14 13 12 11 10 9 8 **74LS54** 1 2 3 4 5 6 7 A B C D E Y GND

续表

芯片名称	芯片引线功能
7. 74LS74 双正沿触发 D 触发器	V_{CC} $2\overline{R}_d$ 2D 2CP $2\overline{S}_d$ 2Q $2\overline{Q}$ 14 13 12 11 10 9 8 **74LS74** 1 2 3 4 5 6 7 $1\overline{R}_d$ 1D 1CP $1\overline{S}_d$ 1Q $1\overline{Q}$ GND
8. 74LS86 四 2 输入异或门 $Y=A \oplus B$	V_{CC} 4B 4A 4Y 3B 3A 3Y 14 13 12 11 10 9 8 **74LS86** 1 2 3 4 5 6 7 1A 1B 1Y 2A 2B 2Y GND
9. 74LS90 二-五-十进制异步加计数器	$\overline{CP}_0$ NC Q_0 Q_3 GND Q_1 Q_2 14 13 12 11 10 9 8 **74LS90** 1 2 3 4 5 6 7 $\overline{CP}_1$ R_{0A} R_{0B} NC V_{CC} S_{9A} S_{9B}
10. 74LS112 双负沿触发 JK 触发器	V_{CC} $1\overline{R}_d$ $2\overline{R}_d$ 2CP 2K 2J $2\overline{S}_d$ 2Q 16 15 14 13 12 11 10 9 **74LS112** 1 2 3 4 5 6 7 8 1CP 1K 1J $1\overline{S}_d$ 1Q $1\overline{Q}$ $2\overline{Q}$ GND
11. 74LS138 3 线-8 线译码器	V_{CC} $\overline{Y}_0$ $\overline{Y}_1$ $\overline{Y}_2$ $\overline{Y}_3$ $\overline{Y}_4$ $\overline{Y}_5$ $\overline{Y}_6$ 16 15 14 13 12 11 10 9 **74LS138** 1 2 3 4 5 6 7 8 A_0 A_1 A_2 $\overline{G}_A$ $\overline{G}_B$ G_1 $\overline{Y}_7$ GND
12. 74LS139 双 2 线-8 线译码	V_{CC} $2\overline{G}$ 2A 2B $2\overline{Y}_0$ $2\overline{Y}_1$ $2\overline{Y}_2$ $2\overline{Y}_3$ 16 15 14 13 12 11 10 9 **74LS139** 1 2 3 4 5 6 7 8 $1\overline{G}$ 1A 1B $1\overline{Y}_0$ $1\overline{Y}_1$ $1\overline{Y}_2$ $1\overline{Y}_3$ GND

续表

芯片名称	芯片引线功能
13. 74LS147 10线-4线优先编码器	顶部引脚（16~9）：V_{CC} NC $\overline{D}$ $\overline{3}$ $\overline{2}$ $\overline{1}$ $\overline{9}$ $\overline{A}$ 74LS147 底部引脚（1~8）：$\overline{4}$ $\overline{5}$ $\overline{6}$ $\overline{7}$ $\overline{8}$ $\overline{C}$ $\overline{B}$ GND
14. 74LS151 8选1数据选择器	顶部引脚（16~9）：V_{CC} D_4 D_5 D_6 D_7 A_0 A_1 A_2 74LS151 底部引脚（1~8）：D_3 D_2 D_1 D_0 Y $\overline{W}$ $\overline{ST}$ GND
15. 74LS153 双4选1数据选择器	顶部引脚（16~9）：V_{CC} $2\overline{ST}$ A_0 $2D_3$ $2D_2$ $2D_1$ $2D_0$ $2Y$ 74LS153 底部引脚（1~8）：$1\overline{ST}$ A_1 $1D_3$ $1D_2$ $1D_1$ $1D_0$ $1Y$ GND
16. 74LS161/ 74LS163 同步4位二进制计数器	顶部引脚（16~9）：V_{CC} CO Q_0 Q_1 Q_2 Q_3 CT_T $\overline{LD}$ 74LS161 底部引脚（1~8）：$\overline{CR}$ CP D_0 D_1 D_2 D_3 CT_P GND
17. 74LS192 同步可逆双时钟 BCD 计数器	顶部引脚（16~9）：V_{CC} D_0 CR $\overline{BO}$ $\overline{CO}$ $\overline{LD}$ D_2 D_3 74LS192 底部引脚（1~8）：D_1 Q_1 Q_0 CP_D CP_U Q_2 Q_3 GND
18. 74LS194 4位双向通用移位寄存器	顶部引脚（16~9）：V_{CC} Q_0 Q_1 Q_2 Q_3 CP S_1 S_2 74LS194 底部引脚（1~8）：$\overline{CR}$ D_{SR} D_0 D_1 D_2 D_3 D_{SL} GND

续表

芯片名称	芯片引线功能
19. 74LS248 BCD7 段显示译码器	![74LS248] V_{cc} f g a d c b e 16 15 14 13 12 11 10 9 **74LS248** 1 2 3 4 5 6 7 8 B C $\overline{LT}$ $\overline{RBO}$ $\overline{RBI}$ D A GND

二、常用 4000 系列集成电路功能表

CD4000 双 3 输入端或非门＋单非门	CD4001 四 2 输入端或非门
CD4002 双 4 输入端或非门	CD4006 18 位串入/串出移位寄存器
CD4007 双互补对加反相器	CD4008 4 位超前进位全加器
CD4009 六反相缓冲/变换器	CD4010 六同相缓冲/变换器
CD4011 四 2 输入端与非门	CD4012 双 4 输入端与非门
CD4013 双主-从 D 型触发器	CD4014 8 位串入/并入—串出移位寄存器
CD4015 双 4 位串入/并出移位寄存器	CD4016 四传输门
CD4017 十进制计数/分配器	CD4018 可预制 1/N 计数器
CD4019 四与或选择器	CD4020 14 级串行二进制计数/分频器
CD4021 08 位串入/并入-串出移位寄存器	CD4022 八进制计数/分配器
CD4023 三 3 输入端与非门	CD4024 7 级二进制串行计数/分频器
CD4025 三 3 输入端或非门	CD4026 十进制计数/7 段译码器
CD4027 双 J-K 触发器	CD4028 BCD 码十进制译码器
CD4029 可预置可逆计数器	CD4030 四异或门
CD4031 64 位串入/串出移位存储器	CD4032 三串行加法器
CD4033 十进制计数/7 段译码器	CD4034 8 位通用总线寄存器
CD4035 4 位并入/串入-并出/串出移位寄存	CD4038 三串行加法器
CD4040 12 级二进制串行计数/分频器	CD4041 四同相/反相缓冲器
CD4042 四锁存 D 型触发器	CD4043 三态 R-S 锁存触发器 （"1"触发）
CD4044 四三态 R-S 锁存触发器 （"0"触发）	CD4046 锁相环
CD4047 无稳态/单稳态多谐振荡器	CD4048 四输入端可扩展多功能门
CD4049 六反相缓冲/变换器	CD4050 六同相缓冲/变换器
CD4051 八选一模拟开关	CD4052 双 4 选 1 模拟开关
CD4053 三组二路模拟开关	CD4054 液晶显示驱动器
CD4055 BCD-7 段译码/液晶驱动器	CD4056 液晶显示驱动器
CD4059 N 分频计数器 NSC/TI	CD4060 14 级二进制串行计数/分频器

续表

CD4063 四位数字比较器	CD4066 四传输门
CD4067 16 选 1 模拟开关	CD4068 八输入端与非门/与门
CD4069 六反相器	CD4070 四异或门
CD4071 四 2 输入端或门	CD4072 双 4 输入端或门
CD4073 三 3 输入端与门	CD4075 三 3 输入端或门
CD4077 四 2 输入端异或非门	CD4078 8 输入端或非门/或门
CD4081 四 2 输入端与门	CD4082 双 4 输入端与门
CD4085 双 2 路 2 输入端与或非门	CD4086 四 2 输入端可扩展与或非门
CD4089 二进制比例乘法器	CD4093 四 2 输入端施密特触发器
CD4095 三输入端 J-K 触发器	CD4096 三输入端 J-K 触发器
CD4097 双路八选一模拟开关	CD4098 双单稳态触发器
CD4099 8 位可寻址锁存器	CD40100 32 位左/右移位寄存器
CD40101 9 位奇偶校验器	CD40102 8 位可预置同步 BCD 减法计数器
CD40103 8 位可预置同步二进制减法计数器	CD40104 4 位双向移位寄存器
CD40105 先入先出 FI-FD 寄存器	CD40106 六施密特触发器
CD40107 双 2 输入端与非缓冲/驱动器	CD40108 4 字×4 位多通道寄存器
CD40109 四低-高电平位移器	CD40110 十进制加/减、计数、锁存、译码驱动
CD40147 10-4 线编码器	CD40160 可预置 BCD 加计数器
CD40161 可预置 4 位二进制加计数器	CD40162 BCD 加法计数器
CD40163 4 位二进制同步计数器	CD40174 六锁存 D 型触发器
CD40175 四 D 型触发器	CD40181 4 位算术逻辑单元/函数发生器
CD40182 超前位发生器	CD40192 可预置 BCD 加/减计数器（双时钟）
CD40193 可预置 4 位二进制加/减计数器	CD40194 4 位并入/串入—并出/串出移位寄存
CD40195 4 位并入/串入—并出/串出移位寄存	CD40208 4×4 多端口寄存器
CD4501 4 输入端双与门及 2 输入端或非门	CD4502 可选通三态输出六反相/缓冲器
CD4503 六同相三态缓冲器	CD4504 六电压转换器
CD4506 双二组 2 输入可扩展或非门	CD4508 双 4 位锁存 D 型触发器
CD4510 可预置 BCD 码加/减计数器	CD4511 BCD 锁存，7 段译码，驱动器
CD4512 八路数据选择器	CD4513 BCD 锁存，7 段译码，驱动器（消隐）
CD4514 4 位锁存，4 线-16 线译码器	CD4515 4 位锁存，4 线-16 线译码器
CD4516 可预置 4 位二进制加/减计数器	CD4517 双 64 位静态移位寄存器
CD4518 双 BCD 同步加计数器	CD4519 4 位与或选择器
CD4520 双 4 位二进制同步加计数器	CD4521 24 级分频器
CD4522 可预置 BCD 同步 1/N 计数器	CD4526 可预置 4 位二进制同步 1/N 计数器
CD4527 BCD 比例乘法器	CD4528 双单稳态触发器

续表

CD4529 双 4 路/单 8 路模拟开关	CD4530 双 5 输入端优势逻辑门
CD4531 12 位奇偶校验器	CD4532 8 位优先编码器
CD4536 可编程定时器	CD4538 精密双单稳
CD4539 双 4 路数据选择器	CD4541 可编程序振荡/计时器
CD4543 BCD 七段锁存译码，驱动器	CD4544 BCD 七段锁存译码，驱动器
CD4547 BCD 七段译码/大电流驱动器	CD4549 函数近似寄存器
CD4551 四 2 通道模拟开关	CD4553 3 位 BCD 计数器
CD4555 双二进制四选一译码器/分离器	CD4556 双二进制四选一译码器/分离器
CD4558 BCD 8 段译码器	CD4560 N BCD 加法器
CD4561 "9" 求补器	CD4573 四可编程运算放大器
CD4574 四可编程电压比较器	CD4575 双可编程运放/比较器
CD4583 双施密特触发器	CD4584 六施密特触发器
CD4585 4 位数值比较器	CD4599 8 位可寻址锁存器
CD22100 4×4×1 交叉点开关	

参 考 文 献

陈振源.2006.电子技术基础.北京：高等教育出版社
高永强，王吉恒.2006.数字电子技术.北京：人民邮电出版社
林东.2001.电子线路.北京：高等教育出版社
刘勇.2006.数字电路（第一版）.北京：机械工业出版社
彭利标.2001.电子技术基础.北京：高等教育出版社
诸林裕.2005.电子技术基础（第三版）.北京：中国劳动社会保障出版社